国家出版基金项目
NATIONAL PUBLICATION FOUNDATION

"十三五"国家重点出版物出版规划项目·重大出版工程
高超声速出版工程

高超声速飞行器多学科设计优化理论及应用

陈小前 颜 力 黄 伟 等 著

科学出版社
北 京

内 容 简 介

本书介绍了高超声速飞行器多学科设计优化关键技术研究成果以及其在机翼气动弹性、天对地再入飞行器、可重复使用运载器和吸气式高超声速飞行器上的应用，包括面向飞行器多学科设计优化的参数化建模技术、面向飞行器多学科设计优化的广义灵敏度分析技术、面向飞行器多学科设计优化的近似策略、基于广义灵敏度的搜索策略、面向飞行器多学科设计优化的优化过程、基于 GBLISS 2000 的机翼气动弹性问题研究、天对地再入飞行器总体多学科设计优化、可重复使用运载器总体多学科设计优化、吸气式高超声速飞行器总体多学科设计优化等内容。

本书可作为航空航天相关专业科研人员和工程技术人员的参考书，也可作为从事高超声速飞行器总体设计技术研究的教师和研究生的参考书。

图书在版编目(CIP)数据

高超声速飞行器多学科设计优化理论及应用／陈小前等著. —北京：科学出版社，2020.5
高超声速出版工程 "十三五"国家重点出版物出版规划项目・重大出版工程 国家出版基金项目
ISBN 978 - 7 - 03 - 064962 - 1

Ⅰ. ①高… Ⅱ. ①陈… Ⅲ. ①高超音速飞行器—最优设计—研究 Ⅳ. ①V47

中国版本图书馆 CIP 数据核字(2020)第 071476 号

责任编辑：徐杨峰／责任校对：谭宏宇
责任印制：黄晓鸣／封面设计：殷 靓

科学出版社 出版
北京东黄城根北街 16 号
邮政编码：100717
http://www.sciencep.com

南京展望文化发展有限公司排版
广东虎彩云印刷有限公司印刷
科学出版社发行 各地新华书店经销
*

2020 年 5 月第 一 版 开本：B5(720×1000)
2024 年 11 月第七次印刷 印张：19 3/4
字数：344 000

定价：180.00 元
(如有印装质量问题，我社负责调换)

高超声速出版工程·高超声速总体设计系列

编写委员会

主　编

包为民

- -

副主编

朱广生

- -

编　委

（按姓名汉语拼音排序）

包为民	才满瑞	蔡巧言	陈　萱
陈　政	陈伟芳	陈小前	侯中喜
黄　伟	柳　森	罗世彬	闵昌万
唐　硕	童轶男	王长青	王友利
朱广生			

高超声速飞行器多学科设计优化理论及应用
编写委员会

丛书序

飞得更快一直是人类飞行发展的主旋律。

1903 年 12 月 17 日，莱特兄弟发明的飞机腾空而起，虽然飞得摇摇晃晃，犹如蹒跚学步的婴儿，但拉开了人类翱翔天空的华丽大幕；1949 年 2 月 24 日，Bumper-WAC 从美国新墨西哥州白沙发射场发射升空，上面级飞行马赫数超过5，实现人类历史上第一次高超声速飞行。从学会飞行，到跨入高超声速，人类用了不到五十年，蹒跚学步的婴儿似乎长成了大人，但实际上，迄今人类还没有实现真正意义的商业高超声速飞行，我们还不得不忍受洲际旅行需要十多个小时甚至更长飞行时间的煎熬。试想一下，如果我们将来可以在两小时内抵达全球任意城市，这个世界将会变成什么样？这并不是遥不可及的梦！

今天，人类进入高超声速领域已经快 70 年了，无数科研人员为之奋斗了终生。从空气动力学、控制、材料、防隔热到动力、测控、系统集成等，在众多与高超声速飞行相关的学术和工程领域内，一代又一代科研和工程技术人员传承创新，为人类的进步努力奋斗，共同致力于达成人类飞得更快这一目标。量变导致质变，仿佛是天亮前的那一瞬，又好像是蝶即将破茧而出，几代人的奋斗把高超声速推到了嬗变前的临界点上，相信高超声速飞行的商业应用已为期不远！

高超声速飞行的应用和普及必将颠覆人类现在的生活方式，极大地拓展人类文明，并有力地促进人类社会、经济、科技和文化的发展。这一伟大的事业，需要更多的同行者和参与者！

书是人类进步的阶梯。

实现可靠的长时间高超声速飞行堪称人类在求知探索的路上最为艰苦卓绝的一次前行，将披荆斩棘走过的路夯实、巩固成阶梯，以便于后来者跟进、攀登，意义深远。

以一套丛书,将高超声速基础研究和工程技术方面取得的阶段性成果和宝贵经验固化下来,建立基础研究与高超声速技术应用之间的桥梁,为广大研究人员和工程技术人员提供一套科学、系统、全面的高超声速技术参考书,可以起到为人类文明探索、前进构建阶梯的作用。

2016 年,科学出版社就精心策划并着手启动了"高超声速出版工程"这一非常符合时宜的事业。我们围绕"高超声速"这一主题,邀请国内优势高校和主要科研院所,组织国内各领域知名专家,结合基础研究的学术成果和工程研究实践,系统梳理和总结,共同编写了"高超声速出版工程"丛书。丛书突出高超声速特色,体现学科交叉融合,确保丛书具有系统性、前瞻性、原创性、专业性、学术性、实用性和创新性。

这套丛书记载和传承了我国半个多世纪尤其是近十几年高超声速技术发展的科技成果,凝结了航天航空领域众多专家学者的智慧,既可供相关专业人员学习和参考,又可作为案头工具书。期望本套丛书能够为高超声速领域的人才培养、工程研制和基础研究提供有益的指导和帮助,更期望本套丛书能够吸引更多的新生力量关注高超声速技术的发展,并投身于这一领域,为我国高超声速事业的蓬勃发展做出力所能及的贡献。

是为序!

2017 年 10 月

前　言

　　高超声速飞行器不仅是可以改变未来战争形态的战略性高技术,还将在航空航天领域掀起一场革命。世界各军事强国对发展高超声速飞行器技术十分重视。美国将发展高超声速技术列为最重要的国防任务之一,多个智库报告提出高超声速技术在未来战争中的重要地位。我国也十分重视对高超声速飞行器的技术研究。2002 年以来,在国家自然科学基金委"空天飞行器的若干重大基础问题"和"近空间飞行器的关键基础科学问题"两期重大研究计划以及国家科技重大专项等的支持下,高超声速技术的发展突飞猛进,高超声速飞行器工程化的时代即将到来。根据高超声速技术三步走发展战略,即"高超声速巡航导弹、高超声速飞机、天地往返运输系统",高超声速飞行器动力系统(组合循环发动机)流道越来越复杂,约束和设计变量越来越多,对高超声速飞行器远程长航时打击能力的需求不断提高,高超声速飞行器各学科之间耦合愈加紧密,因此发展高超声速飞行器参数化设计及优化方法显得尤为重要,在提高高超声速飞行器总体设计水平的同时,能更好地促进各学科协调发展,起到牵引和带动效应。作者对团队近 10 年在高超声速飞行器多学科设计优化领域的研究进行总结并成书,希望起到抛砖引玉的作用,促进我国相关领域的发展。

　　本书共 10 章:第 1 章由颜力、黄伟、陈小前、王振国完成,主要介绍飞行器多学科设计优化方法的定义与描述,以及多学科设计优化若干关键技术的研究现状,包括参数化建模、灵敏度分析、近似策略、搜索策略和优化过程等;第 2 章由黄伟、张天天、沈洋、王振国完成,重点阐述基于 CST 方法的两层参数化思路和FFD 方法的参数化建模技术;第 3 章由颜力、黄伟、陈小前、王振国完成,着重研究飞行器多学科设计优化中的参数灵敏度分析方法和 GSE 方法中的两种 SSA

方法;第 4 章由颜力、余秀伟、黄伟、陈小前完成,分别针对设计变量可分离、设计变量弱耦合和设计变量强耦合三种函数构造近似函数,并推导出采样点存在测量误差时的 N-Kriging 模型,解决采样点存在误差时普通 Kriging 模型近似能力下降的缺陷;第 5 章由颜力、黄伟、陈小前、王振国完成,提出基于 CVM 的广义简约梯度法,并针对离散/连续混合设计变量的优化问题提出 GSBMVO 方法;第 6 章由颜力、余秀伟、黄伟、陈小前完成,提出两极优化算法、GSBCSO 过程和 BLISS 2000 过程,并测试其正确性和有效性;第 7 章由许林、颜力、陈小前、王振国完成,基于 GBLISS 2000 过程对近空间亚声速飞行器机翼的气动弹性问题进行优化;第 8 章由黄伟、沈洋、颜力、王振国完成,提出一种快速生成非规则控制晶格 FFD 参数化方法,并采用 FFD 三维参数化建模技术、NSGA-Ⅱ算法、高斯过程回归等对天对地再入飞行器进行多目标设计优化;第 9 章由余秀伟、黄伟、陈小前、王振国完成,采用两极优化算法对可重复使用运载器进行多学科设计优化,介绍气动、结构、弹道、质量、控制等学科模型;第 10 章由颜力、黄伟、陈小前、王振国完成,采用 GSBCSO 过程对吸气式高超声速飞行器进行多学科设计优化,并与单级优化过程优化方案进行对比分析,一定程度上改善了吸气式高超声速飞行器的总体性能。

　　本书的研究工作得到了国家重点研发计划(2019YFA0405300)、国家自然科学基金(11725211、11972368、11802340、61004094、91216201、51675525 和 10302031)、国家高技术研究发展计划(2004AA7021051、2008AA7020213、2010AA7020210 和 2011AA7053016)等项目的支持。特别感谢我们的老师——我国高超声速推进技术事业的开拓者之一王振国院士对我们的精心培养和对这项研究工作的长期支持。罗世彬、罗文彩、吴先宇等老师也为本书中的研究成果付出了大量心血和智慧。本书出版得到了国家出版基金的支持。在此一并表示衷心的感谢!

　　高超声速飞行器技术研究方兴未艾,高效、准确、快速的飞行器参数化建模与多学科设计优化技术是提高吸气式高超声速飞行器总体性能的关键,急需建立面向工程实际的飞行器多学科设计优化方法。本书内容只是高超声速领域的沧海一粟,作者学术水平有限,书中难免存在不足与疏漏,恳请读者批评指正。

作　者

2020 年 3 月

高超声速出版工程

目 录

第 5 章　基于广义灵敏度的搜索策略

第 6 章　面向飞行器多学科设计优化的优化过程

第 7 章　基于 GBLISS 2000 的机翼气动弹性问题研究

187

第 8 章　天对地再入飞行器总体多学科设计优化

211

参 考 文 献

278

第 1 章

绪　　论

1.1　背景与意义

　　飞行器设计过程通常分为概念设计(方案设计)、初步设计和详细设计三个阶段。在设计初期,设计者对飞行器的信息了解较少,所以这些信息对设计起着举足轻重的作用;到了拥有大量飞行器设计信息的设计后期,设计者的设计自由度已经很小,修改设计的余地不大,这一现象如图 1.1 所示[1]。飞行器已知信息积累的多少与设计自由度的大小是一对矛盾[2]。随着工业部门对飞行器综合性能的要求日益提高,这对矛盾显得越来越突出。

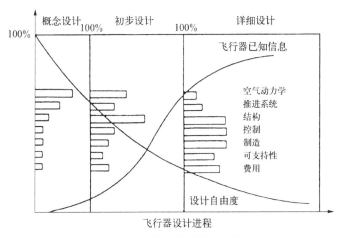

图 1.1　传统飞行器设计过程

　　对飞行器设计来说,如何充分利用概念设计等飞行器早期设计阶段的较大设计自由度来提高飞行器的设计质量是十分关键的。其中一个很重要的方法就是利用各种优化技术。在传统的飞行器设计中,概念设计阶段的优化往往是通过对一些关键设计参数进行优化,使飞行器达到燃料平衡和性能最优的状态。气动与推进是影响燃料平衡与飞行器性能的关键学科(discipline),因此在概念设计阶段受到足够的重视;进入初步设计阶段后,飞行器基准构型已经确定,开始进行硬件设计,此时结构学科发挥着重要作用;在详细设计阶段,为获得良好的飞行性能,重点进行的是控制学科的设计;进入生产与制造阶段之后,工作的重心则转到制造、成本及维护方面[1]。在不同的设计阶段,设计人员运用相关的学科知识和经验对设计进行优化,获得局部最优解。这种设计模式实质上是将同时影响飞行器性能的多种因素人为地割裂开来,没有充分考虑学科间相互耦合产生的协同效应,产生的后果是极有可能失去系统的整体最优解,从而降低飞行器的总体性能[3-5]。不难看出,传统飞行器设计方法的主要问题在于概念设计阶段过短,各学科发挥的作用不均衡,难以充分利用概念设计阶段较大的设计自由度来提高设计质量,也不能很好地集成各个学科来实现设计优化,更不可能实现多个性能目标的平衡设计[1]。

因此,文献[1]将这种传统飞行器设计方法的缺陷总结为:概念设计阶段过短;学科分配不合理;不能充分利用概念设计阶段的自由度来改进设计质量;不能集成不同学科以实现最优化;不能实现新加需求所追求的平衡设计。

针对传统设计方法的缺点,从20世纪80年代起,以美国国家航空航天局(National Aeronautics and Space Administration, NASA) Langley 研究中心 Sobieszczanski-Sobieski 等为代表的科学家提出了一种新的飞行器设计方法:多学科设计优化(multidisciplinary design optimization, MDO)[1]。其主要思想包括增加概念设计在整个设计过程中的比例;在飞行器设计的各个阶段力求各学科的平衡,充分考虑各门学科之间的相互影响和耦合作用;应用有效的设计/搜索策略和分布式计算机网络系统,来组织和管理整个系统的设计过程;通过充分利用各个学科之间相互作用所产生的协同效应,获得系统的整体最优解。

这种设计方法所带来的效果如图 1.2 所示[1],其中的虚线表示引入 MDO 方法之后所期望达到的目标。与图 1.1 相比,其变化的目的是在概念设计阶段获得更多信息和更大的设计自由度,使设计时间增长了一倍;通过使用更优化的设计,使详细设计阶段的时间缩短了 1/3。在概念和初步设计阶段,学科分配更加均衡。来自"飞行器已知信息"的曲线表明:在概念设计和初步设计阶段需要引入更多的知识来提出更加合理的设计。"设计自由度"曲线则表明:设计后期需要更大的自由度并使对飞行器设计方案的修改成为可能。两种曲线形状的变化将缓和图 1.1 中的矛盾,这种变化可以使多学科以及多学科之间的设计、分析和优化更加一体化。

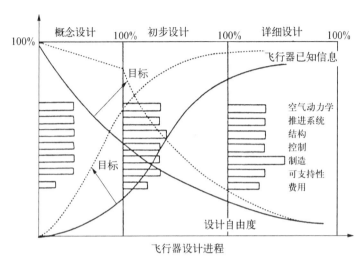

图 1.2 采用 MDO 后的飞行器设计过程

MDO 方法自提出以来,已经取得了大量研究成果[5,6]。受到了飞行器设计人员的高度重视,被称为是飞行器总体设计方法的一次飞跃[6,7]。这种新设计方法的重要意义在于以下几点[1,6-9]。

(1) MDO 符合系统工程思想,能有效提高飞行器的设计质量。系统工程很重视从整体出发对各局部的协调。MDO 方法要求把飞行器看作一个系统,将这个系统按学科分解为若干子系统(subsystem,即所谓的单一学科),与每个子系统对应的专家在考虑了其他学科的要求和影响基础上,在自己的专业领域内进行设计优化。它很好地体现了整体与局部、局部与局部的关系,与现代系统论中整体优化的思想是一致的,从而有可能充分发现和利用飞行器各子系统之间的协同效应,设计出综合性能更好的飞行器。因此,可认为 MDO 是系统工程思想在工程设计中应用的一种有效的实施方法。

(2) MDO 为飞行器设计提供了一种并行设计模式。MDO 方法与传统串行设计模式的最大区别在于:各个专业的设计人员可同时进行设计优化。它为飞行器设计提供了一种并行设计模式,因而能有效地缩短飞行器的研制周期。可以预计,MDO 在飞行器设计中的应用将成为现代飞行器并行工程的一个重要组成部分。

（3）MDO 的设计模式与飞行器设计组织体制一致。一方面，MDO 方法按学科（或部件）把飞行器这个复杂系统的设计优化问题分解为若干单一学科（子空间，subspace）的设计优化问题；而另一方面，现有的飞行器设计在组织体系上一般都设有气动组、结构分析组、控制系统组、推进系统组等按专业分类的工作组。因此，MDO 与现有飞行器设计的组织体系一致，应用 MDO 不必对现有的飞行器设计组织体系做大的变动。应用分布式计算机网络系统，飞行器设计和制造工业界可从传统的设计模式向并行的设计模式迈进。

（4）MDO 的模块化结构使飞行器设计过程具有很强的灵活性。由于在 MDO 方法中各学科具有相对独立性，所以各学科的分析方法（或软件）和设计优化方法的变更不会引起整个设计过程的变化。每个学科的设计人员可选用适当的分析方法（或软件）、优化方法和专家知识。而且，随着各个学科的发展，设计人员可变更分析方法和设计优化方法。这种模块化结构使得飞行器设计进程具有很强的灵活性。例如，在气动设计学科组，可用先进的基于 N-S 方程的计算流体力学方法来代替基于线性化理论的面元法，而不会影响飞行器设计的整体工作进程。

本书的研究工作得到国家重点研发计划、国家自然科学基金、国家高技术研究发展计划等项目的资助。其中，前两者为本书的理论研究提供了较强的研究背景，后者为本书的应用研究指明了方向。

1.2 多学科设计优化方法的定义与描述

1.2.1 飞行器多学科设计优化的定义

对于 MDO 这种全新的设计优化方法，其定义尚未完全统一。美国航空航天学会（American Institute of Aeronautics and Astronautics，AIAA）的 MDO 技术委员会（Technical Committee on Multidisciplinary Design Optimization，MDO TC）针对飞行器这一复杂工程系统给出了它的三种定义[6]，其定义如下。

定义 1.1：MDO 是一种通过充分探索和利用系统中相互作用的协同机制来设计飞行器系统和子系统的方法论。

定义 1.2：MDO 是指在飞行器系统的设计过程中，必须对学科（或子系统）之间的相互作用进行分析，并且充分利用这些相互作用进行系统优化合成的设计优化方法。

定义 1.3：MDO 是指当设计中每个因素都影响另外的所有因素时,确定该改变哪个因素以及改变到什么程度的一种设计方法。

在以上的三种定义中,第一种定义相对严谨一些,因此是目前引用最多的一种定义。但不管采用哪种定义,其定义都有两个核心:一是强调综合考虑设计中多个学科之间的耦合效应;二是强调系统总体性能最优化。因此,也有文献使用下式形象地定义 MDO[10]：

定义 1.4：

$$\Delta_{\text{Design}} = \Big(\sum_i \Delta_{\text{Discipline}, i} \Big) + \Delta_{\text{MDO}} \tag{1.1}$$

其中, Δ_{Design} 表示设计的总效益; $\sum_i \Delta_{\text{Discipline}, i}$ 表示采用单学科设计的效益之和; Δ_{MDO} 表示采用 MDO 方法并考虑了各学科之间相互影响之后效益的增量;式 (1.1) 表明采用 MDO 方法进行设计优化能够进一步挖掘设计潜力,使飞行器系统的设计达到最优。

1.2.2 飞行器多学科设计优化的系统学描述

此处以一个三学科非层次系统为例介绍在飞行器 MDO 当中常见的专用术语,如图 1.3 所示。

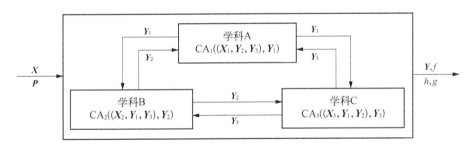

图 1.3 三学科非层次系统

定义 1.5 学科：飞行器系统中本身相对独立、相互之间又有数据交换关系的基本模块。

MDO 中的学科又称子系统或子空间,是一个抽象的概念。以飞行器为例,学科既可以指气动、结构、控制、推进、弹道等通常所说的学科,又可以指系统的实际物理部件或分系统,如航天器的有效载荷、姿态确定与控制、电源、热控等分系统。

定义 1.6 设计变量(design variable)：用于描述飞行器系统的特征、在设计过程中可被设计者控制的一组相互独立的变量。

设计变量可以分为系统设计变量(system design variable)和局部设计变量(local design variable)。系统设计变量在整个系统范围内起作用,如图 1.3 中的 X;而局部设计变量则只在某一学科范围内起作用,如图 1.3 中的 X_1, X_2, X_3,局部设计变量有时也称为学科变量(discipline variable)或子空间设计变量(subspace design variable)。

定义 1.7 状态变量(state variable): 用于描述飞行器系统的性能或特征的一组参数。

状态变量一般需要通过各种分析或计算模型得到,这些参数是设计过程中进行决策的重要信息。状态变量可以分为系统状态变量(system state variable)、学科状态变量(discipline state variable)和耦合状态变量(coupled state variable)。其中系统状态变量是表征整个系统性能或特征的参数,如图 1.3 中的 Y;学科状态变量指的是属于某一学科的状态变量,如图 1.3 中 Y_1, Y_2, Y_3,学科状态变量也称为子空间状态变量(subspace state variable)或局部状态变量(local state variable);耦合状态变量是指对某一学科进行分析时,需使用到的其他学科状态变量,并且是当前所分析学科的输入量,学科 i (i = 1, 2, 3)的耦合状态变量可用 $Y_j(j \neq i)$ 来表示,耦合状态变量也称为非局部状态变量(non-local state variable)。

定义 1.8 约束条件(constraint condition): 飞行器系统在设计过程中必须满足的条件。

约束条件分为等式约束和不等式约束,在图 1.3 中分别用 h 和 g 表示。

定义 1.9 系统参数: 用于描述飞行器系统的特征、在设计过程中保持不变的一组参数,如图 1.3 中的 P。

定义 1. 10 学科分析(disciplinary analysis, DA): 也称为子系统分析(subsystem analysis)或称子空间分析(subspace analysis),以该学科的设计变量、其他学科对该学科的耦合状态变量及系统的参数为输入,根据某一个学科满足的物理规律确定其物理特性的过程。

学科分析可用求解状态方程的方式来表示,设学科 i 的状态方程可用式(1.2)表示:

$$Y_i = \mathrm{CA}_i(X_i, Y_j, P), \quad j \neq i \tag{1.2}$$

其中, Y_j 表示从学科 j 输入到学科 i 的耦合状态变量。

定义 1.11 系统分析(system analysis): 对于整个飞行器系统,给定一组设

计变量 X，通过求解系统状态方程得到系统状态变量的过程。

对一个由 n 个学科组成的系统，其系统分析过程可以通过式（1.3）来表示：

$$Y = f(X) \tag{1.3}$$

对于飞行器系统，系统分析涉及多门学科。对于如图 1.3 所示的非层次系统，由于耦合效应，系统分析过程需要多次迭代才能完成。

此外，由于各个学科之间有可能存在冲突，系统分析过程并不一定总是有解，因此，有以下定义：

定义 1.12 一致性设计（consistent design）：在系统分析过程中，由设计变量及其相应的满足系统状态方程的系统状态变量组成的一个设计方案。

定义 1.13 可行性设计（feasible design）：满足所有设计要求或设计约束的一致性设计。

定义 1.14 最优设计（optimal design）：使目标函数最小（或最大）的可行设计。

以上定义将贯穿于本书的研究中。

1.3　飞行器多学科设计优化若干关键技术的发展及研究现状

1.3.1　飞行器总体多学科设计优化的关键技术

MDO 是一个外延很广的概念，所涉及的研究内容十分丰富，包含一系列概念单元[1]。Sobieszczanski-Sobieski 最初将 MDO 的概念单元分为信息科学与技术、面向设计的多学科分析和 MDO 三大类[11]。MDO 技术委员会进一步将 MDO 的概念单元归纳为设计建模与求解、分析能力与近似、信息管理与处理、管理与文化实施 4 类，并逐一分析了工业界对每个概念单元的需求[6]。Sobieszczanski-Sobieski 和 Haftka 对航空航天界 MDO 方法的研究现状进行了分析，将 MDO 的研究内容分解为数学建模、面向设计的分析、近似概念、优化程序、系统灵敏度以及人机界面共 6 个部分[7]。

以上所涉及的 MDO 研究内容中，在我国飞行器总体设计领域，有些技术目前已经开展研究，有些技术还有待发展。对于飞行器这一特定设计对象而言，本书经过对以上内容的分析与整合[1,6,7,11,12]，并根据我国目前的相关研究基础，归纳出目前急需发展的飞行器总体 MDO 的关键技术如下：参数化建模技术、灵敏度分析技术、近似策略、搜索策略以及优化过程等。

1.3.2 参数化建模技术的发展及研究现状

传统的参数化方法是在已有构型的基础上,不改变部件特征,仅以初级特征的控制参数作为设计变量。例如,Zhang 等[13]在进行宽速域乘波飞行器设计时将设计圆锥激波的角度、表示宽度的二面角以及上缘线二次曲线的阶数作为设计参数;Qasim 等[14]将运载器直径等参数作为推进性能优化的设计参数;Deng 等[15]对带翼飞行器构型进行优化设计时将其长、宽、头部半径等参数作为优化设计变量;Huang 等[16]研究了减阻杆前端气动盘直径对该类构型减阻效果的影响。类似方法还在返回舱构型的设计中有所应用[17]。高超声速飞行器的一体化设计离不开对关键参数的控制与协调。Javaid 和 Serghides[18]将高超声速巡航飞行器的二维进气道想象成具有四个转折角的连续斜坡构型,并研究了四个角度对气流压缩效率的影响。Raj 和 Venkatasubbaiah[19]用类似方法对进气道构型进行了设计(图 1.4)。在图 1.4 中,a_1a_2 和 a_2a_3 是外斜坡角;a_4a_5 是内斜坡角;a_1a_2、a_2a_3 和 a_4a_5 的转折角分别为 θ_1、θ_2 和 θ_3;激波角分别为 β_1、β_2 和 β_3;L 是参考长度,由设计需求决定;θ_4 是平直流道的转折角;β_4 是平直流道对应的激波角。Zhang 等[20]对气动-推进一体化高超声速飞行器进行进气道和尾喷管的各特征角度进行优化设计从而达到增升减阻的目的;Chen 等[21]对于此类飞行器整机进行了更加彻底的参数化设计(图 1.5),充分考虑了各部件的长度、各气动面的相对角度等参数。这些参数化方法对于直线或平面特征组成的构型设计具有一定的优势,能够简化设计过程,充分利用已有信息对各特征进行调整,在图 1.5 中,L 为飞行器总长,L_f、L_m 和 L_a 分别为前体、燃烧室和后体长度;H_i 和 H_e 分别为转动机入口和出口高度;L_c 为唇口长度,θ_{c1} 和 θ_{c2} 分别为进气道第一级和第二级转折角;θ_u 为飞行器上表面膨胀角。然而,随着飞行器精细化的进一步要

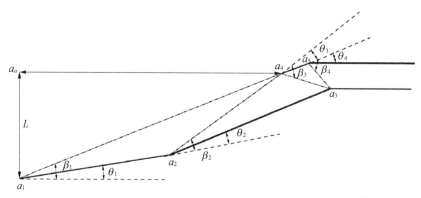

图 1.4　通过二维进气道折转角度作为设计参数设计进气道构型[19]

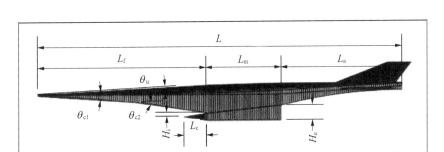

图 1.5 吸气式巡航飞行器气动-推进一体化构型整机参数化模型[21]

求,在对构型中进行曲面和曲线的设计时,实际气动的需求越来越广泛,因此需要发展可以直接控制曲线和曲面形状的参数化方法。

　　B 样条方法因其强大的局部修饰能力以及灵活的控制特性而在 CAD 软件领域得到了广泛应用[22]。它可以看作是一系列基函数通过控制点进行的线性

组合,图 1.6 为 5 阶 B 样条基曲线的形状和分布,各编号代表不同的基曲线。除了在翼型设计方面的应用之外[23-27],Tian 等[28]在对高超声速巡航乘波体飞行器进行参数化设计时,利用多条 B 样条曲线设计飞行器上表面。Kontogiannis 等[29]在设计吻切锥乘波体的底面基曲线时也用到 B 样条函数。Zhang 等[22]提出了封闭 B 样条自

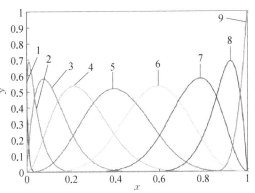

图 1.6 5 阶 B 样条基曲线的形状和分布

由曲线,能够通过少量变量实现拓扑结构的优化设计。由于 B 样条函数需要初始给定设计变量数目。若变量数目较少则在优化设计中难以得到理想的结果;设计变量过多,则优化算法性能降低。Han 和 Zingg[30]基于 B 样条方法提出一种具有适应性的几何外形参数化方法。通过优化过程反馈的信息增加设计变量。每次加点时通过控制点位置重排保证不影响几何外形,因此在每次优化的最优解基础上使参数化方法更加精细化。

　　类别/形状函数转换(class/shape function transformation, CST)方法是Kulfan[31,32]在 2007 年首次提出的一种双层翼型拟合方法。该方法将翼型曲线表示为类别函数 C 和形状函数 S 的乘积。由类别函数决定曲线的基础类型,并通过形状函数对其进行进一步修饰,从而有了广阔的参数化空间和精确的拟合

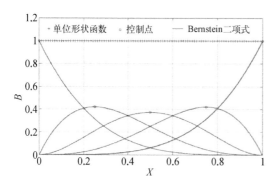

图 1.7   作为形函数的 4 阶 Bernstein 多项式
分布情况[33]

能力。图 1.7 展现了作为形函数的 4 阶 Bernstein 多项式分布情况[33]。CST 方法最初的提出是为了方便翼型的设计与优化。Ceze 等[33]通过翼型反设计和优化研究了 CST 方法的参数波动敏感性、几何特征独特性以及参数之间的相互独立性。Lane 和 Marshall[34]在翼型反设计中采用 CST 方法对设计翼型进行参数化和平滑处理。Marshall[35]提出了将 CST 函数曲线转换为标准 Bezier 曲线的方法。受翼型设计的启发,利用 CST 方法生成其他类型的参数化曲线,从而应用于飞行器其他部分曲线设计的方法也得到了广泛研究。Guan 等[36]通过类别/形状修正函数转换(class/shape refinement transformation,CSRT)方法设计翼身融合体飞行器的纵向截面曲线,并在此基础上优化了此类构型的气动外形。Morris 等[37]基于 CST 方法,开发了一套 VT-CST 程序,用于无尾超声速飞行器的部件设计,如翼身截面、嵌入式发动机的进气道唇口、进气道斜坡等。Wang 等[38]利用 CST 方法设计前缘外形降低进气道无黏阻力。Ma 等[39]以及 Zhang 等[40]则利用 CST 方程设计类 HTV-2 滑翔飞行器的截面对称曲线,并在此基础上进行了构型的优化设计。

PARSEC(The parameterization method for airfoil sections)是由 Sobieczky[41]提出的面向翼型的参数化方法。该方法通过 11 个具有实际物理意义的基本参数描述翼型曲线,因此也使得翼型的参数化设计更具目的性。图 1.8 为 PARSEC 参数化方法中设计参数在翼型上的具体分布[42]。(其中,Z_{XXup} 为上顶点曲率;Z_{up} 为上顶点 Z 方向位置;X_{up} 为上顶点 X 方向位置;X_{lo} 为下顶点 X 方向位置;r_{le} 为前缘半径;Z_{lo} 为下顶点 Z 方向位置;Z_{XXlo} 为下顶点曲率;α_{TF} 为后缘角;β_{TE} 为翼尾角;ΔZ_{TE} 为后缘厚度;Z_{TE} 为后缘偏移位置。) Chiba 等[43]在采用该方法进行翼型设计时忽略了尾部的厚度,并且将上下曲线的头部半

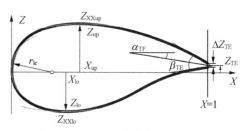

图 1.8   PARSEC 参数化方法中设计
参数在翼型上的具体分布[42]

径分开考虑,从而形成尖尾非典型圆头的翼型。PARSEC 方法是基于翼型两侧曲线的多项式表达[23],将每一侧的曲线都表示为给定的多项式形式[44]。该方法在翼型的优化设计中起着重要作用,因其固定且具有实际意义的设计变量而在气动研究和分析中广泛采用[43,45,46]。Zhu 等[47] 将 CST 方法与 PARSEC 方法相结合,得到了一种直观 CST 参数化方法,同时保留了 CST 方法的高精度、高灵活性以及 PARSEC 方法中参数物理意义直观的优势。Ziemkiewicz[48] 受 PARSEC 方法的启发,提出了通过 6 个全局变量可以简单实现翼型的参数化设计,并且得到的翼型均具有光滑可靠的外形。PARSEC 方法对翼型的参数化设计很有效,但是由于其本身的定位,使其在其他构型上的参数化应用较为局限,难以进一步推广。

Hicks 和 Henne[49] 在翼型的基曲线上引入摄动函数,函数由多个"鼓包"函数线性叠加得到,不同的权重导致了不同翼型的产生。图 1.9 为 Hicks-Henne 鼓包分布以及修饰前后的翼型对比[50]。使用样条方法等很难实现对具有高弯曲性的涡轮叶片等构型进行参数化,而 Hicks-Henne 函数则可作为替代[51]。Bobrowski 等[52] 和 Bompard 等[26] 使用 Hicks-Henne 方法对机翼截面进行参数化设计。

图 1.9　**Hicks-Henne** 鼓包分布以及修饰前后的翼型对比[50]

Masters 等[42,53] 综述并比较了 6 种翼型参数化方法,通过对两个基本翼型库内的翼型进行拟合能力比较,分析了它们的翼型拟合能力和优缺点。在一个标准的二维无黏轴对称的阻力最小化案例进行设计和比较中,B 样条方法通过 16 个设计变量在 6 个参数化方法中脱颖而出,获得了最佳结果[54]。Antunes 和 Azevedo[55] 利用遗传算法研究了 CST、B 样条以及 PARSEC 方法参数化下的翼型优化问题,指出参数化方法、转捩点位置以及遗传算法中的种群数目对优化结果均具有不同程度的影响。Mousavi 等[56] 则比较了在建模中直接使用网格点坐标作为设计参数与 B 样条方法以及 CST 方法在翼型反设计和优化中的效率。

在涉及三维飞行器曲面的设计中,自由网格变形(free-form deformation,FFD)方法受到了非常广泛的应用。FFD 方法是一种使用 Bernstein 函数进行坐标映射的方法。将初始构型坐标嵌入笛卡儿坐标系中的六面体方格阵,方格的各个节点即控制点,其坐标即为设计变量,通过控制点坐标的改变使得映射后的设计对象构型发生变化。FFD 方法广泛应用于各类三维飞行器的设计翼型和运载火箭[57] 的气动外形建模、升力体飞行器的三维建模[58]、三维机翼的三维参数化设计[59,60]等,在其他领域的应用还包括高铁气动外形的参数化设计与优化[61]等。Gagnon 和 Zingg[62]发展了一种灵活稳健的两级 FFD 技术,在复杂飞行器的气动外形优化过程中,该方法一方面解决了飞行器表面的建模问题;另一方面也解决了与之伴随的空间体网格变形问题。因此它适用于基于计算流体力学(computational fluid dynamics,CFD)的气动外形优化设计,如图 1.10 所示。FFD方法所完成的是一种从实际空间到参数空间再到变形空间的映射,它具有以下优势:① 使几何外形参数化达到机器精度;② 能够通过简单的设计变量操控复杂的几何外形;③ 每个 FFD 控制体都能够进行局部或者全局的变形[62]。当前,FFD 的发展已经非常成熟,斯坦福大学发展的开源 CFD 求解优化软件就将 FFD 方法作为一个模块应用于各类构型的气动外形优化设计[63,64]。该方法不仅可以应用于飞行器部件的设计,还能应用于整机的直接设计,并且通过特定的约束,可以进行多部件协作设计优化,从而对复杂飞行器构型进行设计。

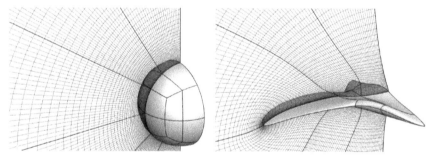

图 1.10　FFD 完成半球面向飞翼布局的变化并同时对应调整网格分布[64]

　　二维参数化方法中有多个方法都是可以拓展至三维空间的。我们将二维参数化方法的三维拓展方法分为两类,一类方法是不改变二维设计思路,在关键截面处进行二维曲线设计,然后利用放样的手段连接出曲面;另一类方法是在二维参数化方法的基础上将平面参数化公式拓展为三维参数化公式,实现设计空间的全域可控。

　　第一类方法相对简单,易于实现。如 Zhang 等[65]用二维 CST 方法设计了机翼根部、转折处和翼梢的翼型,然后放样得到机翼外形。Ma 等[39]将高超声速升力体飞行器划分为若干截面,通过二维 CST 方法对截面曲线进行参数化设计,并通过放样的手段得到设计构型。Liu 等[66]也使用这种方法通过设计高超声速飞行器纵截面放样得到了其三维构型。

在第二类方法中,CST 方法和 B 样条方法的三维拓展应用相对更为广泛。Su 等[67]基于 CST 方法和高超声速工程估算方法实现了对 X-33 飞行器的外形优化。Straathof 等[68,69]在 CST 的方法基础上加入 B 样条函数进行修正,得到了CSRT 方法,并且将该方法拓展至三维,实现了对三维机翼的参数化设计。Martin 等[70]参考 FFD 方法,提出三维曲面的 B 样条设计方法,同样将几何构型嵌入控制六面体中,通过改变控制点坐标而改变曲面构型,如图 1.11 所示[70]。该方法相比其他参数化方法具有更强的局部控制能力,并能与 CAD 软件以及优化程序良好衔接。Theisinger 和 Braun[71]利用三维有理 B 样条方法对高超声速返回舱的气动面进行了参数化设计。Han 和 Zingg[30]在传统 B 样条的基础上结合加点算法,实现了三维机翼的翼梢和三维 U 形机翼的参数化设计。三维 B 样条方法和 FFD 技术在构型参数化和气动优化中的效率相比,B 样条方法更适用于简单构型的设计,如机翼;而 FFD 方法更适用于复杂构型的设计与优化,如非传统飞行器构型[59]。

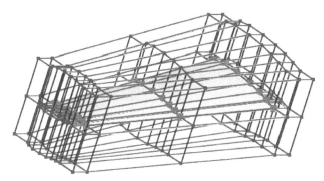

图 1.11 B 样条框架内的机翼

1.3.3 灵敏度分析技术的发展及研究现状

灵敏度信息从数学上来说就是函数的导数信息。飞行器 MDO 中,灵敏度分析的含义是指对系统的性能因设计变量或参数的变化而表现出来的敏感程度的分析。不同的灵敏度信息计算方法形成了各种不同的灵敏度分析技术。灵敏度分析技术与近似策略、搜索策略等相结合,是解决 MDO 中计算复杂性、组织复杂性、模型复杂性以及信息交换复杂性的重要手段[1,72]。鲁棒性强、高效精确、适用性广的灵敏度分析方法是飞行器 MDO 理论研究中的一项重要研究内容。

飞行器 MDO 中的灵敏度分析技术包括学科灵敏度分析技术和系统灵敏度分析（system sensitivity analysis, SSA）技术[72]。学科灵敏度分析技术是用于单独的学科或是未分解系统的灵敏度分析技术，SSA 技术是用于已分解系统的灵敏度分析技术。学科灵敏度分析技术有手工求导方法（manual derivation method, MDM）、符号微分方法（symbolic differentiation method, SDM）、有限差分方法（finite difference method, FDM）、自动微分方法（automatic differentiation method, ADM）、复变量方法（complex variables method, CVM）、神经网络方法（neural network method, NNM）以及正交试验设计方法（orthogonal design method, ODM）等。SSA 技术有参数灵敏度计算方法和全局灵敏度方程（global sensitivity equation, GSE）方法。

MDM 基于数学分析中的微分学理论，是一种精确的求导方法[73,74]。但使用 MDM 求取的解析导数表达式不仅耗时，而且极易出错。在飞行器 MDO 实际应用中，一般不使用 MDM。

SDM 也是基于数学分析中的微分学理论[73,75]。SDM 改进了 MDM 的一些不足之处，它不仅可以获得导数的解析表达式，而且求导过程可由计算机自动执行。与 MDM 一样，SDM 要求函数具有显式形式，在实际应用中通常不能处理由子程序封装的隐函数，所以在应用 SDM 进行求导运算时仍然需要大量的人工处理。在飞行器 MDO 实际应用中，SDM 的应用也比较少。

FDM 是一种计算灵敏度较常用的数值方法。与 MDM 和 SDM 不同，FDM 通过变量摄动的方式计算灵敏度信息，对函数形式无明确要求。这一特点使得 FDM 既能对一般函数求导，也能对子程序封装的隐函数求导。FDM 在求导过程中对函数采用"黑箱"方式，使该方法的开发时间较短，且该方法简单易行，所以在飞行器 MDO 过程中得到了广泛应用[76-78]。FDM 的不足之处是：效率低，由于在计算过程中存在舍入误差和截断误差，计算结果很难达到规定的精度要求，在具体应用中需对最佳步长反复确定，大大增加了计算量[79,80]。

为了提高飞行器 MDO 灵敏度分析的求解效率和减少计算时间，有研究者将 ADM 应用于飞行器 MDO 的灵敏度分析中[75,81,82]。ADM 针对程序代码分析求解函数的导数，其突出的一个优点是无截断误差，其计算精度仅受限于机器精度[83,84]。随着 1991 年 SIAM 关于自动微分算法第一次专题学术讨论会的召开，ADM 的研究与应用进入了飞速发展时期，众多研究成果涌现出来[83,85]。ADM 在飞行器 MDM 中的主要应用之一是在气动外形设计优化过程中用于计算所需的灵敏度信息[75,81,82,86]。此外，ADM 还被应用于整个 MDO 过程中其他需要进行灵敏度分析的地方,Walsh 等将 ADM 应用于直升机的设计优化过程[87];Wujek 等将 ADM 与搜索策略相结合[88],并应用于飞行器概念设计阶段的 MDO 过程,在计算量上取得了十分可观的缩减;Su 等将 ADM 与鲁棒优化相结合[89],并应用于飞行器概念设计阶段的 MDO 过程,与 FDM 相比,ADM 的计算时间仅为 FDM 计算时间的 18.61%,使用 ADM 的系统分析次数仅为使用 FDM 系统分析次数的 4.76%。可见在飞行器 MDO 中,将 ADM 与搜索策略相结合可以大大提高 MDO 性能。自 1999 年起,中国众多学者也投入到 ADM 的理论研究[72,90-95]与应用研究[96-101]中,主要应用领域为电子科学[96,97]和化工生产[98-100,102]。ADM 在飞行器 MDO 中的理论与应用研究在中国尚处于起步阶段[72,101]。

CVM 也是一种高效的灵敏度分析方法。CVM 是五十多年前 Lyness 等所提出的理论[103,104]。他们指出,在很多领域,复变量可以简化许多系统问题的表述与求解。这一理论被 Squire 等用于求解实函数的导数[105]。Newman 等将 CVM 用于机翼的气动-结构设计优化[79],并将 CVM 与 FDM、ADM、解析方法(analytical method,AM)和半解析方法(semi-analytical method,SAM)进行了比较分析,指出:CVM 具有所有这些灵敏度分析方法的优点,与 ADM 在计算精度上较其他方法更优;与 ADM 的实现相比,CVM 的实现无需对现有程序进行预编译处理。其后,CVM 在飞行器 MDO 中应用的研究日渐增多,但仅局限于气动学科和结构学科[79,80,106]。在国内,文献[72]、文献[107]首先将 CVM 应用于某无控飞行器 MDO 研究中的气动学科分析及总体设计优化。黄勇等将 CVM 应用于跨声速翼型设计优化[108],应用 CVM 计算目标函数关于设计变量的灵敏度信息,在此基础上进行设计优化。CVM 在飞行器 MDO 中的理论与应用研究在国内尚处于起步阶段[72,107,108]。

NNM 不需要系统的精确模型,可以处理非线性、模糊或者是含有噪声的数据,处理那些难于用模型或规则描述的过程或系统[109]。在不确定的条件下,只要可以给出能准确描述所要求的行为功能,并给出大量体现该功能的例子,神经网络就可以通过这些例子来进行学习,不断调整其网络内部输入和输出之间连接权值和阈值的关系,直到达到所要求的行为功能。Szewczyk 等认为,在一定范围内,连接权值可以视为输出相对于输入的灵敏度导数均值[110,111]。Liu 等将 NNM 应用在基于响应面的并行子空间优化(concurrent subspace optimization,CSSO)过程中[112],用于提高响应面的近似精度。在 NNM 实际使用过程中,神经网络隐层神经元数目的选取、初始权值和初始阈值的选取、学习算法的选择等因需要解决问题的不同而不同。迄今,还未出现一个万能的可解决不同问题的神经网络。目前,国内还未见 NNM 应用于飞行器 MDO 的相关研究报道。

使用传统灵敏度分析技术的一个明显缺陷是它只能用在连续设计变量的优化问题中,无法处理离散设计变量问题。邱清盈等提出的灵敏度分析 ODM[113] 可用于计算离散设计变量的灵敏度信息。这里的灵敏度信息不是数学意义上的导数信息,而是离散设计变量的微小扰动量所引起的目标函数/约束函数的变化量。李盛阳等将该方法应用在坦克陆上机动性能评估的指标体系选取中[114]。ODM 适用于系统设计变量只有两个离散值的情况,但在实际飞行器总体设计中,系统设计变量通常有多(大于 2)个离散值,此时 ODM 并不适用。目前,国内尚未见 ODM 应用于飞行器 MDO 的相关研究报道。

AM 和 SAM 目前仅在飞行器 MDO 的结构学科中得到应用[115],在其他学科还未得到推广应用。AM 是最精确的学科灵敏度分析方法,它通过对方程求导来获取所需的灵敏度信息,效率很低[115]。以上介绍的各种学科灵敏度分析方法中,ADM 是一种 AM 方法,其余的均属于数值计算方法。由于 AM 需要对确定的解析表达式求导,而飞行器 MDO 中很多过程是无法给出显式表达式的[1,6],所以 AM 在飞行器 MDO 应用中使用范围受限。SAM 是 AM 与 FDM 的结合,它的特点是在求解精度和求解效率方面寻求两种方法的折中。Fusato 等指出[116,117],在航空力学问题中使用 SAM 计算约束,得到的灵敏度信息不仅准确,而且效率较 FDM 大大提高。

原则上来说,以上介绍的各种学科灵敏度分析方法都可以推广用于飞行器的 SSA,但在实际应用中,将学科灵敏度分析方法通过简单扩展应用于飞行器系统的 SSA 并不现实。这是因为飞行器 MDO 过程的 SSA 所需的数据远比学科灵敏度分析复杂得多,即存在"维数灾难",而且 SSA 技术在 MDO 中更多地用于衡量学科(子系统)之间以及学科与系统之间的相互影响,其计算方法和学科灵敏度分析方法差别较大。应用于飞行器 MDO 过程的 SSA 方法有参数灵敏度分析方法和 GSE 方法。

参数灵敏度分析方法在飞行器 MDO 过程中用于已分解系统优化过程的协调过程中。对于单目标优化问题,参数灵敏度用于描述优化模型中参数 P 发生改变对当前最优设计点 (f^*, X^*, g^*, h^*) 的影响大小,即求解参数灵敏度 $\dfrac{\partial f^*}{\partial P}$、$\dfrac{\partial X^*}{\partial P}$、$\dfrac{\partial g^*}{\partial P}$ 和 $\dfrac{\partial h^*}{\partial P}$。Arbuckle 等[118]使用 FDM 求解参数灵敏度,FDM 需对该优化模型进行重优化且存在舍入误差和截断误差,因此计算量大、精度较低。Sobieszczanski-Sobieski 等[119]推导出求解参数灵敏度的库恩-塔克方法,该方法无需对优化模型进行重优化,但在求解过程中需要求解优化模型拉格朗日方程的海塞矩阵,在实际应用中存在计算量大、求解困难等问题[120]。Vanderplaats 等[121]提出了参数灵敏度分析的设计空间扩展方法。以上各种方法的求解前提都要求优化模型的有效约束集不因参数 P 的改变而发生改变(称为有效约束集问题)。针对这一问题,Beltracchi 等[120]提出了递归二次规划的参数灵敏度分析方法,该方法可以解决有效约束集发生改变时的情况,但是仍然需对优化模型进行重优化,因此也存在计算量大、效率不高的问题。Sobieszczanski-Sobieski 等[122,123]提出计算参数灵敏度的最优灵敏度分析(optimum sensitivity analysis,OSA)方法,由于计算简单、计算量小而广泛应用于飞行器 MDO 研究中,多用于近似系统的构造,但 OSA 方法也存在有效约束集问题。

GSE 方法在飞行器 MDO 过程中用于非层次系统的优化过程中,通过求解 GSE 获得的全局灵敏度信息表达的是子系统之间的耦合关系。GSE 方法首先由 Sobieszczanski-Sobieski 提出[124,125],Hajela 等将 GSE 方法应用于航空器的 MDO 综合设计[126]。目前为止,绝大多数 GSE 求解过程中所需的学科灵敏度分析都是通过 FDM 完成的[127-131],因此 FDM 的不足也反映在 GSE 方法上。有研究者使用 ADM 计算 GSE 的学科灵敏度信息,实践表明,该方法可大大提高 GSE 方法的效率和稳健性[89,132]。

1.3.4　近似策略的发展及研究现状

对于飞行器 MDO 问题,由于在设计过程中要考虑各学科之间的耦合,比单学科优化复杂得多,直接将各种搜索策略应用于飞行器 MDO 过程往往不可行,主要有 4 个原因[3,5,133,134]:① MDO 问题的复杂性决定了一般无法直接将各种学科分析工具(软件)直接耦合到设计空间搜索策略中,无法直接建立各学科分析工具和搜索策略之间的接口。② 任何一个中等规模以上的 MDO 问题,都需要应用各种搜索策略对目标函数和约束条件进行大量计算,如果采用高精度的学科分析工具(如计算流体力学、有限元分析等)将需进行庞大、复杂的计算,需耗费大量的计算时间,给优化效率带来很大的影响。③ 由于 MDO 问题的特殊性,通常不同学科的分析计算过程在不同的计算机、不同的地点完成,并通过一个中央处理器传递信息并管理控制优化进程。如果每一学科的分析计算都直接与位于中央处理器的搜索策略进行数据通信,优化进程将非常不灵活。④ 许多学科分析计算过程中,往往会出现数值噪声及锯齿响应,如果不对这些响应采用平滑近似处理,将导致高效的基于梯度的寻优方法无法使用,而不得不采用效率较低的非梯度方法[1],同时,优化进程将收敛到局部极值点或无法完成。

　　基于以上原因,通常在大多数飞行器 MDO 问题中,根据优化不同阶段的实际要求,对优化问题的目标函数和约束函数作某种易于计算的近似,在求出近似问题的最优解后,再对最优值进行全面的分析来更新近似形式,这一过程不断重复直至得到满意的结果[1]。这些近似策略可以提供光滑、简单、显式的分析表达式,可以自动生成、多次调用,不会增加太多的计算负担;并且可以离线构造,由学科专家负责其精度。采用近似策略对复杂优化问题进行处理,可达到降低优化计算的规模和计算成本的目的[135-138]。Barthelemy 和 Haftka[139]依据近似函数所能模拟的设计空间的大小,将函数近似策略分为 3 类: 局部近似策略、中范围近似策略和全局近似策略。

　　局部近似策略在设计点的邻域内构造近似函数。局部近似是基于设计空间内某一设计点的函数值及灵敏度信息,在该设计点处进行级数展开,近似函数只在该设计点的邻域内有效,又称单点近似策略[5,134]。局部近似策略是优化中最常使用的近似策略。常见的局部近似策略有设计变量泰勒一阶展开近似法、倒变量近似法、保守近似法、混合变量法[5]等。在基于局部近似的优化中,新的局部近似函数在新的设计点构造,放弃了原先分析所得的迭代点信息,因此,局部近似优化往往在很大程度上浪费了可用的计算资源,其优点是计算量小。在飞行器 MDO 问题中,局部近似策略多用于结构学科的优化[140]。

　　中范围近似策略在由各设计变量移动限制(move limit)所定义的设计空间区域内构造函数,又称多点近似策略[8,134]。中范围近似策略的有效区域比局部近似所模拟的有效区域大,比全局近似要小。中范围近似策略的基本思想是利用先前和新近生成的设计点信息来加强稍后的近似,利用可接受的计算代价获取满足精度要求的近似结果[141,142]。在飞行器 MDO 问题中,中范围近似策略多用于结构学科的优化[140,143]。在国内,对中范围近似策略的研究是近似策略研究中的热点,隋允康对两点近似函数进行了深入研究,并用研究结果对搜索策略进行改进[138];Xu 等提出了一种自适应两点近似函数[144],并将其应用于结构优化中[145];邓扬晨归纳了 4 种近似函数的构造方法,并提出了效率较高的基于带权因子泰勒展开的多点近似函数[146]。

　　全局近似策略在由各设计变量边界条件和系统约束条件所定义的整个设计空间区域内构造函数,应用最广的全局近似策略是响应面法(response surface methodology,RSM)[8]。由于覆盖了整个设计空间,所以在 3 种近似策略中近似精度最高。但由于 RSM 需要计算覆盖整个设计空间的设计点,所以计算量也最大。由于 RSM 有着较高的近似精度、可以平滑数值噪声等优点,众多学者对 RSM 在飞行器 MDO 中的应用开展了大量研究,RSM 在飞行器 MDO 中得到了广泛应用。Giunta 等将基于试验设计理论的 Kriging RSM 成功应用于高超声速飞行器机翼的优化设计[147];Ahn 等将 RSM 用于含跨音速流场的气动外形设计优化[148],并取得了满意的效果;Keane 也将 Kriging RSM 应用于飞行器机翼的气动设计优化中[149];Balabanov 等对响应面模型的设计空间进行控制,提出了一种合理设计空间的响应面近似策略,并将其成功应用于高速民机的优化设计[150]。张健等提出了一种二次响应面与径向基神经网络相结合的 RSM[151],该方法在样本点相同的情况下可减小近似模型的推广误差、提高近似精度以及增强适应性。但 RSM 有一个致命缺点,即随着设计变量数量的增加,RSM 的计算量也迅速增加[137,150,152]。1990 年,Rasmussen 提出了累积近似[153]的概念,并于 1998 年提出了累积近似函数的改进形式[152],可以较好地在设计变量数目、计算量以及近似精度之间获取折中的近似函数。Rasmussen 累积近似函数属于全局近似策略的范畴,以设计变量泰勒一阶或二阶展开近似函数作为基函数,构造全局近似函数。具体应用表明,与传统的 RSM 相比较,Rasmussen 累积近似策略可以在保证近似精度的前提下大大减少计算量。

1.3.5　搜索策略的发展及研究现状

搜索策略的研究是 MDO 理论研究中的一个重要内容,也称设计空间搜索策略。在传统的单学科优化问题中,针对具体问题选择合适的搜索策略是比较成熟的技术,但在 MDO 问题中,由于计算复杂性、信息交换复杂性和组织复杂性等,直接应用传统的搜索策略不太合适,一般采取与试验设计技术、近似策略等结合在一起进行 MDO 问题的求解。搜索策略研究实质上属于最优化理论研究的范畴,在 MDO 中常用的几类搜索算法包括:确定性搜索算法、随机性搜索算法和混合搜索算法[5,154-156]。

确定性搜索算法包括不使用梯度信息的直接法[154,156-161](如模式搜索法、Powell 法等)和使用梯度信息的间接法[154,156-160] [如牛顿法、广义既约梯度(generalized reduced gradient,GRG)法、罚函数法、信赖域法、序列二次规划法等]。确定性搜索算法是一种局部优化算法,有成熟的理论基础,若所研究问题的 MDO 表述为凸函数且规模不是特别大,则适合采用确定性搜索算法对问题进行优化[1,7,132,162-168]。Vanderplaats 开发的优化软件包 CONMIN[169]在 MDO 研究中的广泛应用[170-174]就是一个很好的实例,该软件包中使用的方法都属于确定性搜索算法。大量研究[165,173,175-179]表明,GRG 法是一种非常适用于 MDO 问题研究的优化算法,是求解非线性约束优化问题相当有效的方法之一[154,158,180]。GRG 算法中主要的计算成本消耗来自所需灵敏度信息的计算,通常使用 FDM来计算既约梯度。由于 FDM 不是一种精确的灵敏度分析方法,在步长选择及精度控制上存在的问题阻碍了 FDMGRG 算法在飞行器 MDO 问题中的应用[72]。Wujek 等将 ADM 与 GRG 相结合[88],并将其应用于飞行器概念设计阶段的 MDO过程,与 FDMGRG 算法相比,ADMGRG 算法具有更高的计算效率和计算精度。与基于梯度的搜索策略一样,GRG 算法只能用于连续变量的优化问题。

随机性搜索算法包括禁忌搜索算法、模拟退火算法、进化算法、免疫算法和群体智能算法等[5,155,159,181]。这类方法涉及人工智能、生物进化、组合优化、数学物理科学和统计学等概念,都是以一定的直观基础而构造的。随机性搜索算法不需要梯度信息,可以处理离散变量优化问题,且有较强的全局搜索能力。若所研究问题的 MDO 表述为非凸函数且存在离散设计变量,则适合采用随机性搜索算法对问题进行优化[1,3,4,7,162,163,168,182-186]。

飞行器总体设计 MDO 问题中的许多优化问题存在大规模、高维、非线性、非凸、离散/连续设计变量混合等复杂特性,而且存在大量的局部极值点。在求解这类问题时,许多确定性搜索算法易陷入局部极值;而随机性搜索算法则有较强的全局搜索能力,但对同一优化问题比确定性搜索算法所使用的时间要多。实践证明,任何一种单一功能的算法都不可能求解千差万别的模型,所以混合搜索策略[182,185,187]的思想应运而生。所谓混合搜索策略,就是利用不同单一搜索策略的不同优化特性来提高优化性能,使各种单一算法相互取长补短,产生更好的优化效率[185]。这一思想对于实时性和优化性同样重要的工程领域,无疑具有很强的吸引力。混合搜索策略无论是从解题可靠性、计算稳定性还是从解题效率来说都是比较好的[185],在此基础上形成的混合搜索策略成为目前 MDO 搜索策略研究中最为活跃的部分[3-5,7,185,186]。混合搜索策略与其具体的结构和参与混合的搜索策略以及所解决的问题形式有关,现有的研究也主要集中在针对特殊问题的具体混合搜索策略的设计和应用上。

由于离散/连续混合变量非线性规划(mixed variable nonlinear programming,MVNP)理论的发展与应用远不及连续变量最优化理论的发展与应用,故当飞行器总体设计 MDO 问题研究中遇到离散/连续混合变量优化问题时,对混合变量采取何种搜索策略成为一个难点。近 20 年来,发展与应用较为成功的 MVNP 方法有分支定界法[182,188]、序列线性化离散规划法[182]、广义模式搜索法[189]、

NNM[190-192]、遗传算法[4,182,186,188]、模拟退火算法[3,182,188,190]等等。在 MDO 问题研究中对离散/连续混合变量的优化处理通常有以下几种策略。

1）分而治之策略[187]

在混合变量子空间中,固定连续变量(或离散变量),对离散变量(或连续变量)进行优化,得到离散变量(或连续变量)的最优值 X_d^*(或 X_c^*)。然后再固定离散变量 X_d^*(或连续变量 X_c^*),对连续变量(或离散变量)进行寻优,得到连续变量(或离散变量)的最优值 X_c^*(或 X_d^*)。如此反复,直至收敛。Stelmack 等[192]指出,因为这种策略限制了搜索区间,所以应用时往往代价很大且很难收敛到真正的最优值。

2）离散变量连续化策略[182,193,194]

Bloebaum 等[193]先将离散变量视为连续变量,将所有设计变量均视为连续变量,使用数学分析方法对设计变量进行灵敏度分析,在此基础上完成设计变量的子空间分配;然后在混合变量子空间内将混合变量分为连续变量和离散变量两个子空间,分别处理。作为改进,Chi 等[194]在混合变量子空间中采用分支定界法和单纯形法的混合变量算法对混合变量进行优化,Chi 等同时也指出,这种策略在效率上有待进一步提高。

3）连续变量离散化策略[3,187,192]

在该策略中,先将理论上连续的变量根据需要将其离散化,将所有设计变量均视为离散变量,用离散变量优化方法进行优化,得到最优值 (X_{cd}^*, X_d^*)(X_{cd}^* 为连续变量离散化后的最优值)。然后以 X_{cd}^* 为初值,固定离散变量,对原连续变量优化,得最优值 X_c^*。则 (X_c^*, X_d^*) 即为所求问题的最优值。理论和实际应用表明[3,187,192],这种策略是可行的。该策略在 MDO 应用中,离散变量优化方法通常选用模拟退火法,这样会大大增加 MDO 学科/系统分析的次数,因此需结合近似策略来使用[3,192]。

有研究人员指出,在问题的优化过程中,99%的时间用于系统分析和灵敏度分析计算,只有 1%的时间是用于优化计算[152],因此减少系统分析次数和提高灵敏度分析效率与精度是 MDO 搜索策略需要着重考虑的问题。使用高效的灵敏度分析方法、使用高效的可处理离散/连续混合变量的搜索策略都有助于提高 MDO 问题的求解效率,降低 MDO 问题的计算复杂性[1,6,7,88,162,195]。

国内的 MDO 研究人员对 MDO 的搜索算法也开展了广泛研究。陈立周等对工程中的离散变量优化问题进行了深入研究,提出了五种用于离散变量优化的搜索策略[187]，Xiong 和 Rao 分别将复合形法[196]和遗传算法[197]与其中离散变量的直接搜索算法相结合，取得了满意的效果。孙丕忠等对遗传算法进行改进，作为并行子空间设计优化过程的搜索策略，取得了满意的效果[198]。李晓斌等对 MDO 问题中的搜索策略作了较为全面的综述，针对 MDO 的问题复杂性和计算复杂性，探讨了现有搜索策略在 MDO 问题中的适用性[199]。

1.3.6   优化过程的发展及研究现状

MDO 过程是指将系统分析、系统分解、灵敏度分析、近似、设计空间搜索策略等运算过程组合而成的可执行序列[1,5-8]。它包括 MDO 数学表述以及这种表述在计算环境中如何实现的过程组织。MDO 过程是实现 MDO 的核心，是目前 MDO 研究领域最为重要和活跃的研究方向[1,5,7]。和侧重于描述设计空间搜索、迭代局部收敛和全局收敛特性的 MDO 方法不同，MDO 优化过程主要是研究 MDO 问题的表述形式，包括问题的分解、协调、设计信息的传递方式等，其目的是通过对特定问题建立合理的优化体系、选择恰当的搜索策略来减少优化时的计算和通信负担，从结构上减轻计算的复杂性和组织的复杂性。文献[3]~文献[5]、文献[8]对常用的 MDO 优化过程进行了总结，文献[12]、[17]、[200]~[204]对各种 MDO 优化过程进行了对比研究。

依据优化层次上的分解方式，MDO 优化过程可分为两大类[3,5,205]：单级优化过程和多级优化过程。单级优化过程只在系统级进行优化，各学科只进行分析，不进行优化，常用的单级优化过程包括多学科可行(multidisciplinary discipline feasible, MDF)过程[12,171,202,204,206,207]、单学科可行(individual discipline feasible, IDF)过程[12,171,202,204,206,207]、一次完全法(all-at-once, AAO)过程[12,206,207]。多级优化过程中各个学科分别进行优化，控制局部设计变量的选择，而在系统级进行各学科优化之间的协调和全局设计变量的优化，CSSO 过程[177,194,203,204,208-212]、协同优化(collaborative optimization, CO)过程[203,204,213-220]（也称协作优化过程，用"协同"旨在强调相容性）和两级集成系统合成(bi-level integrated system synthesis, BLISS)过程[204,221-224]都属于多级优化过程。目前，在 MDO 研究中，应用较多的多级优化过程是 CSSO 过程和 CO 过程，通常以 MDF 过程作为基准，与其他优化过程的计算结果进行比较。

Bloebaum 等实现了 Sobieszczanski-Sobieski 提出的标准 CSSO 过程[174]，并将专家系统技术应用于标准 CSSO 过程，提出了基于专家系统的 CSSO 过程，并用于飞机机翼的设计[174,225]。基于专家系统的 CSSO 过程采用启发式方法和专家经验使设计变量的分配更为合理,移动限制策略的实施更为有效,从而使优化过程的性能得以提高。Eason 等开发了基于标准 CSSO 过程的软件框架 SYSOPT 并成功应用于发电厂太阳能接收器的概念设计[178,226,227],在标准 CSSO 过程基础上,Renaud 等提出了改进的 CSSO 过程[175,177],并将其应用于过程优化、机械构件和机电产品的设计[165,175,176];Wujek 等将改进的 CSSO 过程应用于通用航空飞机的初步设计[88,228],以上改进 CSSO(improved CSSO,ICSSO)过程的应用研究均取得了满意的效果。无论是标准 CSSO 过程还是改进的 CSSO 过程,都只能处理连续变量的 MDO 问题,为解决离散/连续混合变量的 MDO 问题,Sellar 等提出了基于响应面的 CSSO 过程[208,229],并将其应用于通用航空飞机初步设计问题[229]和气垫飞行船的设计问题[208]上,均取得了满意效果。Huang 等对 CSSO 过程用于解决多目标优化问题进行了研究,提出了三种基于 CSSO 的多目标优化方法[210,211]。Braun 等将 CO 过程用于空天运输系统的概念设计[220]。Sobieski 等研究了响应面近似与 CO 过程结合,提出了分别在子系统分析和子系统优化进行 RS 近似的两种形式[217]。Tappeta 等给出了 CO 中处理多目标的几种方法,进行了多目标设计优化[214]。对于离散变量优化问题,CO 同 CSSO 一样不易处理。

　　随着国内 MDO 研究的发展,越来越多的研究者对 MDO 优化过程进行了研究,产生了大量的研究成果[5,230-233]。余雄庆等对现有的各种 MDO 优化过程及其在飞机设计中的应用状况进行分析、归纳和评述[234];陈琪锋等提出了分布式协同进化优化过程[235],根据实际需求,进一步提出了用于多目标设计优化的分布式协同进化优化过程,并将这两种 MDO 优化过程成功应用于导弹气动/发动机/控制一体化设计优化[235]和对卫星星座系统的设计优化[236];谷良贤等对 MDF 过程、IDF 过程以及 CO 过程进行了比较及综述[237];陶冶等对 CO 过程进行了改进研究,提出了基于满意度原理的 CO 过程[238];易国伟等研究了 MDO 优化过程中存在的不确定性问题以及不确定性对设计过程和设计结果的影响,提出了相应的解决办法[239];此外,卜广志等分别采用 MDF 过程、IDF 过程和 CO 过程对鱼雷总体综合设计的建模问题进行了研究[240];方杰等运用多岛遗传算法和序列二次规划(sequence quadratic program,SQP)算法相结合的 MDF 过程成功进行了发动机喷管的 MDO[241];吴立强等采用 MDF 过程成功进行了航空发动机涡轮叶片的 MDO[242];龚春林等运用基于响应面的 CSSO 过程对整体式冲压发动机飞航导弹进行了设计优化[230];张科施等将均匀设计与二次响应面相结合,改进了 CSSO 过程,并将该过程成功应用于飞机的 MDO[243]等。可见,国内学者对 MDO 优化过程研究得较多,尤其是 MDF 过程和 CO 过程,而对 CSSO 过程和 BLISS 过程研究得相对较少。

在飞行器 MDO 过程的具体实现中,常常会遇到移动限制问题。所谓移动限制,是指近似优化过程中指定设计变量的"允许改变量"[244]。加在子空间和系统级优化过程中设计变量上的移动限制是为了使各自的近似更加精确,将优化问题限制在设计空间区域中。

为设计变量选择合适的移动限制,可以使问题的收敛速度得到很大提高。移动限制太大或太小都会使系统优化收敛速度变慢,较大范围的移动限制会导致近似的不精确,引起设计变量值的振荡,最终使优化难以收敛;较小范围的移动限制要么使可行域不存在,要么使收敛速度减慢。那么该如何确定移动限制? 工程设计人员通常根据式(1.4)来确定某设计变量 $x_i(i=1, \cdots, n)$ 的移动限制:

$$
\begin{aligned}
x_{iL} &= \min\{(x_i - \alpha_i \mid x_i \mid), x_{imin}\} \\
x_{iU} &= \max\{(x_i + \alpha_i \mid x_i \mid), x_{imax}\}
\end{aligned}
\tag{1.4}
$$

其中,x_{iU} 和 x_{iL} 分别是设计变量 x_i 最终所分配的移动限制上、下限;x_{imax} 和 x_{imin} 分别是原始问题所给定设计变量 x_i 的系统上、下限;$\alpha_i(0 < \alpha_i \leqslant 1)$ 为 x_i 的移动限制因子。

大部分飞行器 MDO 过程都是采用式(1.4)所示的移动限制策略。Bloebaum 采用有效系数(effectiveness coefficient)来计算各设计变量的 α_i 值[174],Renaud 等[209]、Sella 等[208]使用的移动限制策略都是对 α_i 取任意常量值。

在以上基本移动限制策略基础上,Bloebaum 提出了可自动计算设计变量移动限制策略[174,245],并进一步提出了一个鲁棒性更好的改进移动限制策略[246]。改进策略的基本思路是:如果设计变量对设计结果影响越大,则施加在其上的移动限制越小;反之,对设计结果影响越小的设计变量,施加在其上的移动限制则越宽松。设计变量对设计结果的影响大小通过每个设计变量的有效系数来衡量。采用系统灵敏度信息计算所得的有效系数可用于计算各设计变量的移动限制因子 α_i,再由式(1.4)计算得到各设计变量移动限制的上限和下限,然后将设计变量的移动限制分配到各设计变量所属子空间,参与子空间优化(subspace optimization,SSO)过程。

在 Bloebaum 策略的基础上,Thomas 等[247]给出了既可用于子空间设计变量移动限制分配又可用于系统级设计变量移动限制分配的策略。Thomas 策略采用前面迭代过程的设计信息,当上一次迭代过程中最大约束违反量有所增加,则将所有系统级设计变量的值都减小 50%；当子空间任一局部设计变量在连续两次迭代过程中达到该设计变量在子空间中的上限或下限，则将该子空间中所有局部设计变量的值都增加 33%，这里的 50% 和 33% 都是经验值。

Nystrom 等[248] 在 Thomas 策略基础上提出了三步法的移动限制策略。Nystrom 指出，无论是 Bloebaum 策略还是 Thomas 策略，都属于两步法的移动限制策略范畴：第一步不考虑 x_{imax} 和 x_{imin}，计算式(1.4)中的小括号部分；第二步考虑 x_{imax} 和 x_{imin}，依据式(1.4)确定 x_{iU} 和 x_{iL}。由于在确定子空间各局部设计变量上限 x_{iU} 和下限 x_{iL} 时没有考虑该设计变量系统下限 x_{imin} 和上限 x_{imax}，对设计变量实施两步法移动限制策略有时会出现某设计变量下限大于上限的异常情形。于是，Nystrom 提出了三步法的移动限制策略来解决这个问题，但该三步法策略没有考虑设计变量对系统目标函数和约束条件的影响[248]。

目前国内未见对飞行器 MDO 过程中移动限制策略的研究报道。

1.4 本书主要思路及内容

结合以上讨论，本书从以下几个方面开展了飞行器 MDO 的关键技术研究。

1. MDO 参数化建模技术的研究

参数化建模理论在翼型设计中的发展同时带动了其在其他领域的应用。采用三维曲面的参数化理论，直接通过参数控制曲面形状，并通过方法的改进进一步突破传统方法的局限，使可设计构型范围更广、形式更多样。基于 CST 的两层参数化思路和 FFD 参数化建模技术，根据设计需求动态增减参数量，实现优化复杂度的可选择性。

2. MDO 灵敏度分析技术的研究

MDO 灵敏度分析技术的核心目标是解决离散变量灵敏度信息求取问题，以及高效高精度灵敏度分析方法在飞行器 MDO 中的应用问题。为求解离散变量的灵敏度信息，提出了广义灵敏度(generalized sensitivity, GS)的概念；立足于高效高精度求解连续变量的灵敏度信息，同时考虑到国内尚无研究人员将 ADM 和 CVM 两种学科灵敏度分析方法应用于飞行器 MDO 研究领域，分析及研究了 ADM 和 CVM，并探讨它们在飞行器 MDO 中的适用性，为将其应用于飞行器 MDO 提供理论依据；针对 ODM 不适用于可取多(大于 2)个离散值的离散变量的灵敏度分析这一问题提出改进措施；使用有限内存拟牛顿法对 NNM 中的神经网络训练算法进行改进,以期提高 NNM 的灵敏度分析精度、减少计算时间;研究飞行器 MDO 中的 SSA 方法;根据实践需要,设计开发广义灵敏度分析软件包(generalized sensitivity analysis software package,GSASP)。

3. MDO 近似策略的研究

构造近似函数过程中,关注设计变量之间的耦合特性,针对设计变量之间具有强耦合特征的被近似函数,充分利用全局近似策略和中范围近似策略各自的优点,构造出适用于飞行器 MDO 的基于 Rasmussen 近似策略的 MTPACA 策略。同时,当采样点存在误差时,普通 Kriging 模型的近似能力明显下降。修改 Kriging 模型中的协方差系数矩阵可以获得更好的近似效果,降低误差的影响,推导出采样值存在测量误差时的 N-Kriging(Noisy Kriging)模型,并给出相应的预估方差表达式。

4. MDO 搜索策略的研究

传统的基于梯度的搜索算法尽管计算效率高,但是在实际应用中,通常使用 FDM 求取优化搜索过程所需的灵敏度信息,使得搜索算法的计算效率大打折扣。通过 ADM 与 CVM 的比较,选择使用 CVM 来对该类搜索算法(本书选用的待改进搜索算法为 GRG 法)进行改进。由于飞行器总体设计优化过程中常会有离散设计变量,针对这类包含离散/连续混合设计变量的优化问题,采用广义灵敏度分析技术分别计算连续设计变量和离散设计变量的灵敏度信息,提出一种基于广义灵敏度的混合变量优化(generalized sensitivity based mixed variable optimization,GSBMVO)算法。

5. MDO 过程的研究

提出了一种新的全局优化算法——两极优化算法,深入分析研究现有的 CSSO 过程和 BLISS 过程,针对它们存在的问题提出改进方案。提出一种新的基于有效系数的三步法(effectiveness coefficients based three step,ECBTS)移动限制策略,结合灵敏度分析、近似策略以及搜索策略的研究成果,进一步提出基于广义灵敏度的 CSSO(generalized sensitivity based concurrent subspace optimization,GSBCSO)过程和 EBLISS 2000 过程。最后,运用 MDO 测试算例对 GSBCSO 过程进行了测试。

本书以天对地再入飞行器、可重复使用运载器和高超声速飞行器这 3 类复杂系统的总体设计优化为对象,从以上 5 个方面开展 MDO 关键技术与应用研究。本书共分 10 章,各章内容安排如下。

第 1 章:绪论。综述本书的研究背景以及意义,综述飞行器 MDO 的产生和定义。在此基础上,针对飞行器这一特定设计对象,结合我国目前在 MDO 关键技术上的相关研究,着重分析飞行器 MDO 的参数化建模、灵敏度分析、近似策略、搜索策略和优化过程五项关键技术,确定本书的主要研究内容。

第 2 章:面向飞行器多学科设计优化的参数化建模技术。基于 CST 的两层参数化思路和 FFD 参数化建模技术,通过非均匀采点法以及在 CST 方程法向部分加入独立项,实现了交界面自身的空间可控性,从而使上下曲面可以相交于空间曲面处,扩大了参数化建模能力。

第 3 章:面向飞行器多学科设计优化的广义灵敏度分析技术。首先给出广义灵敏度的定义;对于连续变量的学科灵敏度分析方法,着重研究 ADM 和 CVM;对于离散变量的学科灵敏度分析方法,改进研究 ODM 和 NNM;研究飞行器 MDO 中的参数灵敏度分析方法和 GSE 方法两种 SSA 方法;最后,研制鲁棒性强、高效精确、适用性广的广义灵敏度分析软件包 GSASP。

第 4 章:面向飞行器多学科设计优化的近似策略。将被近似函数按照设计变量之间的耦合程度分为设计变量可分离、设计变量弱耦合和设计变量强耦合三种类型,并分别针对这三种类型的函数构造近似函数。构造设计变量之间具有强耦合特征的近似函数时,充分采用全局近似策略和中范围近似策略的优点,构造出基于 Rasmussen 近似策略的 MTPACA 策略。通过典型数值算例验证 MTPACA 策略的高效性,并将其应用于高超声速飞行器尾喷管的建模过程。最后推导出采样值存在测量误差时的 N-Kriging 模型,给出相应的预估方差表达式,解决采样点存在误差时普通 Kriging 模型近似能力下降的缺陷。

第 5 章:基于广义灵敏度的搜索策略。传统的基于梯度的搜索算法通常存在灵敏度计算量大等问题,在传统的基于梯度的搜索算法——GRG(General Reduced Gradient,广义简约梯度)法中引入广义灵敏度分析方法,提出基于 CVM 的 GRG 法,通过典型测试算例验证改进搜索算法的有效性和高效性;针对离散/连续混合设计变量的优化问题,提出 GSBMVO 算法。

第 6 章:面向飞行器多学科设计优化的优化过程。提出一种新的全局优化算法——两极优化算法,对现有的 CSSO 过程和 BLISS 过程从近似策略、移动限制策略、协调优化过程、计算复杂性以及可处理变量类型等多个方面进行分析探讨,对其中的不足之处提出改进办法。研究 MDO 过程中的移动限制策略问题,结合第 3 章、第 4 章和第 5 章的研究成果,提出 GSBCSO 过程和 BLISS 2000 过程。使用 MDO 测试算例验证 GSBCSO 过程的正确性和有效性。

第 7 章:基于 GBLISS 2000 的机翼气动弹性问题研究。以近空间亚声速飞行器机翼为研究对象,首先介绍机翼的静气动弹性原理与求解方法,进而给出基于 CFDRC 的机翼气动模型与基于 Patran 的机翼结构模型。然后使用 LHS-MQ 序贯近似技术建立精度较高的近空间亚声速飞行器机翼气动与结构替代模型,并以航程为目标,基于 GBLISS 2000 过程进行了优化求解,最优设计的机翼性能相对于初始设计的机翼性能有了大幅度的提升。

第 8 章:天对地再入飞行器总体多学科设计优化。采用 FFD 三维参数化技术、NSGA-Ⅱ多目标优化、高斯过程回归等方法,基于高超声速条件下的流动理论,开展再入飞行器外形的多目标设计优化。发展一种快速生成非规则控制晶格的 FFD 参数化方法,实现对平面外形约束的降维控制,通过进化控制手段改善训练集的采样质量,明显增强代理模型的预测精度以及提高流程的优化效率,快速预测 Pareto 前沿。经过工程方法的验证,确认该优化前沿解集具备相当高的精度。

第 9 章:可重复使用运载器总体多学科设计优化。主要介绍可重复使用运载器的气动、结构、弹道、质量和控制等学科模型以及采用两极优化算法对可重复使用运载器进行 MDO,各项约束均满足要求,其中着陆倾角、最大动压和轴向过载三个约束接近约束极限。

第 10 章:吸气式高超声速飞行器总体多学科设计优化。吸气式高超声速飞行器是典型的强耦合系统,在对系统进行分解后,建立优化问题在 GSBCSO 过程下的优化模型,使用 GSBCSO 过程对该优化问题进行优化求解,从与单级优化过程优化方案的比较来看,GSBCSO 过程在获得可接受优化方案的同时,明显减少系统分析次数,提高优化效率,大大降低复杂问题的计算成本,一定程度改善吸气式高超声速飞行器的总体性能。

第 2 章

面向飞行器多学科设计优化的
参数化建模技术

参数化建模理论在翼型设计中的发展同时带动了其在其他领域的应用,如涡轮叶片的设计、乘波体后缘线的设计、组合飞行器的设计等。二维参数化理论应用到三维构型设计往往是通过将二维曲线进行放样得到三维曲面,这在一定程度上限制了三维曲面的拓展性。另外有一种在基准构型基础上通过改变各设计点之间相对位置关系的方法也不能很好地实现外形的性能突破。本章采用三维曲面的参数化理论,直接通过参数控制曲面形状,并通过方法的改进进一步突破传统方法的局限,使得可设计构型范围更广、形式更多样。基于 CST 的两层参数化思路和 FFD 参数化建模技术,本章的三维参数化方法可根据设计需求动态增减参数量,实现优化复杂度的可选择性。

2.1 基于 CST 方法的翼型参数化建模

CST 参数化设计方法是 Kulfan[31,32] 首次提出的一种双层翼型拟合方法。其表述形式为

$$\varsigma(\varphi) = C_{N_2}^{N_1}(\varphi) \times S(\varphi) \tag{2.1}$$

其中,φ 表示为 x/c,代表横向归一化坐标,c 为翼型弦长,即 φ 是对 x 方向坐标的归一化处理;$C_{N_2}^{N_1}(\varphi)$ 表示分类函数,$S(\varphi)$ 表示形状函数,两者共同决定翼型曲线。

分类函数决定了翼型的基本几何分类,共受到 N_1 和 N_2 两个参数的控制。图 2.1 展示了不同 N_1 和 N_2 下类函数描述的曲线形状。

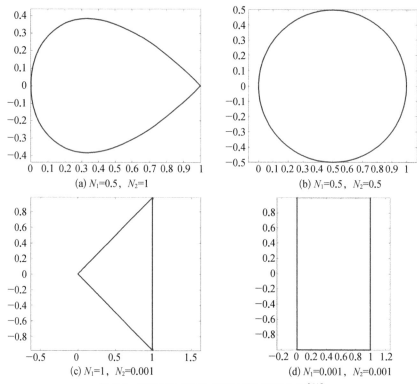

图 2.1　不同 N_1 和 N_2 下类函数描述曲线[31]

$$C_{N_2}^{N_1}(\varphi) = \varphi^{N_1}(1-\varphi)^{N_2} \tag{2.2}$$

许多学者已经给出了不同 N_1 和 N_2 取值条件下类别函数描述的曲线形状，且说明了在圆头尖尾翼型的表示上通常取 $N_1=0.5$，$N_2=1$[33,249-251]。形状函数通常由 Bernstein 多项式进行表示，其表达式为

$$S(\varphi) = \sum_{i=0}^{n} B_i \cdot \binom{n}{i} \varphi^i (1-\varphi)^{n-i} \tag{2.3}$$

其中，n 表示多项式阶数；B_i 表示 Bernstein 系数，共有 $n+1$ 个，同时也表示了形状函数共需要 $n+1$ 个控制点。

每一组 B_i 都将表示一条特有的曲线，因此 B_i 也是对翼型进行拟合和优化的关键。由方程(2.3)可知，Bernstein 多项式中的每一个 B_i 系数都将带来曲线形状的全局性变化，因此，Straathof 等[68,252-253]提出了一种采用 B-Spline 修饰 CST 的参数化方法(CSRT)，即在原始 CST 的基础上再加入一项 B-Spline 函数进

行局部修正,并将其成功应用于 2-D 翼型和 3-D 机翼的参数化设计中,其二维情况下的 CSRT 表示形式如下:

$$\varsigma(\varphi) = C_{N_2}^{N_1}(\varphi) \times S(\varphi) \times R(\varphi) \tag{2.4}$$

其中,$R(\varphi)$ 为 B-Spline 函数,由于其具有局部修饰能力,因此翼型表示精度有所提升,但是该方法将增加设计变量个数,从而大幅增加计算量,尤其在参数优化过程中,参数的增加将延长计算时间、降低计算效率。Sobieczky[41] 提出采用翼型参数化方法对翼型上下翼面的最大拟合误差小于 0.000 7 时即满足风洞模型公差要求,因此当拟合精度满足时便无需继续增加设计变量个数。

2013 年,Marshall[35] 采用 n 阶 Bezier 曲线作为形状函数对方程(2.1)进行了修饰,并将其转换为标准多项式。他使用的形函数表示如下:

$$S(\varphi) = \sum_{i=0}^{n} B_{i,n}(t) p_i = \sum_{i=0}^{n} a_j t^i \tag{2.5}$$

其中

$$a_j = \sum_{i=0}^{j} \binom{n}{j} \binom{j}{i} (-1)^{j-i} p_i \tag{2.6}$$

该方法对于一般翼型具有较好的拟合效果,但是对于类别函数中 N_2 不是整数的情况往往具有较大的拟合误差。Bezier 函数能够进行曲面表示,标准 Bezier 曲面表示形式为

$$\xi(u, v) = \sum_{i=0}^{n} \sum_{j=0}^{m} B_i^n(u) B_j^m(v) \boldsymbol{p}_{i,j} \tag{2.7}$$

然而 CST 方法也存在一些不足之处。在使用 CST 方法拟合翼型时,形状函数系数 B 的求取尤为重要。通常使用优化方法或求系数矩阵的方法求取 Bernstein 系数。优化方法即在已知翼型曲线的条件下,在给定阶数下以拟合残差的均方值为优化目标,求取使得拟合残差均方值最小情况下的一组 Bernstein 系数。该方法精度较高,适应能力较强,且能适应多阶条件下的计算。但是优化法如需获取较多参数下的最优设计变量时往往需要较大的计算量,且如果优化方法选择不当将可能陷入局部最优值,得不到理想的结果。求系数矩阵的方法即根据给定拟合阶数选择相应个数的控制点 $[\varphi_i, y(\varphi_i)]$,令:

$$M_i(\varphi_j) = C(\varphi_j) \cdot \binom{n}{i} \varphi_j^i (1 - \varphi_j)^{n-i} \tag{2.8}$$

则可得

$$\begin{bmatrix} M_0(\varphi_0) & M_1(\varphi_0) & \cdots & M_n(\varphi_0) \\ M_0(\varphi_1) & M_1(\varphi_1) & \cdots & M_n(\varphi_1) \\ \vdots & \vdots & & \vdots \\ M_0(\varphi_n) & M_1(\varphi_n) & \cdots & M_n(\varphi_n) \end{bmatrix} \begin{bmatrix} B_0 \\ B_1 \\ \vdots \\ B_n \end{bmatrix} = \begin{bmatrix} y(\varphi_0) \\ y(\varphi_1) \\ \vdots \\ y(\varphi_n) \end{bmatrix} \tag{2.9}$$

由方程(2.9)即可得到 Bernstein 系数,从而代入方程(2.1)~(2.3),得到翼型拟合曲线[254]。这种方法在低阶情况下表现较好,能够达到精确拟合翼型的要求,但是当翼型本身比较复杂,需要提高拟合阶数时,该方法所使用的系数矩阵将出现病态,求逆时很难得到精确的结果。Ceze 等[33]详细研究了 CST 方法在翼型拟合中的优势与不足,发现随着 CST 参数化方法阶数的增加,不仅方程(2.9)会出现严重的病态,使得拟合误差大大增加,而且翼型的数值非独特性也将变得突出,即可能两个差别很大的系数矩阵可以表示出几乎一样的翼型。翼型的几何误差可能在参数表示上得到放大,使得拟合方法失效,这将严重影响翼型的求解和优化。关晓辉等[250]也介绍了 CST 方法使用 Bernstein 多项式作为形状函数时,高阶情况下发生病态的现象。他们发现当设计参数增加时,参数化矩阵最小特征值的模值逐渐接近于 0,使得矩阵接近奇异,条件数的增加使得矩阵趋于病态,对于曲线的拟合精度也将降低。参数化矩阵以及控制点函数值列向量的微小变化将导致 **B** 向量的大幅变化,因此优化过程中会出现截然不同的 **B** 向量反而得出相似曲线的现象,不利于优化。他们建议为了保证较高拟合精度以及不发生病态问题,形函数阶数取值范围为 4~10。当然对于绝大多数情况,翼型的拟合不需要过高的阶数,因此病态问题并不严重影响 CST 方法的普及。

在采用 CST 方法进行翼型拟合过程中,利用 Matlab 软件进行编程,得到了利用 CST 方法进行翼型拟合的程序,并通过图形用户界面(graphical user interface,GUI)封装成可执行软件。为了研究传统 CST 参数化方法的翼型拟合能力和精度,首先利用该软件对若干翼型进行了测试,结果见图2.2。图2.2展现了 1 阶、5 阶和 20 阶情况下 CST 方法对翼型 NASA SC(2)-0414 的拟合效果及误差分布。可见,在阶数比较低的情况下由于设计参数较少,翼型拟合精度较低;而当拟合阶数增加到 5 阶时,拟合误差最大值达到了 10^{-3} 量级,相比于一阶,其拟合精度有了较大提升,并且可以看出在翼型头部和尾部的拟合误差远大于中间部分;当阶数进一步增加达到 20 时,拟合精度并没有像预期那样增加,而是出现了严重的病态,尤其头部和尾部均出现了明显的错误性偏差。可见使用 CST 方法进行翼型拟合需要使用合适的阶数以及在头部和尾部进行改进处理。

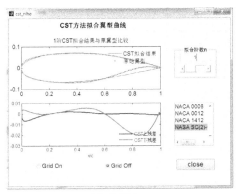

(a) 1阶拟合

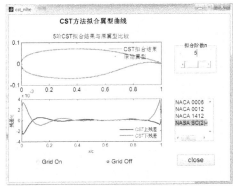

(b) 5阶拟合

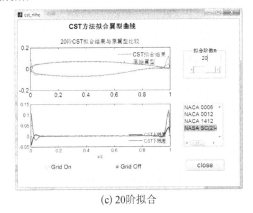

(c) 20阶拟合

图 2.2 **不同阶数下 CST 方法对翼型 NASA SC(2)-0414 拟合效果比较**

2.1.1 CST 方法翼型拟合精度分析

为了验证 CST 方法在翼型参数化上的优势,以 NACA 1412 翼型为基准翼型,分别采用 CST 方法和多项式方法进行拟合并进行比较。

多项式拟合方法是采用一元 n 次多项式方法形成多项式曲线,并用其对曲线进行参数化的过程,该方法中曲线的表达式为:

$$y = a_0 + a_1 x + a_2 x^2 + \cdots + a_n x^n \tag{2.10}$$

n 阶多项式拟合方法的未知数共有 $n+1$ 个,其求取方法则是通过原始曲线中的采样点对方程(2.10)进行反解得到。

两种参数化方法都采用 5 阶表达形式,其拟合结果见图 2.3 和图 2.4(图中的横纵坐标都以弦长 c 为基础进行了无量纲化,x 代表翼型在 x 轴的点坐标,y 代表翼形在 y 轴的点坐标)。图 2.3 中展示了 5 阶 CST 方法对原始翼型的拟合曲线以及翼型上下表面的拟合误差,可见拟合曲线的最大误差小于 0.000 5,满足 Sobieczky[41] 提出的风洞公差要求。而图 2.4 中展示的 5 阶多项式拟合曲线的拟合误差在 10^{-3} 量级,不能达到风洞公差要求,拟合精度较差。

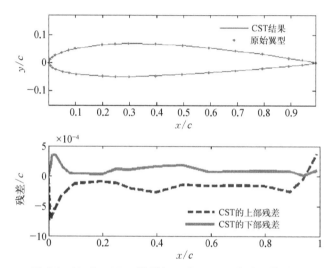

图 2.3 NACA 1412 翼型与 5 阶 CST 拟合结果的对比

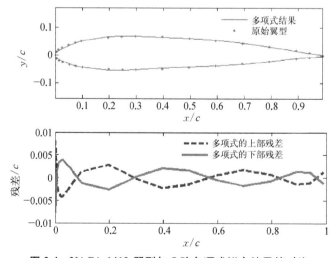

图 2.4 NACA 1412 翼型与 5 阶多项式拟合结果的对比

对于没有弯度的 NACA 0012 翼型,其上下表面对称,形状更加规则。分别采用 CST 方法和多项式拟合方法对该翼型进行拟合,拟合阶数从 1 增加到 5,如图 2.5 和图 2.6 所示(c 为弦长)。两图都以翼型的上表面为例,展示了不同拟合阶数下拟合曲线与原始翼型曲线的拟合残差,并且分别求得不同阶数下拟合残差的标准差:

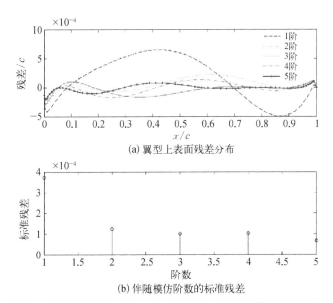

(a) 翼型上表面残差分布

(b) 伴随模仿阶数的标准残差

图 2.5　不同阶数下 CST 方法对 NACA 0012 翼型的拟合残差

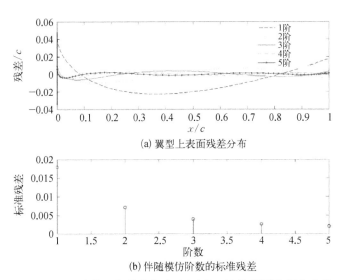

(a) 翼型上表面残差分布

(b) 伴随模仿阶数的标准残差

图 2.6　不同阶数下多项式方法对 NACA 0012 翼型的拟合残差

$$SR = \sqrt{\frac{\sum_{i=1}^{n_s} \left[Y(i)/c - y(i)/c \right]^2}{n_s}} \tag{2.11}$$

其中,$Y(i)$ 和 $y(i)$ 分别表示第 i 个采样点的原始纵坐标和拟合纵坐标;n_s 为采样点个数。可见两种拟合方法的残差大小都随着拟合阶数的增加而大幅度减小,但是同样阶数下 CST 方法的拟合精度远优于多项式方法。同时,对于 NACA 0012 这种简单翼型,CST 方法在一阶拟合条件下的拟合精度已经小于 0.000 4,满足风洞公差要求,即 2 个设计变量就已经可以较好地拟合该翼型。而相比之下,多项式方法无法在参数较少的情况下精确表示翼型曲线,因此,在翼型设计和优化中,CST 参数化方法是个较好的选择。

2.1.2　CST 方法的改进

从方程(2.7)和方程(2.8)中可以看出,在求取形状函数中的 Bernstein 系数时需要首先在翼型上选取 n 个控制点,然后利用其坐标并求解这两个方程即可。因此控制点的选取决定了 Bernstein 系数,从而也决定了翼型的拟合精度。

传统的选取控制点的方法为均匀采点法,即依据横坐标线性等间距的方式获取控制点:

$$\varphi_j = \frac{N_1 + j}{N_1 + N_2 + n} \quad j = 0, 1, 2, \cdots, n \tag{2.12}$$

以 $n=5$ 为例,对翼型 NACA 0012 上下曲线的采点分布见图 2.7(a),通过求取 Bernstein 系数拟合得到的翼型与原翼型残差曲线见图 2.8 中的实线,可见在头部和尾部区域拟合残差较大。为了改善头尾的拟合精度,本节对采样点进行重新排布,采样点分布为:

$$\varphi_j = 0.5 + 0.5 \cdot \tanh \left[\lambda \cdot \left(\frac{N_1 + j}{N_1 + N_2 + n} - 0.5 \right) \right] \quad j = 0, 1, 2, \cdots, n$$

$$\tag{2.13}$$

式中 λ 可通过优化得到,且对于不同的翼型有不同的最优值。本例中取 $\lambda = 4.2$,则采样点分布如图 2.7(b),可见分布在首尾进行了适当加密。由该组采样点求取 Bernstein 系数得到的翼型曲线相比于原始方法,其拟合残差有了较大改善。从图 2.8 中可以看出,随着采样点向翼型两端加密,翼型首尾部分的拟合精度有了较大提高,而中间部分的误差有所增加,总体而言误差分布更加均匀,最大误差值有所降低。

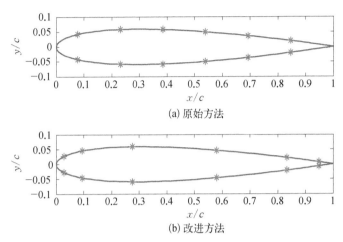

(a) 原始方法

(b) 改进方法

图 2.7　获得控制点的不同方法比较

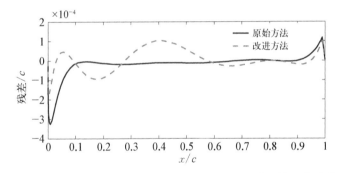

图 2.8　原始方法和改进的方法对翼型 NACA 0012 上表面的拟合残差比较

2.2　三维 CST 参数化建模方法的改进与应用

2.2.1　CST 参数化建模方法的三维扩充

方程(2.1)~(2.3)给出了二维 CST 参数化方法的方程形式。在三维空间中,将曲面表示为笛卡儿坐标系中的方程形式。首先将无量纲坐标 η 映射到 X 轴方向,如方程(2.14)所示:

$$X(\eta) = \eta \quad \eta \in [0, 1] \tag{2.14}$$

在 X 坐标方向上将其取值范围限制在 0 到 1 之间,即保证构型比例具有归一化特性。参考二维曲线的参数化方法,法向坐标 φ 可表示为 η 的函数,其表示函数见方程(2.15),此时的 φ 也在其方向上做了归一化处理。

$$Y(\eta) = C_{T_2}^{T_1}(\eta) \sum_{k=0}^{t} b_k B_t^k(\eta)$$

$$\varphi = \frac{Y}{Y(\eta)}, \; Y \in \left[0, \, Y(\eta)\right] \tag{2.15}$$

至此,两个方向上坐标的取值范围限定了曲面在 X-Y 坐标面上的投影区域,即俯视图。纵向坐标 Z 的确定将决定曲面的形状。曲面的最后一个方向坐标为 φ 和 η 的函数,如方程(2.16)所示。

$$Z(\varphi, \, \eta) = C_{N_2}^{N_1}(\varphi) C_{M_2}^{M_1}(\eta) \sum_{i=0}^{n} \sum_{j=0}^{m} b_{i,\,j} B_n^i(\varphi) B_m^j(\eta) \, + \, \Delta \varsigma_{M,\,N}(\varphi, \, \eta) \, |_{\text{upp, low}}$$

$$\tag{2.16}$$

从方程(2.16)中可以看出,曲面方程仍由类别函数和形状函数组成,同时在末端有一个附加函数,用以调整曲面整体位置。在方程中,η 方向采用 n 阶 Bernstein 多项式,φ 方向采用 m 阶 Bernstein 多项式,两者相乘,则形状函数参数形成 $m \times n$ 矩阵。式中 b_{ij} 即为该矩阵中对应的设计参数。

图 2.9 和图 2.10 中分别展示了采用三维 CST 方法,通过参数调整得到的三维升力体以及方转圆喷管的构型,展现了其广阔的应用前景。

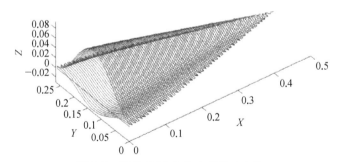

图 2.9　三维 CST 方法生成的升力体

2.2.2　三维 CST 方法的改进

Kulfan 在其提出翼型参数化建模理论时已经提出过方程(2.16)[31,32],粟华

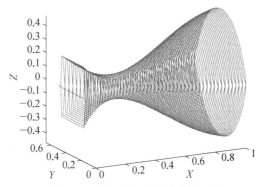

图 2.10　三维 CST 方法生成的喷管

等也在其研究中将三维 CST 方法应用于飞行器曲面[255,256]。然而在他们的研究当中,为了简便,忽略了 $\Delta S_{M,N}(\varphi,\eta)\big|_{\text{upp, low}}$ 函数对曲面整体的影响。而事实上,该函数在方程(2.16)中具有重要作用,它能够进一步扩展曲面的参数化空间。

假设三维飞行器由上下两个曲面组成,则上下曲面相交的边界即为 φ 或 η 达到极值点的位置,此时的类别函数数值为 0,因此若不考虑 $\Delta S_{M,N}(\varphi,\eta)\big|_{\text{upp, low}}$,则方程(2.16)中可得 $Z=0$。 即两曲面的相交边界必在 $Z=0$ 坐标面上。很多构型则难以用该方程进行描述。例如乘波体构型上下表面相交形成的前缘线是典型的三维不规则曲线,它并未限制在某个平面上,故而不能通过忽略 $\Delta S_{M,N}(\varphi,\eta)\big|_{\text{upp, low}}$ 来表述。换句话说,$\Delta S_{M,N}(\varphi,\eta)\big|_{\text{upp, low}}$ 决定了两曲面交线所在基准平面的几何形状。该项也可以用标准 CST 函数进行表示,如方程(2.17)~(2.19)所示。

$$\Delta S_{M,N}(\varphi,\eta) = \Delta S_N(\varphi) + \Delta S_M(\eta) \tag{2.17}$$

其中,$\Delta S_N(\varphi)$ 和 $\Delta S_M(\eta)$ 分别代表 φ 和 η 两个方向上的解耦项,其表示形式分别为:

$$\Delta S_N(\varphi) = C_{N_4}^{N_3}(\varphi) \times S(\varphi) \tag{2.18}$$

$$\Delta S_M(\eta) = C_{M_4}^{M_3}(\eta) \times S(\eta) \tag{2.19}$$

这里引入了 N_3、N_4、M_3 和 M_4 四个类别函数因子。方程中的形状函数仍然可以通过 Bernstein 多项式进行表示。为了简化设计流程,下文中将仅考虑类别函数的影响,形状函数的值将暂时取为 1。

从方程(2.14)~(2.19)可以总结得出,当 X 方向坐标给定以后,Y 方向需要两个类别函数参数以及 $t+1$ 个形状函数参数。另外,Z 方向需要 8 个类别函数参数和 $m \times n$ 个形状函数参数。这样产生的大量设计变量将在优化过程中使计算量大到难以接受的程度。为了解决该问题,可以首先考虑类别函数,并将形状函数给定为常数,优化后再考虑形状函数,使其成为优化构型基础上的修饰函数。

2.2.3 高超声速滑翔飞行器参数化模型

根据传统高超声速滑翔飞行器(hypersonic gliding vehicle,HGV)为尖头钝尾的构型特征且其外形具有高度的对称性,故可以对其参数化形式进行预先处理,提前确定一些参数。

$$
\begin{aligned}
&T_{1\text{left}} = T_{1\text{right}} = T \quad\cdots\cdots\cdots\cdots\cdots\cdots\cdots\cdots\cdots\cdots \text{对称性} \\
&N_{1\text{upper}} = N_{2\text{upper}} = N_{\text{upper}} \quad\cdots\cdots\cdots\cdots\cdots\cdots\cdots \text{对称性} \\
&N_{1\text{lower}} = N_{2\text{lower}} = N_{\text{lower}} \quad\cdots\cdots\cdots\cdots\cdots\cdots\cdots \text{对称性} \\
&N_3 = N_4 = H \quad\cdots\cdots\cdots\cdots\cdots\cdots\cdots\cdots\cdots\cdots\cdots\cdots \text{对称性} \\
&T_{2\text{left}} = T_{2\text{right}} = M_{2\text{upper}} = M_{2\text{lower}} = M_4 = 0 \quad\cdots\cdots\cdots\cdots \text{宽后部} \\
&M_3 = F
\end{aligned}
\tag{2.20}
$$

如方程组(2.20)所示,T_1 和 T_2 分别是 X-Y 平面上两个类别函数控制因子,决定了曲面在该平面上的投影形状。下标"left"和"right"分别代表边界的两边,因为飞行器的左右对称性,使得左右两侧对应类别参数相等。又因为飞行器尾部平坦,故 $T_2 = 0$。相似的,M 和 N 同为类别函数控制因子,分别决定了曲面在 X-Z 平面和 Y-Z 平面上的投影形状。下标"upper"和"lower"代表 HGV 的上下两个表面。方程组(2.20)分别将相等且不为 0 的参数用统一的代号表示。

满足以上假设之后,表示上下表面的曲面参数化方程可以进行简化,得到方程组(2.21)。

$$
\begin{aligned}
&X(\eta) = \eta \\
&Y_{\text{left}}(\eta) = Y_{\text{right}}(\eta) = W \cdot C_T^T(\eta) \\
&Z_{\text{upper}}(\varphi, \eta) = H_{\text{upper}} \cdot C_{N_{\text{upper}}}^{N_{\text{upper}}}(\varphi) C_0^{M_{1\text{upper}}}(\eta) + G \cdot C_0^F(\eta) + C_H^H(\varphi) \\
&Z_{\text{lower}}(\varphi, \eta) = H_{\text{lower}} \cdot C_{N_{\text{lower}}}^{N_{\text{lower}}}(\varphi) C_0^{M_{1\text{lower}}}(\eta) + G \cdot C_0^F(\eta) + C_H^H(\varphi)
\end{aligned}
\tag{2.21}
$$

从方程组(2.21)中可以看出方程中只剩下 11 个设计参数,分别为:W、T、

H_{upper}、H_{lower}、N_{upper}、N_{lower}、M_{1upper}、M_{1lower}、F、G 和 H。图 2.11 展示了这些参数的图形解析。如图 2.11 所示,T 决定了曲面在 X-Y 平面上投影的形状,W 限制了飞行器的整体宽度。M_{1upper} 和 N_{upper} 分别决定了飞行器上表面投影到 Z-X 平面和 Z-Y 平面上时的轮廓,而 H_{upper} 则限制了飞行器的高度。相似地,M_{1lower}、N_{lower} 和 H_{lower} 共同决定了飞行器的下表面。需要强调的是参数 F、G 和 H 是 $\Delta \varsigma_{M,N}(\varphi, \eta)$ 项引入的,而这在前人的工作中常常被忽略。该项中附加的参数能够改变上下表面相交线的位置和形状,而在传统工作中这个曲线一般被限制在 X-Y 平面内。

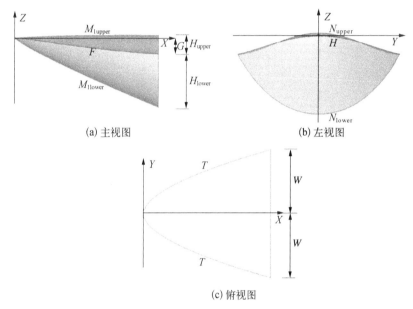

(a) 主视图　　　　　(b) 左视图

(c) 俯视图

图 2.11　HGV 参数化建模过程中设计参数的控制部位图解
(该图作为 HGV 的三视图分别单独表示了各参数对构型的影响)

2.3　自由网格变形(FFD)参数化建模技术

受二维翼型参数化建模技术的启发,人们更希望通过较少的参数对三维曲面进行精确拟合和控制,从而实现三维曲面外形的设计优化。FFD 方法将几何模型嵌入到一个控制体中,建立数学关系后通过改变控制点来改变模型的形状[257,258]。Martin 等[70]采用了一种名为体积 B 样条的方法对飞行器机翼进行参数化建模,该方法类似于 FFD,能够实现对三维外形的多维控制。然而该类方法要求的设计参数数目对应设计顶点的数目,显然对于复杂三维飞行器要求的设计变量数目较多,不利于后期的优化过程。

本研究使用基于 Bernstein 基函数的 FFD 方法来实现外形参数化与约束设计。目前,FFD 方法[259]被广泛用于三维气动外形的参数化建模与设计优化中,表现出强大的变形能力,能够以少量的设计变量改变三维几何外形,常用于飞行器整机的外形优化,并且还能够通过约束的合理设置,实现组合部件协同设计,从而具有对复杂飞行器构型进行设计的能力。此外,该方法的设计变量具有明显的物理意义,便于设计人员直观理解与手动操作。

FFD 方法的基本构思是构建多个可变形的平行六面体控制框架(以下称晶格)支撑在三维外形的表面,通过对晶格顶点(以下称为控制点)的移动来实现内部形状的变形,下面以 EXPERT 构型为例,通过 FFD 方法对其进行简单的参数化建模。

平行六面体控制晶格的 3 个坐标轴矢量分别为 S、T、U,它们的方向在图 2.12 中进行了示意说明,其大小即为控制晶格沿 3 个轴向的总长度,各轴分别分布有(l+1)、(m+1)、(n+1)个控制点。

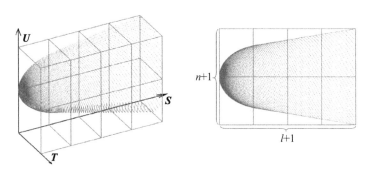

图 2.12 基础控制晶格示意图

最早提出的 FFD 方法要求沿各轴的控制点均匀分布,其目的是简化局部坐标的计算,此类晶格模型确定沿各轴按顺序编号为 i、j、k 的控制点坐标按照方程(2.22)的方式进行排布:

$$P_{i,j,k} = \frac{i}{l}S + \frac{j}{m}T + \frac{k}{n}U \qquad (2.22)$$

其中,$i = 0, \cdots, l$;$j = 0, \cdots, m$;$k = 0, \cdots, n$。

本研究对外形表面进行采样从而生成点云数据，在内部结构均匀的长方体控制晶格内，对于任一点（定义其三维坐标分别为 x、y、z）都可按方程（2.23）快速测量其局部坐标

$$\begin{cases} s = \dfrac{x - x_0}{\mid S \mid} \\[3mm] t = \dfrac{y - y_0}{\mid T \mid} \\[3mm] u = \dfrac{z - z_0}{\mid U \mid} \end{cases} \tag{2.23}$$

其中，s、t、u 即为该点单位化的局部坐标；x_0、y_0、z_0 为控制晶格原点的坐标。

随后计算 Bernstein 多项式，在掌握外形上任意一点的局部坐标之后，它对应于各个控制点的 Bernstein 基函数可以由方程（2.24）导出

$$\begin{cases} B_{i,l}(s) = \dfrac{l!}{i!\ (l-i)!} s^i\ (1-s)^{l-i} \\[3mm] B_{j,m}(t) = \dfrac{m!}{j!\ (m-j)!} t^j (1-t)^{m-j} \\[3mm] B_{k,n}(u) = \dfrac{n!}{k!\ (n-k)!} u^k\ (1-u)^{n-k} \end{cases} \tag{2.24}$$

其中，同样有 $i = 0,\ \cdots,\ l$；$j = 0,\ \cdots,\ m$；$k = 0,\ \cdots,\ n$，另外，以上述沿 S 轴向的基函数 $B_{i,l}(s)$ 为例，该 Bernstein 基函数的阶数为 l。还需要注意的是，Bernstein 基函数和外形点云的局部坐标均只需要在 FFD 的晶格设计阶段中完成一次运算，它们在整个变形过程保持恒定，依靠对控制点 $P_{i,j,k}$ 坐标的操纵，实现对外形点云的变形控制，计算方法见方程（2.25）。

$$X(s,\ t,\ u) = \sum_{i=0}^{l} \sum_{j=0}^{m} \sum_{k=0}^{n} B_{i,l}(s) B_{j,m}(t) B_{k,n}(u) P_{i,j,k} \tag{2.25}$$

式中的控制点 $P_{i,j,k}$ 一旦发生变化，则计算所得的 $X(s,\ t,\ u)$ 即为点云变形后生成的新坐标，若将各个基函数视作常数，则点云的坐标实际上就是所有控制点坐标的线性组合。为了更加直观地展现上述变形过程，图 2.13 展示了一次示范性的变形效果，所采取的具体操作是将序号为 1、3、4、5、6 的控制点向机体头部聚拢，目的是使外形头部呈现出细长状。

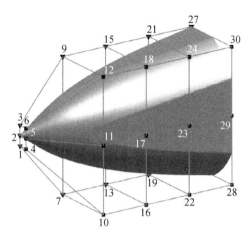

图 2.13   FFD 方法变形示意图

2.4   本章小结

本章的主要工作及主要结论如下：

（1）传统 CST 方法通过在基准翼型上均匀采点求解设计参数，基此对原翼型的拟合头尾处误差较大，本章通过非均匀采点法，重点通过头尾部分采样，提高了整体的拟合精度，减小了翼型最大拟合误差。

（2）传统三维 CST 参数化方法在应用时仅考虑耦合项，在应用于具有上下两个曲面的飞行器设计中，两曲面的交界处一般处于 X-Y 平面上，从而很大限制了拟合范围。本章通过在 CST 方程法向部分加入独立项，实现了交界面自身的空间可控性，从而使上下曲面可以相交于空间曲面处，扩大了参数化建模能力。

（3）本章研究使用基于 Bernstein 基函数的 FFD 方法来实现外形参数化与约束设计，并给出了详细的参数化建模思想。

第3章

面向飞行器多学科设计优化的广义灵敏度分析技术

灵敏度分析技术被视为飞行器 MDO 的关键技术之一。在飞行器 MDO 过程中,对所得的灵敏度信息加以分析处理,可用于确定系统设计变量或参数对目标函数或约束函数的影响大小,确定各子系统之间的耦合强度等,并最终用于指导设计、引导方向与辅助决策。由于优化过程所需时间的 99% 用于系统分析和灵敏度分析计算,只有 1% 的时间用于优化计算[152],因此如何高效地进行灵敏度分析是飞行器 MDO 中的一项重要研究内容。目前,绝大多数飞行器 MDO 过程中的灵敏度分析使用的是易于实现但计算精度和效率都较差的 FDM,高效精确的 ADM 和 CVM 在飞行器 MDO 中的应用正引起研究者的广泛兴趣。以上这些传统灵敏度分析方法只能用于连续变量的计算,无法处理离散变量的问题。针对这一问题,文献[113]提出了用于离散变量灵敏度分析的 ODM,但 ODM 仅适用于离散变量只取两个离散值的情况,在实际飞行器总体设计中,离散设计变量通常有多(大于 2)个离散值,此时 ODM 并不适用。文献[110]、文献[111]提出的 NNM 也可用于离散变量的灵敏度分析,但用于神经网络训练的算法计算量较大。

本章在灵敏度分析技术研究现状的基础上,首先给出广义灵敏度的概念;接着介绍连续变量学科灵敏度分析的 ADM 和 CVM,并对二者的计算性能进行比较;然后对用于离散变量学科灵敏度分析的 ODM 和 NNM 进行介绍,并针对各自的问题提出改进方法;在此基础上研制 GSASP;最后将广义灵敏度分析方法应用于 SSA 中,研究相应的 SSA 方法。

3.1 广义灵敏度概念研究

飞行器 MDO 中,灵敏度分析的含义是指对系统的性能因设计变量或参数的变化而表现出来的敏感程度分析。灵敏度分析和数学上求导数不完全一样,一方面,飞行器 MDO 中系统模型的函数关系比较复杂,往往很难写出设计变量的显式表达式;另一方面,飞行器 MDO 中的设计变量包含大量离散变量,如机翼数目、翼型选择、设计尺寸等等,不能用数学上求导数的方法来对这类设计变量进行灵敏度分析。为区别于数学上的求导概念,将连续变量和离散变量的灵敏度统一定义为广义灵敏度。

定义 3.1：连续变量灵敏度

设计变量在设计空间内的微小扰动量所引起的目标函数/约束函数值的变化量称为连续变量灵敏度。

定义 3.2：离散变量灵敏度

设计变量在设计空间中相邻离散点上的取值变化所引起的目标/约束函数值的变化量称为离散变量灵敏度。

定义 3.3：广义灵敏度

连续变量灵敏度和离散变量灵敏度统称为广义灵敏度。

获取广义灵敏度信息后进行的灵敏度分析称为广义灵敏度分析技术,相应地,用于广义灵敏度分析技术的灵敏度分析方法称为广义灵敏度分析方法。在本书的后续章节中,若无特别说明,灵敏度即指广义灵敏度。

本章研究的各种灵敏度分析方法均是针对如下带参数的数学规划问题：

$$\min_{X} \quad f(X, P) \tag{3.1}$$
$$\text{s.t.} \quad g(X, P) \leqslant 0$$

其中, $X \in R^n$, 为设计变量向量；$P \in R^k$, 为参数向量；$g \in R^{N_g}$, 为约束向量。f 为实变目标函数。

3.2 连续变量的学科灵敏度分析方法

3.2.1 有限差分方法

用于估算学科灵敏度的最常用近似方法是 FDM,其中最常用的前向差分计

算公式和中心差分计算公式分别为式(3.2)和式(3.3):

$$f'(x_i) = \frac{f(x_i + h) - f(x_i)}{h} + O(h) \approx \frac{f(x_i + h) - f(x_i)}{h} \tag{3.2}$$

$$f'(x_i) = \frac{f(x_i + h) - f(x_i - h)}{2h} + O(h^2) \approx \frac{f(x_i + h) - f(x_i - h)}{2h} \tag{3.3}$$

其中, $i = 1, \cdots, n$; h 为实数步长,是一个小扰动参数; $O(h)$ 为式(3.2)的截断误差; $O(h^2)$ 为式(3.3)的截断误差。

式(3.2)的精度不如式(3.3)的高,故在实际应用中使用式(3.3)的情况较多。但是无论哪一种计算公式,为了减小截断误差,需要选择较小步长,但当步长过小时,由于分子中的两函数值相近而不可避免地引入舍入误差,导致所谓的"步长危机"。因此减小步长可能会以损失精度为代价。此外,最佳步长事先无法预知,一般说法是 FDM 步长最佳值为 $10^{-5} \sim 10^{-3}$,但在具体工程应用中,步长究竟取多少因不同的函数、设计变量而异,需不停地反复试算。

3.2.2 自动微分方法

ADM 的基本思想是[83,84,260]:在计算机程序运行过程中,无论函数 f 的计算有多复杂,都可分解为一系列的初等计算(如加、减、乘、除)和初等函数(如正弦、余弦等)运算的有序复合。通过对这些初等函数迭代地运用如式(3.4)所示的链式规则,

$$\frac{\mathrm{d}f(g(x), h(x))}{\mathrm{d}x} = \frac{\partial f(s, r)}{\partial s} \times \frac{\mathrm{d}g(x)}{\mathrm{d}x} + \frac{\partial f(s, r)}{\partial r} \times \frac{\mathrm{d}h(x)}{\mathrm{d}x} \tag{3.4}$$

就能以完全机械的方式计算目标函数或约束函数的任意阶灵敏度,而且能够达到所要求的精度。ADM 可以直接用于任意长度的计算机程序,可以包含分支、循环和子程序等程序结构。

ADM 可针对程序模块求取解析灵敏度,算法 3.1 给出了 ADM 对任意子程序的灵敏度求解算法[101]。

算法 3.1: 灵敏度分析的 ADM 算法

步骤 1:将该子程序分解为一系列的初等函数;

步骤 2：基于微分法则对初等函数求导；

步骤 3：将步骤 2 中所求的初等偏导数累加。

这三步可以同时进行。对于一个 ADM 的算法程序来说，由于分解出的初等函数种类有限，所以步骤 2 的实现代码相对固定。步骤 1 可以有多种实现方法，目前主要有两种实现方法：源代码转换（source code transformation，ST）方法和操作符重载（operator overloading，OO）方法。步骤 3 的累加方法也有两种基本模式：前向模式（forward mode）和反向模式（reverse mode）。这两种模式的区别在于怎样运用链式规则通过计算传递导数。也有研究者对将两种模式结合起来的混合模式进行了研究。

ADM 的一些基本概念可通过一个计算图[83]来阐述。每个函数的计算图代表了一组函数的计算，对应于可编程的不同代码表。下面结合一个实例对函数计算图和 ADM 的两种模式进行概念性介绍。待计算的函数具体表达式如下：

$$f(x_1, x_2) = \sin x_1 + \ln(x_1 x_2) \tag{3.5}$$

函数（3.5）的一种代码表定义为[83]：

$$
\begin{aligned}
&t_1 = x_1 &\quad &t_4 = t_1 t_2 \\
&t_2 = x_2 &\quad &t_5 = \ln(t_4) \\
&t_3 = \sin(t_1) &\quad &t_6 = t_3 + t_5 = f
\end{aligned}
\tag{3.6}
$$

其中，$t_i (i = 1 \sim 6)$ 为中间变量。

代码表式（3.6）实质上是用来求取式（3.5）中函数值的一个计算序列，可用编程实现。该函数的计算图如图 3.1 所示。

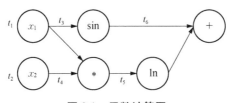

图 3.1　函数计算图

分别运用前向模式和反向模式[84,261]，将自动微分规则应用于式（3.6）所示的代码表，对函数（3.5）求导，可分别得到其前向模式和反向模式的计算式，如表 3.1 所示，表中箭头表示两种模式的计算方向。

表 3.1　函数(3.5)前向模式与反向模式的灵敏度分析

代码表	前向模式		反向模式	
$t_1 = x_1$	$\dot{t}_1 = \dot{x}_1$		$\bar{t}_1 = \cos(t_1) \times \bar{t}_3 + t_2 \times \bar{t}_4$	
$t_2 = x_2$	$\dot{t}_2 = \dot{x}_2$		$\bar{t}_2 = t_1 \times \bar{t}_4$	
$t_3 = \sin(t_1)$	$\dot{t}_3 = \cos(t_1) \times \dot{t}_1$		$\bar{t}_3 = \bar{t}_6$	
$t_4 = t_1 \times t_2$	$\dot{t}_4 = \dot{t}_1 \times t_2 + t_1 \times \dot{t}_2$		$\bar{t}_4 = \bar{t}_5 / t_4$	
$t_5 = \ln(t_4)$	$\dot{t}_5 = \dot{t}_4 / t_4$		$\bar{t}_5 = \bar{t}_6$	
$t_6 = t_3 + t_5$	$\dot{t}_6 = \dot{t}_3 + \dot{t}_5$		$\bar{t}_6 = 1$	

算法 3.2 给出了 ADM 前向模式的一阶灵敏度分析步骤。高阶灵敏度分析方法类似,不再具体给出。首先给出相关定义。

(1) $e_i = (0_1, \cdots, 1_i, \cdots, 0_n)_{1 \times n}$。

(2) $I_i \in \Psi$ 为代码表中的初等函数,Ψ 为初等函数集,$i = 1, 2, \cdots, k$。

(3) 定义 $j < i$:表示依赖关系。如:$I_i(x_j)_{j<i}$ 表示函数 I_i 是 x_j 的函数,$i = 1, 2, \cdots, k$;$j = 1, 2, \cdots, n$。

算法 3.2:一阶灵敏度分析的 ADM 前向模式算法

步骤 1:令 $\dot{x}_i = e_i$,$i = 1, 2, \cdots, n$;

步骤 2:使用代码表对函数子程序定义中间变量 $t_i = I_i(x_j)_{j<i}(i = 1, 2, \cdots, k)$,$f = t_k$;

步骤 3:采用微分法则及链式规则对 t_i 求偏导,$\dot{t}_i = \sum_{j<i} \dfrac{\partial I_i}{\partial x_j} \dot{t}_j$,$i = 1, 2, \cdots, k$;

步骤 4:求得一阶灵敏度 $\dot{f} = \dot{t}_k$。

算法 3.3 给出了 ADM 反向模式一阶灵敏度分析步骤。高阶灵敏度分析方法类似,不再具体给出。

算法 3.3:一阶灵敏度分析的 ADM 反向模式算法

步骤 1:使用代码表对函数子程序定义中间变量 $t_i = I_i(x_j)_{j<i}$,$i = 1, 2, \cdots, k$;

步骤 2:令关联变量 $\bar{t}_i = 0$,$i = 1, 2, \cdots, k - 1$;

步骤 3:令 $f = t_k$,$\bar{t}_k = 1$;

步骤 4:令 $\bar{t}_i = \nabla f$,$i = 1, 2, \cdots, n$。

步骤 5:采用微分法则及链式规则对 t_i 求偏导,$\bar{t}_j = \bar{t}_j + \sum_{j<i} \dfrac{\partial I_i}{\partial x_j} \bar{t}_i$,$i = k -$

$1, k - 2, \cdots, 1$。

步骤 6：求得一阶灵敏度 $\nabla f = (\bar{\iota}_1, \cdots, \bar{\iota}_n)$。

算法 3.3 的步骤 1～步骤 3 为前向计算过程，步骤 4～步骤 6 为反向计算过程。

3.2.3　复变量方法

采用与 FDM 同样的思路，将所求函数在点 x 进行泰勒展开，不同的是不按幂 h 或按幂 $(-h)$ 展开，而是按纯虚数幂 (jh) 展开，即

$$f(x_i + jh) = f(x_i) + jh\frac{\mathrm{d}f}{\mathrm{d}x_i} - \frac{h^2}{2!}\frac{\mathrm{d}^2f}{\mathrm{d}x_i^2} - \frac{jh^3}{3!}\frac{\mathrm{d}^3f}{\mathrm{d}x_i^3} + \frac{h^4}{4!}\frac{\mathrm{d}^4f}{\mathrm{d}x_i^4} + \cdots$$

$$(3.7)$$

其中，$i = 1, \cdots, n$；$j = \sqrt{-1}$，为虚数单位；h 为实数步长。

式(3.7)等号的左右两边均为复数，按照两复数相等，则实部和虚部分别相等的原则，式(3.7)等号左右两边复数的虚部和实部对应相等，有：

$$\mathrm{Im}[f(x_i + jh)] = h\frac{\mathrm{d}f}{\mathrm{d}x_i} - \frac{h^3}{6}\frac{\mathrm{d}^3f}{\mathrm{d}x_i^3} + \cdots \qquad (3.8)$$

$$\mathrm{Re}[f(x_i + jh)] = f(x_i) - \frac{h^2}{2}\frac{\mathrm{d}^2f}{\mathrm{d}x_i^2} + \frac{h^4}{24}\frac{\mathrm{d}^4f}{\mathrm{d}x_i^4} + \cdots \qquad (3.9)$$

将式(3.8)和式(3.9)舍去高阶项，可得到函数截断误差为 $O(h^2)$ 的一阶灵敏度表达式和截断误差为 $O(h^4)$ 的二阶灵敏度表达式：

$$\frac{\mathrm{d}f}{\mathrm{d}x_i} = \frac{\mathrm{Im}[f(x_i + jh)]}{h} + O(h^2) \qquad (3.10)$$

$$\frac{\mathrm{d}^2f}{\mathrm{d}x_i^2} = \frac{2\{f(x_i) - \mathrm{Re}[f(x_i + jh)]\}}{h^2} + O(h^4) \qquad (3.11)$$

式(3.10)和式(3.11)分别为用 CVM 进行实值函数一阶灵敏度分析和二阶灵敏度分析的计算公式。

对比式(3.2)、式(3.3)和式(3.10)可知，与 FDM 不同，用 CVM 求函数的一阶灵敏度时无需进行函数的相减操作，因而可完全避免舍入误差的产生。为了提高计算精度可选择尽可能小的步长，研究表明[107]，当步长小于 10^{-7} 时，CVM

的一阶灵敏度分析相对误差小于 10^{-15}。但在计算二阶灵敏度时,由式(3.11)可知,用 CVM 进行灵敏度分析亦会出现步长选择问题。算法 3.4 给出了用 CVM 进行一阶灵敏度分析的步骤。

算法 3.4:一阶灵敏度分析的 CVM 算法

步骤 1:确定需求灵敏度的目标函数;

步骤 2:对设计变量给定步长 h(小于 10^{-7});

步骤 3:用式(3.10)进行一阶灵敏度分析。

由式(3.11)知,使用 CVM 进行二阶灵敏度分析时,会遇到与 FDM 相同的步长选择问题。因此,FDM、CVM 和 ADM 三种连续变量灵敏度分析方法中,ADM 更适合进行二阶灵敏度分析。这里不再赘述二阶灵敏度分析的 CVM 算法。

3.3　离散变量的学科灵敏度分析方法

3.3.1　改进的正交试验设计方法

邱清盈等[113]提出的基于二水平正交表的灵敏度分析法,通常用于离散、不可微或隐式优化问题,但是该方法只能应用于系统设计变量取两个离散值的情况。在实际应用过程中,系统设计变量通常有多(大于 2)个水平数,此时方法并不适用。下面在该方法的基础上,通过对正交试验数据的直观分析,提出适用性更广的改进正交试验设计方法(modified orthogonal design method,MODM)。

正交试验设计用正交表来安排和设计试验,具有齐整可比性和均匀分布性的特点[262]。正交试验数据的直观分析也称极差分析,就是通过计算各因子、水平对试验结果指标的影响大小,用直观的图形表示出来的分析。通过极差大小来确定最优水平,了解因素影响的主次关系[262]。

定义 3.4:直观分析中的极差

直观分析中第 i 个因素的极差定义为:

$$E_i = \max \left(k_{im} \right)_{m=1}^p - \min \left(k_{im} \right)_{m=1}^p = k_{i\max} - k_{i\min} \tag{3.12}$$

其中,p 表示因素 i 有 p 个水平;k_{im} 表示因素 i 取第 m 个水平时试验值之和的平均值。

极差 E_i 反映了第 i 个因素对试验指标的影响程度,若应用于优化问题,可理解为函数对设计变量的灵敏度。这样,可以定义 MODM 中设计变量为离散变量时的灵敏度,并依此得到用于计算离散变量灵敏度的 ODM。

定义 3.5:MODM 中离散变量的灵敏度

若系统目标函数 y 与离散设计变量 x 的关系为:

$$y = f(x), \ R^n \to R \tag{3.13}$$

根据设计变量的不同取值可得出各设计变量的极差,函数相对于设计变量 $x_i(i = 1, \cdots, n)$ 的灵敏度定义为:

$$S_i = \frac{E_i}{\max(x_{i1}) - \min(x_{i2})} \tag{3.14}$$

其中,x_{i1} 表示 $k_{i\max}$ 所对应的 x_i 取值,$\max(x_{i1})$ 表示如果有相同的 $k_{i\max}$,则取对应较大的 x_i 值;x_{i2} 表示 $k_{i\min}$ 所对应的 x_i 取值,$\min(x_{i2})$ 表示如果有相同的 $k_{i\min}$,则取对应较小的 x_i 值。$| S_i |$ 越大表示设计变量 x_i 对目标函数的影响越大。

算法 3.5:一阶灵敏度分析的 MODM

步骤 1:确定所要研究的目标函数、约束函数以及设计变量。

步骤 2:确定设计变量个数(因素数)及取值(水平数),制定因素水平表。

步骤 3:选取合适的正交表或构造新的正交表,确定试验方案。

步骤 4:调用优化模型进行试验,计算出用于直观分析的函数值、平均值,用式(3.12)计算极差。

步骤 5:用式(3.14)计算一阶灵敏度。

3.3.2 改进的神经网络方法

神经网络逼近理论一直是神经网络研究领域中一个十分活跃的研究方向,最为著名的理论是多层前馈(multilayer feedforward,MLF)神经网络的万能逼近定理[109]。灵敏度分析的 NNM 正是以万能逼近定理作为理论依据提出,现不加证明地给出该定理的相关结论[76,221,263-268]如下。

结论 1:MLF 网络可以逼近任意连续函数和非连续函数。

结论 2:在很宽泛的条件下,三层 MLF 网络可以以任意精度逼近任意函数及其各阶导数。

结论 3:具有 S 形隐含神经元特性的三层 MLF 网络具有逼近任意函数的能力,所用的算法是标准的 BP 算法。

基于以上结论,本书采用含一个隐层的三层 BP 网络模型对 NNM 进行研究。不同的网络训练算法可以得到不同的 NNM,下面首先对标准 BP 网络训练算法进行改进研究,提出一种效率和逼近精度都较高的训练算法,然后提出基于此训练算法的一阶和二阶灵敏度分析方法,称该方法为改进的神经网络方法(modified neural network method,MNNM),同时以两个数值计算为例验证改进的训练算法的有效性和 MNNM 的有效性。

1. 三层 BP 网络模型及数学描述

按误差逆传播算法训练的 MLF 网络常称为 BP 网络。三层 BP 网络分为输入层、隐层和输出层,层与层之间采用全互连方式,每层的输入都通过一个适当的权值和下一层相连,同一层神经元之间没有互连,输入与输出之间无反馈。

本书采用如式(3.15)和式(3.16)所描述的三层 BP 网络[269]:

隐层:

$$\begin{aligned} \boldsymbol{n}^1 &= \boldsymbol{w}^1 \boldsymbol{p} + \boldsymbol{b}^1 \\ \boldsymbol{a}^1 &= \boldsymbol{f}_1(\boldsymbol{n}^1) \end{aligned}$$ (3.15)

输出层:

$$\begin{aligned} \boldsymbol{n}^2 &= \boldsymbol{w}^2 \boldsymbol{a}^1 + \boldsymbol{b}^2 \\ \boldsymbol{a}^2 &= \boldsymbol{f}_2(\boldsymbol{n}^2) \end{aligned}$$ (3.16)

其中, $\boldsymbol{p} = (p_1, \cdots, p_r)^{\mathrm{T}}$ 为网络的输入向量,表示输入层有 r 个神经元; $\boldsymbol{n}^1 = (n_1^1, \cdots, n_m^1)^{\mathrm{T}}$ 为隐层的净输入向量,表示隐层有 m 个神经元; $\boldsymbol{a}^1 = (a_1^1, \cdots, a_m^1)^{\mathrm{T}}$ 为隐层的输出向量; $\boldsymbol{n}^2 = (n_1^2, \cdots, n_s^2)^{\mathrm{T}}$ 为输出层的净输入向量,表示输出层有 s 个神经元; $\boldsymbol{a}^2 = (a_1^2, \cdots, a_s^2)^{\mathrm{T}}$ 为输出层的输出向量; $\boldsymbol{w}^i = \begin{bmatrix} w_{11}^i & \cdots & w_{1k}^i \\ \vdots & & \vdots \\ w_{j1}^i & \cdots & w_{jk}^i \end{bmatrix}$ $(i = 1, 2)$ 为第 i 层与第 $(i-1)$ 层神经元之间的权值连接矩阵, w_{jk}^i 表示第 i 层中的第 k 个神经元与第 $(i-1)$ 层中的第 i 个神经元之间的连接权值; $\boldsymbol{b}^i = (b_1^i, \cdots, b_{ii}^i)^{\mathrm{T}}$ 为第 i 层的阈值向量, $ii = \begin{cases} m, & i = 1 \\ s, & i = 2 \end{cases}$; f 为传输函数(亦称激活函数、作用函数、转移函数等),本书将 $\boldsymbol{f}_1$ 取双曲正切 S 形函数,将 $\boldsymbol{f}_2$ 取为线性函数。

2. 基于 LBFGS 算法的 BP 网络训练算法

虽然 BP 算法应用广泛,但它仍然存在不足之处。总的来说,BP 算法的主要缺点有:收敛速度慢、局部极值、难以确定隐层和隐层节点的个数、泛化能力有待加强等[269]。在实际应用中,出现了很多 BP 算法的改进算法。这些改进算法主要分为两类:一类是采用启发式学习算法(附加动量法、自适应学习速率法、弹性 BP 法等),另一类是采用更有效的优化算法[共轭梯度法、拟牛顿法、Levenberg-Marquardt(LM)法等]。BFGS(Broyden-Fletcher-Goldfard-Shann)算法是拟牛顿法中最有效的一个方法[158],由于需要计算和存储近似海塞矩阵,每使用一次 BFGS 算法对网络进行训练所需的计算量和存储空间均随变量的增加而呈二次增长,对于变量较多的大型网络训练可能会出现训练无法进行的情况,不适于飞行器 MDO 的实际应用。减少存储空间的有限内存 BFGS 算法[270-272]可以一定程度地克服 BFGS 算法的上述缺点,在实际计算过程中,由于舍入误差的存在及非精确线搜索,LBFGS 算法的效率和精度都较 BFGS 算法高[271]。本书将该算法引入到三层 BP 网络的学习过程中,提出基于 LBFGS 的 BP 网络训练算法,具体步骤由算法 3.6 描述。

算法 3.6:BP 网络训练的 LBFGS 算法

步骤 1:网络初始化,随机给出网络权值和阈值的初始值 x_1,x_1 为区间 $[-0.5, 0.5]$ 内均匀分布的随机数;令 $H_1 = I$;取非负整数 m $(3 \leqslant m \leqslant 7)$;$0 < \beta' < 0.5$,$\beta' < \beta < 1$;$\alpha_1 = 1$;允许精度 $\varepsilon \geqslant 0$;$k = 1$。

步骤 2:给定 C 组输入输出训练样本 $\{p^{(c)}, t^{(c)} \mid c = 1, 2, \cdots, C\}$。

步骤 3:将输入信息通过网络进行正向传播,得到网络整体误差 $E(x_k)$。

$$E(x_k) = \frac{1}{2} \sum_{c=1}^{C} E_c(x_k) \tag{3.17}$$

$$E_c = \sum_{j=1}^{s} (a_j^{2(c)} - t_j^{(c)}) \tag{3.18}$$

步骤 4:将 $E(x_k)$ 通过网络进行反向传播,同时获取它的梯度值 $\nabla E(x_k)$。

步骤 5:计算 $d_k = -H_k \nabla E(x_k)$。

步骤 6:运用非精确线搜索确定学习速率 $\alpha_k > 0$。

步骤 6.1:若 $E(x_k + \alpha_k d_k) \leqslant E(x_k) + \beta' \alpha_k \nabla E(x_k)^{\mathrm{T}} d_k$,则转步骤 6.2。否则,令 $\alpha_k = \dfrac{\alpha_k}{2}$,反复执行步骤 6.1。

步骤 6.2：若 $\nabla E(x_k + \alpha_k d_k)^{\mathrm{T}} d_k \geqslant \beta\, \nabla E(x_k)^{\mathrm{T}} d_k$，则 α_k 为所求。否则，令 $\alpha_k = \dfrac{3\alpha_k}{2}$，转步骤 6.1。

步骤 7：按式 (3.19) 修正权值和阈值 x。

$$x_{k+1} = x_k - \alpha_k d_k \tag{3.19}$$

步骤 8：将 x_{k+1} 向前传播获得网络整体误差 $E(x_{k+1})$。

步骤 9：若 $\left| \dfrac{E(x_{k+1}) - E(x_k)}{E(x_k)} \right| \leqslant \varepsilon$，则停止，最优解为 $x_* = x_k$，即 x_{k+1} 为最终权值和阈值。否则，转步骤 10。

步骤 10：将整体误差通过网络进行反向传播，同时获取它的梯度值 $\nabla E(x_{k+1})$。

步骤 11：令 $r = \min(k, m)$，

步骤 11.1：若 $k = 1$，则 $H_k^0 = H_1$；

步骤 11.2：否则，$H_k^0 = \dfrac{p_k^{\mathrm{T}} q_k}{\| q_k \|^2} I$，其中，$p_k = x_{k+1} - x_k$，$q_k = \nabla f(x_{k+1}) - \nabla f(x_k) = g_{k+1} - g_k$。

步骤 12：按式 (3.20) 计算 H_{k+1}。

$$H_{k+1} = (V_k^{\mathrm{T}} \cdots V_{k-r}^{\mathrm{T}}) H_k^0 (V_{k-r} \cdots V_k) + \sum_{j=0}^{r} \rho_{k-r+j} \Big(\prod_{l=0}^{r-j-1} V_{k-l}^{\mathrm{T}} \Big) p_{k-r+j} p_{k-r+j}^{\mathrm{T}} \Big(\prod_{l=0}^{r-j-1} V_{k-l}^{\mathrm{T}} \Big)^{\mathrm{T}} \tag{3.20}$$

其中，

$$\rho_k = \frac{1}{q_k^{\mathrm{T}} p_k} \tag{3.21}$$

$$V_k = I - \rho_k q_k p_k^{\mathrm{T}} \tag{3.22}$$

步骤 13：$k = k + 1$，转步骤 5。

称使用 LBFGS 算法进行网络训练的三层 BP 网络为 LBFGS-BP 网络。作者在 Matlab 6.5 环境下编程实现了 LBFGS-BP 网络的训练函数 "trainlbfgs"，其中，非精确线搜索中的参数取 $\beta' = 0.01$，$\beta = 0.02$。

为验证 LBFGS 算法的性能，现采用不同网络训练算法完成对函数 (3.23) 的

逼近：

$$y = 0.5\sin(\pi x_1^2)\sin(2\pi x_2) \tag{3.23}$$

其中，x_1，$x_2 \in [-1, 1]$。

首先建立符合条件的 BP 网络模型 $\text{ANN}_{2 \times 20 \times 10}$，在输入空间中均匀取 400 个输入样本，按式（3.23）计算出相应的输出样本，组成训练样本集，采用 LBFGS 算法对网络进行训练，设定精度为 10^{-5}，允许最大迭代次数为 10^6，逼近结果如图 3.2(a) 所示。为了比较，同时选用量化共轭梯度（scaled conjugate gradient，SCG）法、LM 算法、BFGS 算法 3 种训练算法进行网络训练，每种算法测试 10 次，以平均计算时间、平均迭代次数和平均网络误差作为评定训练算法性能的指标，结果列于表 3.2。10 次仿真测试中，不同训练算法相应于各自网络训练误差最小的一次所对应的函数逼近图如图 3.2(b) ~ (d) 所示。

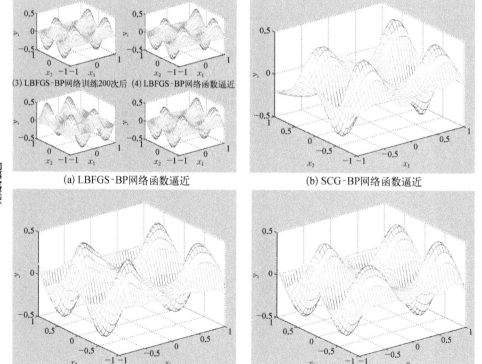

(a) LBFGS-BP网络函数逼近

(b) SCG-BP网络函数逼近

(c) LM-BP网络函数逼近

(d) BFGS-BP网络函数逼近

图 3.2 不同训练算法的函数逼近图

表 **3.2**　不同训练算法函数逼近的 **BP** 网络仿真结果

训练算法	平均计算时间/s	平均迭代次数	平均网络误差
SCG 算法	6 980.112 8	77 486	0.275 1
LM 算法	2 012.250 0	25 644	0.420 4
BFGS 算法	195.281 0	5 906	0.242 6
LBFGS 算法	99.249 2	2 912	0.000 192

由表 3.2 及图 3.2 可以看出,SCG 算法收敛最慢;LM 算法精度最低;LBFGS 算法最快且精度最高。由此可见,在 BP 网络训练中采用 LBFGS 算法可加快网络的训练速度,提高网络的预测精度。

3. 基于 LBFGS-BP 网络的灵敏度分析方法

采用 LBFGS-BP 网络计算一阶灵敏度信息时,首先需计算网络输出层各神经元相对于隐层各神经元的一阶灵敏度,然后计算隐层各神经元相对于输入层各神经元的一阶灵敏度,最后应用微分链式规则,推导出网络输出层各神经元相对于网络输入层各神经元的一阶灵敏度分析模型。在一阶灵敏度信息的基础上可推导出网络输出层各神经元相对于网络输入层各神经元的二阶灵敏度分析模型。下面简要给出推导过程。

一阶灵敏度标量形式的推导过程如下:

(1) 输出层各神经元相对于隐层各神经元的一阶灵敏度

$$\frac{\partial a_k^2}{\partial a_l^1} = \frac{\partial a_k^2}{\partial n_k^2} \frac{\partial n_k^2}{\partial a_l^1} = f_2'(n_k^2) w_{kl}^2 = w_{kl}^2 \quad \forall k, l \tag{3.24}$$

(2) 输出层各神经元相对于输入层各神经元的一阶灵敏度

$$\frac{\partial a_k^2}{\partial p_i} = \sum_{l=1}^{m} \frac{\partial a_k^2}{\partial a_l^1} \frac{\partial a_l^1}{\partial n_l^1} \frac{\partial n_l^1}{\partial p_i} = \sum_{l=1}^{m} \frac{\partial a_k^2}{\partial a_l^1} f_1'(n_l^1) w_{li}^1 = \sum_{l=1}^{m} w_{kl}^2 (1 - f_1^2(n_l^1)) w_{li}^1 \quad \forall i, k \tag{3.25}$$

(3) 网络输出层各神经元相对于网络输入层各神经元的一阶灵敏度

$$S_{ki}^1 = \frac{\partial a_k^2}{\partial p_i} \quad \forall i, k \tag{3.26}$$

其中,$k = 1, \cdots, s$;$l = 1, \cdots, m$;$i = 1, \cdots, r$。

类似地,一阶灵敏度矢量形式的推导过程如下:

$$\frac{\partial \boldsymbol{a}^2}{\partial (\boldsymbol{a}^1)^{\mathrm{T}}} = \frac{\partial \boldsymbol{a}^2}{\partial (\boldsymbol{n}^2)^{\mathrm{T}}} \frac{\partial \boldsymbol{n}^2}{\partial (\boldsymbol{a}^1)^{\mathrm{T}}} = \boldsymbol{w}^2 \tag{3.27}$$

$$\frac{\partial \boldsymbol{a}^2}{\partial \boldsymbol{p}^{\mathrm{T}}} = \frac{\partial \boldsymbol{a}^2}{\partial (\boldsymbol{a}^1)^{\mathrm{T}}} \frac{\partial \boldsymbol{a}^1}{\partial (\boldsymbol{n}^1)^{\mathrm{T}}} \frac{\partial \boldsymbol{n}^1}{\partial \boldsymbol{p}^{\mathrm{T}}} = \boldsymbol{w}^2 \boldsymbol{f}_1'(\boldsymbol{n}^1) \boldsymbol{w}^1 = \boldsymbol{w}^2 \cdot \boldsymbol{N} \cdot \boldsymbol{w}^1 \tag{3.28}$$

$$\boldsymbol{S}^1 = \frac{\partial \boldsymbol{a}^2}{\partial \boldsymbol{p}^{\mathrm{T}}} \tag{3.29}$$

其中，$\boldsymbol{N}$ 为对角矩阵，

$$\boldsymbol{N} = \mathrm{diag}\{1 - [f_1(n_1^1)]^2, \cdots, 1 - [f_1(n_m^1)]^2\} \tag{3.30}$$

易知，式(3.24)和式(3.27)等价，式(3.25)和式(3.28)等价。在实际应用过程中，由于双曲正切函数的值域在 [−1, 1] 之间，要求 LBFGS-BP 网络的输入变量和输出变量也要位于这个区间之内，系统的输入变量 $\boldsymbol{x}$ 和输出变量 $\boldsymbol{y}$ 不能直接作为网络的输入/输出训练样本，需对数据进行归一化和反归一化处理，本书采用常用的比例归一法进行处理。归一化和反归一化处理后的系统输入变量为 $\boldsymbol{x}$，输出变量为 $\boldsymbol{y}_1$，系统表述如下：

$$\begin{cases} \boldsymbol{p} = \boldsymbol{A}\boldsymbol{x} + \boldsymbol{B} \\ \boldsymbol{y}_1 = \boldsymbol{E}\boldsymbol{a}^2 + \boldsymbol{F} \end{cases} \tag{3.31}$$

其中，$\boldsymbol{A}$、$\boldsymbol{B}$、$\boldsymbol{E}$ 和 $\boldsymbol{F}$ 为对数据进行归一化和反归一化处理的转换阵。

由式(3.28)与式(3.31)，根据微分的链式规则，可推导出修正后的系统输出变量相对于系统设计变量的一阶灵敏度 $\mathbf{SM}^1$（这里系统输出变量认为是网络预测值）。

$$\mathbf{SM}^1 = \frac{\partial \boldsymbol{y}_1}{\partial \boldsymbol{x}^{\mathrm{T}}} = \frac{\partial \boldsymbol{y}_1}{\partial (\boldsymbol{a}^2)^{\mathrm{T}}} \frac{\partial \boldsymbol{a}^2}{\partial \boldsymbol{p}^{\mathrm{T}}} \frac{\partial \boldsymbol{p}}{\partial \boldsymbol{x}^{\mathrm{T}}} = \boldsymbol{E} \cdot \boldsymbol{w}^2 \cdot \boldsymbol{N} \cdot \boldsymbol{w}^1 \cdot \boldsymbol{A} \tag{3.32}$$

则一阶灵敏度分析的标量形式(3.26)可表示为

$$S_{ki}^1 = \frac{\partial a_k^2}{\partial p_i} = = E_k A_i \sum_{l=1}^m w_{kl}^2 (1 - f_1^2(n_l^1)) w_{li}^1, \ \forall i, k \tag{3.33}$$

训练网络的数据样本可以是实验数据，也可以是根据理论模型计算得到的结果，所以式(3.32)中的转换阵 $\boldsymbol{A}$ 和 $\boldsymbol{E}$ 均为常数阵，而训练好的 LBFGS-BP 网络，其权值矩阵 $\boldsymbol{w}^1$、$\boldsymbol{w}^2$ 和隐层的净输入矩阵 $\boldsymbol{n}^1$ 已知即 $\boldsymbol{N}$ 已知。于是可以得到这样的结论：通过 LBFGS-BP 网络训练后，在仅知道系统设计变量（输入变量）

和输出变量的情况下,即可由式(3.32)或式(3.33)计算出输出变量相对于设计变量的一阶灵敏度信息。

综上所述,MNNM 的一阶灵敏度分析方法可由算法 3.7 描述。

算法 3.7:一阶灵敏度分析的 MNNM

步骤 1:样本数据选取,并对原始数据进行归一化处理,形成可用于网络训练的输入/输出样本数据;

步骤 2:按要求建立 LBFGS-BP 网络并进行训练,并对网络输出进行反归一化处理,得到有效的网络输出;

步骤 3:按式(3.32)或式(3.33)来计算系统输出变量相对于系统设计变量的一阶灵敏度。

直接对式(3.25)、式(3.28)和式(3.32)求导,即可得到二阶灵敏度标量和矢量计算公式。

二阶灵敏度标量形式的计算公式:

$$\frac{\partial S_{ki}^1}{\partial p_j} = \sum_{l=1}^{m} \frac{\partial S_{ki}^1}{\partial g_l^1} \frac{\partial g_l^1}{\partial n_l^1} \frac{\partial n_l^1}{\partial p_i} \tag{3.34}$$

$$= (-2) E_k A_i \sum_{l=1}^{m} w_{kl}^2 w_{li}^1 w_{il}^1 f_1(n_l^1)(1 - f_1^2(n_l^1)) w_{lj}^1, \ \forall i, j, k$$

$$S_{(2(j-1)+k),\ i}^2 = \frac{\partial S_{ki}^1}{\partial p_j}, \ \forall i, j, k \tag{3.35}$$

其中,$g_l^1 = (1 - f_1^2(n_l^1))$;$i = 1, \cdots, r$;$j = 1, \cdots, r$;$k = 1, \cdots, s$。

类似地,二阶灵敏度矢量形式的计算公式:

$$\frac{\partial \mathbf{SM}^1}{\partial p_i} = \frac{\partial^2 \mathbf{y}_1}{\partial \mathbf{x}^{\mathrm{T}} \partial p_i} = \mathbf{E} \cdot \mathbf{w}^2 \cdot \mathbf{w}^1 \cdot (\mathbf{w}^1)^{\mathrm{T}} \cdot \mathbf{M} \cdot \mathbf{w}^1 \cdot \mathbf{A} \tag{3.36}$$

$$\mathbf{SM}^2 = \frac{\partial \mathbf{SM}^1}{\partial \mathbf{p}} = \left(\frac{\partial \mathbf{SM}^1}{\partial p_1}, \frac{\partial \mathbf{SM}^1}{\partial p_2}, \cdots, \frac{\partial \mathbf{SM}^1}{\partial p_r} \right)^{\mathrm{T}} \tag{3.37}$$

其中,$\mathbf{M}$ 为对角矩阵,且为:

$$\mathbf{M} = \mathrm{diag}(-2(f_1(n_1^1))(1 - (f_1(n_1^1))^2), \cdots, -2(f_1(n_1^1))(1 - (f_1(n_1^1))^2)) \tag{3.38}$$

MNNM 的二阶灵敏度分析方法可由算法 3.8 描述。

算法 3.8：二阶灵敏度分析的 MNNM

步骤 1：样本数据选取,并对原始数据进行归一化处理,形成可用于网络训练的输入/输出样本数据;

步骤 2：按要求建立 LBFGS-BP 网络并进行训练,并对网络输出进行反归一化处理,得到有效的网络输出;

步骤 3：按式(3.35)或式(3.37)计算系统输出变量相对于系统设计变量的二阶灵敏度。

实际应用中,通常使用式(3.33)和式(3.37)来计算所需的一阶和二阶灵敏度信息。高阶灵敏度分析也可按照以上思路推导得出,但在实际应用过程中不常使用,故本书仅给出了一阶灵敏度和二阶灵敏度的 MNNM。

4. MNNM 的性能验证

本节通过一个数值算例来验证一阶灵敏度分析和二阶灵敏度分析的 MNNM 的有效性。

用 LBFGS-BP 网络 $ANN_{1\times10\times1}$ 逼近式(3.39)所示的非线性函数,计算该函数的输出相对于输入的一阶和二阶灵敏度信息。

$$y = \sin(10x)\,\mathrm{e}^{[-2.8(x+0.9)]} \tag{3.39}$$

训练要求精度为 10^{-5},允许最大迭代次数为 10^{5},初始权值和阈值取为均匀分布在区间 $[-0.5, 0.5]$ 之间的随机数,训练算法分别选用 SCG 算法、LM 算法、BFGS 算法和 LBFGS 算法,每种算法测试 10 次,以平均计算时间、平均迭代次数、一阶灵敏度分析平均均方误差和二阶灵敏度分析平均均方误差作为评价不同 NNM 性能的指标,结果列于表 3.3。应用不同训练算法所得到函数的一阶灵敏度值和二阶灵敏度值(10 次测试中网络训练误差最小的一次)与解析值的比较分别如图 3.3 和图 3.4 所示。

表 3.3   不同训练算法进行灵敏度分析的 BP 网络仿真结果

训练算法	平均计算时间/s	平均迭代次数	一阶灵敏度平均均方差	二阶灵敏度平均均方差
SCG 算法	65.100 6	5 657	0.352 55	26.432 04
LM 算法	0.471 4	16	0.119 03	6.540 24
BFGS 算法	3.284 1	187	0.250 59	12.669 5
LBFGS 算法	1.249 6	49	0.043 32	2.781 36

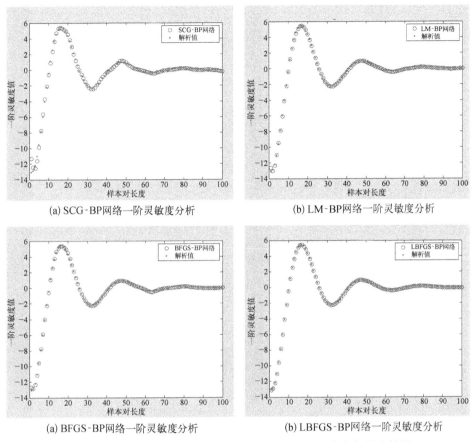

(a) SCG-BP网络一阶灵敏度分析　　　　　　(b) LM-BP网络一阶灵敏度分析

(a) BFGS-BP网络一阶灵敏度分析　　　　　(b) LBFGS-BP网络一阶灵敏度分析

图 3.3　不同训练算法所得的一阶灵敏度网络逼近值与解析值比较图

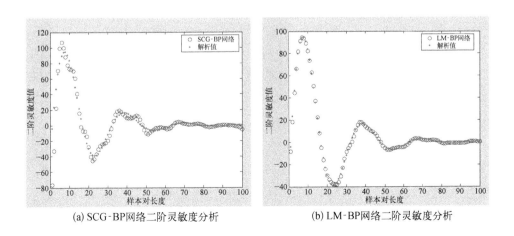

(a) SCG-BP网络二阶灵敏度分析　　　　　　(b) LM-BP网络二阶灵敏度分析

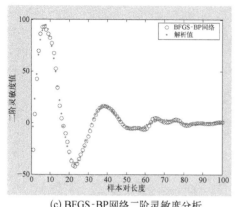
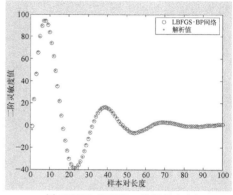

(c) BFGS-BP网络二阶灵敏度分析   (d) LBFGS-BP网络二阶灵敏度分析

图 3.4   不同训练算法所得的二阶灵敏度网络逼近值与解析值比较图

由表 3.3、图 3.3 和图 3.4 可以看出,SCG 算法效率最低,精度也最低;LM 算法最快,但精度却不高;LBFGS 算法的计算效率不及 LM 算法快,但精度却高了很多;与 BFGS 算法相比,LBFGS 算法无论是在计算效率还是在计算精度上都有了很大改善。该算例的结果表明了 MNNM 的有效性和高效性,验证了灵敏度分析的 MNNM 可以以较高的效率获得高精度的一阶和二阶灵敏度值。

3.4   系统灵敏度分析方法

在飞行器 MDO 中,SSA 研究系统设计变量或参数的变化对系统性能的影响程度,建立对整个系统设计过程的有效控制。原则上,可使用 3.2 节和 3.3 节中介绍的学科灵敏度分析方法来进行整个飞行器的灵敏度分析,但在实际应用中,将学科灵敏度分析方法通过简单扩展应用于飞行器灵敏度分析并不现实。因为飞行器灵敏度分析所需的数据远比学科灵敏度分析复杂得多,即存在"维数灾难"[1,7],而且 SSA 在 MDO 中更多地用于衡量学科(子系统)之间及学科与系统之间的相互影响,其计算方法和学科灵敏度分析方法差别较大。

含有多个学科的飞行器大系统按不同的分解策略分解为若干较小的子系统(学科),灵敏度分析的思路就是对各子系统分别进行学科灵敏度分析,然后对整个飞行器系统再进行学科灵敏度分析。相应于不同的分解策略:层次分解和非层次分解(网状分解、耦合分解),有不同的系统:层次系统和非层次系统(网状系统、耦合系统)。OSA 方法可用于层次系统和非层次系统的 SSA;GSE 方法考虑了各子系统之间的耦合影响,用于非层次系统的 SSA。

3.4.1　最优灵敏度分析方法

仍然考虑式(3.1)所描述的带参数非线性数学规划问题。问题(3.1)的最优解是参数 $\boldsymbol{P}$ 的函数,随 $\boldsymbol{P}$ 的变化而改变。用上标" $*$ "表示最优值,有:

$$
\begin{aligned}
\boldsymbol{X}^* &= \boldsymbol{X}^*(\boldsymbol{P}) \\
\boldsymbol{f}^* &= \boldsymbol{f}^*(\boldsymbol{P})
\end{aligned}
\tag{3.40}
$$

OSA 的目标是求出 $\boldsymbol{f}^*$ 相对于参数 $\boldsymbol{P}$ 的导数 $\dfrac{\mathrm{d}\boldsymbol{f}^*}{\mathrm{d}\boldsymbol{P}}$。对参数向量 $\boldsymbol{P}$ 中的任意一个元素 p,有:

$$
\frac{\mathrm{d}\boldsymbol{f}^*}{\mathrm{d}p} = \lim_{\Delta p \to 0} \frac{\boldsymbol{f}^*(\boldsymbol{P}+\Delta p) - \boldsymbol{f}^*(\boldsymbol{P})}{\Delta p}
\tag{3.41}
$$

对应于参数 $\boldsymbol{P}$ 的某个值,导数 $\dfrac{\mathrm{d}\boldsymbol{f}^*}{\mathrm{d}p}$ 可能会不存在,但它却存在左右导数。定义左导数 $\dfrac{\mathrm{d}\boldsymbol{f}^*}{\mathrm{d}p}\bigg|_{-}$ 和右导数 $\dfrac{\mathrm{d}\boldsymbol{f}^*}{\mathrm{d}p}\bigg|_{+}$ 分别为:

$$
\frac{\mathrm{d}\boldsymbol{f}^*}{\mathrm{d}p}\bigg|_{-} = \lim_{\Delta p \to -0} \frac{\boldsymbol{f}^*(\boldsymbol{P}+\Delta p) - \boldsymbol{f}^*(\boldsymbol{P})}{\Delta p}
\tag{3.42}
$$

$$
\frac{\mathrm{d}\boldsymbol{f}^*}{\mathrm{d}p}\bigg|_{+} = \lim_{\Delta p \to +0} \frac{\boldsymbol{f}^*(\boldsymbol{P}+\Delta p) - \boldsymbol{f}^*(\boldsymbol{P})}{\Delta p}
\tag{3.43}
$$

由最优灵敏度 $\dfrac{\mathrm{d}\boldsymbol{f}^*}{\mathrm{d}\boldsymbol{P}}$,可构造出目标函数最优值随参数 $\boldsymbol{P}$ 变化的线性近似如下:

$$
\boldsymbol{f}^*(\boldsymbol{P}+\Delta p) = \boldsymbol{f}^*(\boldsymbol{P}) + \frac{\mathrm{d}\boldsymbol{f}^*}{\mathrm{d}\boldsymbol{P}} \cdot \Delta p
\tag{3.44}
$$

同理,可以求出设计变量相对于参数 $\boldsymbol{P}$ 的导数 $\dfrac{\mathrm{d}\boldsymbol{X}^*}{\mathrm{d}\boldsymbol{P}}$。

1. 目标函数的一阶最优灵敏度分析

目标函数的一阶最优灵敏度可按式(3.41)或式(3.42)和式(3.43)计算,这都需要对问题(3.1)进行重新优化。下面采用最优点处的 Kuhn-Tucker 条件等，推导出不需对问题(3.1)进行重新优化的计算方法。

由复合函数的微分准则，对式(3.40)的目标函数求导，可得目标函数的一阶导数为：

$$\frac{\mathrm{d}f^*}{\mathrm{d}\boldsymbol{P}} = \frac{\partial f^*}{\partial \boldsymbol{P}} + \left(\frac{\mathrm{d}\boldsymbol{X}^*}{\mathrm{d}\boldsymbol{P}}\right)^{\mathrm{T}} \frac{\partial f^*}{\partial \boldsymbol{X}} \tag{3.45}$$

由式(3.45)可知，为求 $\dfrac{\mathrm{d}f^*}{\mathrm{d}\boldsymbol{P}}$，必须先求出 $\dfrac{\mathrm{d}\boldsymbol{X}^*}{\mathrm{d}\boldsymbol{P}}$。但是，采用最优点处的 Kuhn-Tucker 条件、最优点处主动约束对参数 $\boldsymbol{P}$ 的偏导数以及拉格朗日乘子，就可以绕过求 $\dfrac{\mathrm{d}\boldsymbol{X}^*}{\mathrm{d}\boldsymbol{P}}$ 而最终求得 $\dfrac{\mathrm{d}f^*}{\mathrm{d}\boldsymbol{P}}$。

对于给定的 $\boldsymbol{P}$，最优点处的 Kuhn-Tucker 条件为：

$$\frac{\partial f^*}{\partial \boldsymbol{X}} + \left(\frac{\partial \boldsymbol{g}^*}{\partial \boldsymbol{X}}\right)^{\mathrm{T}} \boldsymbol{\lambda}^* = \boldsymbol{0} \tag{3.46}$$

$$\boldsymbol{\lambda}^{*\mathrm{T}} \boldsymbol{g}^* = \boldsymbol{0} \tag{3.47}$$

$$\boldsymbol{g}^* \leqslant \boldsymbol{0} \tag{3.48}$$

$$\boldsymbol{\lambda}^* \geqslant \boldsymbol{0} \tag{3.49}$$

其中，$\boldsymbol{\lambda}$ 为拉格朗日乘子向量。由式(3.49)知，将向量 $\boldsymbol{\lambda}^*$ 中大于 0 的乘子组成一个子向量 $\boldsymbol{\lambda}^{a*}$，其维数为 s，$s \leqslant m$。再由式(3.47)可知，与 $\boldsymbol{\lambda}^{a*}$ 相应的约束子向量 $\boldsymbol{g}^{a*}$ 满足：

$$\boldsymbol{g}^{a*} = \boldsymbol{0} \tag{3.50}$$

假定最优点处参数 $\boldsymbol{P}$ 的微小变化不会引起有效约束的改变，将式(3.50)两边相对于 $\boldsymbol{P}$ 求导，有：

$$\frac{\mathrm{d}}{\mathrm{d}\boldsymbol{P}}(\boldsymbol{g}^{a*}) = \frac{\partial \boldsymbol{g}^{a*}}{\partial \boldsymbol{P}} + \frac{\partial \boldsymbol{g}^{a*}}{\partial \boldsymbol{X}} \cdot \frac{\mathrm{d}\boldsymbol{X}^*}{\mathrm{d}\boldsymbol{P}} = \boldsymbol{0} \tag{3.51}$$

对于有效约束，将式(3.46)左乘 $\left(\dfrac{\mathrm{d}\boldsymbol{X}^*}{\mathrm{d}\boldsymbol{P}}\right)^{\mathrm{T}}$，并结合式(3.51)可得：

$$\left(\frac{\mathrm{d}\boldsymbol{X}^*}{\mathrm{d}\boldsymbol{P}}\right)^{\mathrm{T}} \frac{\partial f^*}{\partial \boldsymbol{X}} = \left(\frac{\partial \boldsymbol{g}^{a*}}{\partial \boldsymbol{P}}\right)^{\mathrm{T}} \boldsymbol{\lambda}^{a*} \tag{3.52}$$

将式(3.52)代入式(3.45),得:

$$\frac{\mathrm{d}\boldsymbol{f}^*}{\mathrm{d}\boldsymbol{P}} = \frac{\partial \boldsymbol{f}^*}{\partial \boldsymbol{P}} + \left(\frac{\partial \boldsymbol{g}^{a*}}{\partial \boldsymbol{P}} \right)^{\mathrm{T}} \boldsymbol{\lambda}^{a*} \tag{3.53}$$

对应有效约束拉格朗日乘子向量 $\boldsymbol{\lambda}^{a*}$ 可由下式计算得出:

$$\boldsymbol{\lambda}^{a*} = - \left[\left(\frac{\partial \boldsymbol{g}^{a*}}{\partial \boldsymbol{X}} \right) \cdot \left(\frac{\partial \boldsymbol{g}^{a*}}{\partial \boldsymbol{X}} \right)^{\mathrm{T}} \right]^{-1} \cdot \frac{\partial \boldsymbol{g}^{a*}}{\partial \boldsymbol{X}} \cdot \frac{\partial \boldsymbol{f}^{*\mathrm{T}}}{\partial \boldsymbol{X}} \tag{3.54}$$

由式(3.54)可知,为了求得 $\boldsymbol{\lambda}^{a*}$,要求有效约束的梯度向量 $\dfrac{\partial \boldsymbol{g}^{a*}}{\partial \boldsymbol{X}}$ 线性无关。即矩阵 $\left[\left(\dfrac{\partial \boldsymbol{g}^{a*}}{\partial \boldsymbol{X}} \right)^{\mathrm{T}} \cdot \left(\dfrac{\partial \boldsymbol{g}^{a*}}{\partial \boldsymbol{X}} \right)^{\mathrm{T}} \right]$ 的条件数为 $\dfrac{\partial \boldsymbol{g}^{a*}}{\partial \boldsymbol{X}}$ 条件数的平方。

尽管式(3.53)是在有效约束的条件下推导得出的,但对无效约束,该式同样成立,这是因为此时相应的 $\boldsymbol{\lambda}$ 为 $\boldsymbol{0}$。将式(3.53)中的 $\boldsymbol{g}^{a*}$、$\boldsymbol{\lambda}^{a*}$ 分别用 $\boldsymbol{g}^*$、$\boldsymbol{\lambda}^*$ 替换,可得:

$$\frac{\mathrm{d}\boldsymbol{f}^*}{\mathrm{d}\boldsymbol{P}} = \frac{\partial \boldsymbol{f}^*}{\partial \boldsymbol{P}} + \left(\frac{\partial \boldsymbol{g}^*}{\partial \boldsymbol{P}} \right)^{\mathrm{T}} \boldsymbol{\lambda}^* \tag{3.55}$$

式(3.55)即为所要求的目标函数一阶灵敏度导数表达式,它避免了计算 $\dfrac{\mathrm{d}\boldsymbol{X}^*}{\mathrm{d}\boldsymbol{P}}$ 的麻烦。

2. 目标函数的二阶最优灵敏度分析

运用复合函数微分法则,由式(3.55)可得目标函数的二阶灵敏度导数计算式:

$$\frac{\mathrm{d}^2 \boldsymbol{f}^*}{\mathrm{d}\boldsymbol{P}^2} = \frac{\partial^2 \boldsymbol{f}^*}{\partial \boldsymbol{P}^2} + \frac{\partial^2 \boldsymbol{f}^*}{\partial \boldsymbol{P} \partial \boldsymbol{X}} \frac{\partial \boldsymbol{X}}{\partial \boldsymbol{P}} + \left(\frac{\partial \boldsymbol{g}^*}{\partial \boldsymbol{P}} \right)^{\mathrm{T}} \frac{\partial \boldsymbol{\lambda}^*}{\partial \boldsymbol{P}} + \left(\frac{\partial^2 \boldsymbol{g}^*}{\partial \boldsymbol{P}^2} + \frac{\partial^2 \boldsymbol{g}^*}{\partial \boldsymbol{X} \partial \boldsymbol{P}} \frac{\partial \boldsymbol{X}}{\partial \boldsymbol{P}} \right)^{\mathrm{T}} \boldsymbol{\lambda}^* \tag{3.56}$$

显然,经过一阶 OSA 之后,只需计算 $\dfrac{\partial^2 \boldsymbol{f}^*}{\partial \boldsymbol{P}^2}$ 和 $\dfrac{\partial^2 \boldsymbol{g}^*}{\partial \boldsymbol{P}^2}$ 两项即可求出 $\dfrac{\mathrm{d}^2 \boldsymbol{f}^*}{\mathrm{d}\boldsymbol{P}^2}$。

3.4.2　全局灵敏度方程方法

若所研究的系统是复杂的耦合系统,那么前几节所介绍的灵敏度分析方法均不能表达出系统中各子系统之间的耦合关系以及相互影响。为了解决耦合系统敏感分析和设计优化问题,Sobieszczanski-Sobieski 于 1988 年提出了 GSE 方法[124]。GSE 是一组可联立求解的线性代数方程组,通过 GSE 可将子系统的灵敏度分析与整个系统的灵敏度分析联系起来,从而得到系统的而不是学科(子系统)的灵敏度信息,最终解决耦合 SSA 和在多学科环境下的设计优化问题。GSE 可分别由控制方程余项和基于单学科输出相当于输入偏导数推导而来[124],相应的灵敏度方程分别称为 GSE₁ 和 GSE₂。由于 GSE₁ 难以应用于实践,本书所述之 GSE 均指 GSE₂。

传统的飞行器设计优化方法往往对问题进行简化,视飞行器的各学科(如气动、结构、推进、性能等)相互独立,在优化过程的灵敏度分析过程中没有或有很少的相互关联。就算考虑了各学科之间的耦合因素,在求解耦合状态变量相对于设计变量的灵敏度时,通常采用 FDM,FDM 不能反映迭代过程中设计变量改变所引起的耦合状态变量改变,所获得的灵敏度不能提供正确的信息,此外,FDM 人为增加了系统分析次数,使计算量增加。GSE 方法可有效克服 FDM 在求解耦合状态变量灵敏度问题中的上述缺陷,从基本数学定理出发,可推导出耦合系统中耦合状态变量相对于设计变量的灵敏度分析公式。

1. 基本原理

定义一个耦合系统,该系统可以分解为若干学科。例如我们可以假设将整个飞行器系统分解为气动、质量和推进三个学科,分别用 CA_1、CA_2 和 CA_3 来表示,三个学科间的相互耦合关系可如图 1.3 所示。其中,X 为系统设计变量,系统第 k 个设计变量用 x_k 表示;$Y = (Y_1, Y_2, Y_3)^T$ 表示第 i ($i = 1, 2, 3$) 个学科的状态变量。

整个飞行器系统可由耦合方程组描述如下:

$$f_1[(X, Y_2, Y_3), Y_1] = 0$$
$$f_2[(X, Y_1, Y_3), Y_2] = 0 \qquad (3.57)$$
$$f_3[(X, Y_1, Y_2), Y_3] = 0$$

其中,f_1、f_2 和 f_3 分别表示三个学科的学科分析。

整个系统可表示为:

$$Y = f(X) \qquad (3.58)$$

或

$$F(Y, X) = 0 \qquad (3.59)$$

由泛函分析中的隐函数定理,我们可以写出相对于系统第 k 个设计变量的灵敏度方程:

$$\left\{\frac{\mathrm{d}\boldsymbol{F}}{\mathrm{d}x_k}\right\} = \left\{\frac{\partial\boldsymbol{F}}{\partial x_k}\right\} + \left[\frac{\partial\boldsymbol{F}}{\partial\boldsymbol{Y}}\right]\left\{\frac{\partial\boldsymbol{Y}}{\partial x_k}\right\} = 0 \tag{3.60}$$

或

$$\left[\frac{\partial\boldsymbol{F}}{\partial\boldsymbol{Y}}\right]\left\{\frac{\partial\boldsymbol{Y}}{\partial x_k}\right\} = -\left\{\frac{\partial\boldsymbol{F}}{\partial x_k}\right\} \tag{3.61}$$

$\boldsymbol{Y}$ 的各个分量可以表示为其他分量的函数(假定已将整个系统分解,各子系统的输出不是自身的函数):

$$\boldsymbol{Y}_1 = f_1(\boldsymbol{X}, \boldsymbol{Y}_2, \boldsymbol{Y}_3) \tag{3.62}$$

$$\boldsymbol{Y}_2 = f_2(\boldsymbol{X}, \boldsymbol{Y}_1, \boldsymbol{Y}_3) \tag{3.63}$$

$$\boldsymbol{Y}_3 = f_3(\boldsymbol{X}, \boldsymbol{Y}_2, \boldsymbol{Y}_1) \tag{3.64}$$

以式(3.62)为例,运用微分求导的链式规则,对系统第 k 个设计变量求导,有:

$$\mathrm{d}\boldsymbol{Y}_1 = \frac{\partial\boldsymbol{Y}_1}{\partial\boldsymbol{Y}_2}\mathrm{d}\boldsymbol{Y}_2 + \frac{\partial\boldsymbol{Y}_1}{\partial\boldsymbol{Y}_3}\mathrm{d}\boldsymbol{Y}_3 + \frac{\partial\boldsymbol{Y}_1}{\partial x_k}\mathrm{d}x_k \tag{3.65}$$

则全导数为:

$$\frac{\mathrm{d}\boldsymbol{Y}_1}{\mathrm{d}x_k} = \frac{\partial\boldsymbol{Y}_1}{\partial\boldsymbol{Y}_2}\frac{\mathrm{d}\boldsymbol{Y}_2}{\mathrm{d}x_k} + \frac{\partial\boldsymbol{Y}}{\partial\boldsymbol{Y}_3}\frac{\mathrm{d}\boldsymbol{Y}_3}{\mathrm{d}x_k} + \frac{\partial\boldsymbol{Y}_1}{\partial x_k} \tag{3.66}$$

因为是耦合系统,$\boldsymbol{Y}_1$ 不仅仅与设计变量有关,还受其他各学科的影响。式(3.66)说明相对于一个设计变量的变动,状态变量 $\boldsymbol{Y}_1$ 的改变(全导数)是如下内容之和: ① 其他各学科的变动乘以它们各自对 $\boldsymbol{Y}_1$ 的影响(偏导数); ② 该设计变量的变动所引起的 $\boldsymbol{Y}_1$ 自身变动。

对其他两个学科作同样的处理,我们就可以得到系统的 GSE:

$$\begin{bmatrix} I & -\dfrac{\partial f_1}{\partial\boldsymbol{Y}_2} & -\dfrac{\partial f_1}{\partial\boldsymbol{Y}_3} \\[2mm] -\dfrac{\partial f_2}{\partial\boldsymbol{Y}_1} & I & -\dfrac{\partial f_2}{\partial\boldsymbol{Y}_3} \\[2mm] -\dfrac{\partial f_3}{\partial\boldsymbol{Y}_1} & -\dfrac{\partial f_3}{\partial\boldsymbol{Y}_2} & I \end{bmatrix}\left\{\begin{matrix} \dfrac{\mathrm{d}\boldsymbol{Y}_1}{\mathrm{d}x_k} \\[2mm] \dfrac{\mathrm{d}\boldsymbol{Y}_2}{\mathrm{d}x_k} \\[2mm] \dfrac{\mathrm{d}\boldsymbol{Y}_3}{\mathrm{d}x_k} \end{matrix}\right\} = \left\{\begin{matrix} \dfrac{\partial f_1}{\partial x_k} \\[2mm] \dfrac{\partial f_2}{\partial x_k} \\[2mm] \dfrac{\partial f_3}{\partial x_k} \end{matrix}\right\} \tag{3.67}$$

如式(3.67)所示的 GSE,其等号右边的向量称为局部灵敏度导数(local

sensitivity derivatives，LSD），它包含了在不考虑其他变化影响的条件下，各学科的状态变量相对于各学科设计变量的灵敏度信息。

GSE 等号左边的系数矩阵称为全局灵敏度矩阵（global sensitivity matrix，GSM），它包含各学科的输出（状态变量）相对于其他学科状态变量的灵敏度信息，表示学科之间的一种耦合关系。和 LSD 一样，GSM 的各项值可以通过各学科的学科分析计算得到。

GSE 等号左边的向量称为系统灵敏度向量（system sensitivity vector，SSV），它包含各学科所有输出（状态变量）对任意学科任意设计变量的灵敏度信息。由于这些灵敏度考虑了学科之间的耦合，所以是全导数。在学科分析过程中计算 LSD 和 GSM，然后就可以通过解式（3.67）所示的线性方程组得到 SSV。SSV 准确反映了设计变量改变所引起的各学科状态变量改变，可有效用于辅助决策、各种需要灵敏度信息的搜索策略中。

2. 进一步研究

每一个设计变量都有各自的 LSD，其中各项可由 3.2 节和 3.3 节中所介绍的各种学科灵敏度分析方法获得。而 GSM 仅与子系统间的相互作用有关，每迭代一次只需计算一次。LSD 和 GSM 中各项的计算在各学科分析过程中即可完成。通常，人们采用 FDM 来计算所需的一阶灵敏度信息，本节采用 3.2 节中介绍的 CVM 或 ADM 来计算所需的一阶灵敏度信息。下面通过一个具体算例[124,273]来说明基于 CVM 和 ADM 的 GSE 实现过程以及对计算结果进行分析。

该算例假设机翼模型用两根弹簧和一块斜置的平板相连，是一个简化的涉及气动和结构两个学科的静气动弹性问题，如图 3.5 所示[124,273]。其中，ψ 和 ϕ 分别为平板倾斜角和偏

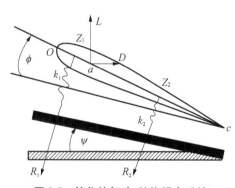

图 3.5　简化的气动-结构耦合系统

转角；L 和 D 分别为机翼所受的升力和阻力；a 为机翼受力作用点；R_1 和 R_2 分别代表两根弹簧变形所产生的弹性力；k_1 和 k_2 分别代表两根弹簧的弹性系数；O 为机翼翼尖坐标点；Z_1 和 Z_2 分别是两根弹簧的作用点；c 为机翼翼尾坐标点。

机翼受力被拉动后引起弹簧变形，迎角 θ（平板倾斜角 ψ 和偏转角 ϕ 之和）增大，受力情况改变，弹簧继续变形，迎角继续增大，直至达到平衡状态。该算例

的气动、结构学科模型和问题中参数的取值详见文献[124]，[273]，这里不再具体描述。气动、结构耦合系统的设计变量平板倾斜角 ψ 和状态变量（升力 L 和偏转角 ϕ）的关系如图 3.6[124,273] 所示。

现在要求的是当 $\psi = 0.05$ rad 时，L 和 ϕ 相对于 ψ 的一阶灵敏度。按式（3.67），可以写出系统的 GSE 如下：

$$\begin{bmatrix} 1 & -\dfrac{\partial L}{\partial \phi} \\ -\dfrac{\partial \phi}{\partial L} & 1 \end{bmatrix} \begin{Bmatrix} \dfrac{\mathrm{d}L}{\mathrm{d}\psi} \\ \dfrac{\mathrm{d}\phi}{\mathrm{d}\psi} \end{Bmatrix} = \begin{Bmatrix} \dfrac{\partial L}{\partial \psi} \\ 0 \end{Bmatrix} \quad (3.68)$$

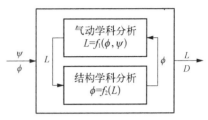

图 3.6　耦合系统变量关系图

在气动学科和结构学科分析过程中，分别使用 FDM、CVM 和 ADM 求出 $\dfrac{\partial L}{\partial \phi}$、$\dfrac{\partial \phi}{\partial L}$ 和 $\dfrac{\partial L}{\partial \psi}$ 三项，代入式（3.68）可得系统灵敏度信息 $\dfrac{\mathrm{d}L}{\mathrm{d}\psi}$ 和 $\dfrac{\mathrm{d}\phi}{\mathrm{d}\psi}$，计算结果如表 3.4 所示。其中，所有 CPU 时间都是以 FDM 为标准来给出；ADM 使用操作符重载的前向模式。

表 3.4　不同方法求解系统灵敏度信息的计算结果

	步长	$\dfrac{\mathrm{d}L}{\mathrm{d}\psi}$／（N/rad）	$\dfrac{\mathrm{d}\phi}{\mathrm{d}\psi}$／（rad/rad）	CPU 时间
FDM	0.002 5[124] 1×10^{-7} 1×10^{-8}	14 925.16 15 125.940 483 943 5 15 141.051 283 376 2	0.522 128 7 0.529 407 916 9 0.529 936 794 9	1
FDM－GSE	0.002 5[124] 1×10^{-7} 1×10^{-8}	14 928.12 14 931.414 450 012 8 14 932.906 796 063 6	0.522 484 1 0.522 599 505 8 0.522 651 737 8	0.77
ADM－GSE	1×10^{-4} 1×10^{-7} 1×10^{-8}	14 931.413 654 698 1 14 931.413 654 698 1 14 931.413 654 698 1	0.522 599 477 9 0.522 599 477 9 0.522 599 477 9	0.86
CVM－GSE	1×10^{-4} 1×10^{-7} 1×10^{-8}	14 931.413 654 847 4 14 931.413 654 698 1 14 931.413 654 698 1	0.522 599 474 8 0.522 599 477 9 0.522 599 477 9	0.90

由表 3.4 可知，FDM 计算精度受步长影响较大，在实际应用中需反复试算，选择最佳步长，这一点无论是在时间还是精度上都是无法接受的。采用了 GSE 方法的 FDM－GSE、ADM－GSE 和 CVM－GSE 在计算精度和计算效率上都较

FDM 高。其中,ADM-GSE 的计算精度与步长选择无关,可以达到机器精度,由于前向模式需要存储中间变量和对中间变量进行计算,因此在计算效率上不及 FDM-GSE[101];由于存在截断误差,CVM-GSE 的计算精度与步长的选择有关,当步长小于 10^{-7} 时,CVM-GSE 的一阶灵敏度分析可维持相当高的精度,由于需要进行复数运算,计算效率不及 FDM-GSE 和 ADM-GSE[107];而 FDM-GSE 虽然有最高的计算效率,但是计算精度仍然受步长影响较大,在实际工程应用中不可避免地存在最佳步长确定、截断误差和舍入误差等问题,当处理较为复杂的问题时,其计算效率上的优势可能会被这些问题所淹没。

此外,该算例只是一个说明性的简化耦合系统问题,忽略了很多因素,而在工程实践中,随着问题的复杂程度增加和须考虑因素的增加,问题的组织复杂程度和计算复杂程度也随之增加,如何有效地减少系统分析次数就成了降低计算复杂程度的重要手段。从这点来考虑,ADM-GSE 和 CVM-GSE 更适合处理复杂问题,在求解一阶灵敏度信息时,只要步长足够小(小于 10^{-7}),CVM-GSE 就可以提供精度很高的灵敏度信息,且在存储需求上较为固定;ADM-GSE 虽然可以提供机器精度的灵敏度信息,但因为计算中涉及中间变量的设置和计算,因此存储需求较 CVM-GSE 大很多[106]。基于以上原因,CVM-GSE 比 ADM-GSE 更适合计算一阶灵敏度信息。

3.5　广义灵敏度分析软件包

目前,国内对连续变量学科灵敏度分析方法 ADM 和 CVM 在飞行器 MDO 中的应用研究还不多见;尽管对神经网络学习算法的改进研究者众多,但是将其应用于飞行器 MDO 灵敏度分析的并不多;将 MODM 应用于飞行器 MDO 灵敏度分析的研究更是没有。如何在实际应用中合理使用各种学科灵敏度分析方法,以较低的代价获取所需的灵敏度信息是研制 GSASP 的出发点。由于在优化过程中经常用到的是函数一阶和二阶灵敏度信息,故下面仅对这两类灵敏度信息的获取方法进行分析说明。

原则上来说,本章研究的两种离散变量学科灵敏度分析方法都可以用于连续变量的灵敏度分析,但因为对于连续变量灵敏度分析方法有诸如 CVM、ADM 等多种高效高精度的方法,所以若无特别需要,一般不选用 MODM 和 MNNM 来计算连续变量的灵敏度,故本章将它们作为离散变量学科灵敏度分析方法提出。

通过对连续变量和离散变量学科灵敏度分析方法的研究,以及作者的实际应用经验[72,101,107],可以得出如下灵敏度分析方法的选用准则。

（1）获取连续变量的一阶灵敏度信息：若仅已知函数输入与输出的样本点信息时，选用 MNNM；否则选用 CVM。

显然，当仅已知样本点信息时，只有 MNNM 才可能计算出所需的灵敏度信息。当不仅仅已知样本点信息时选择 CVM 而不是 ADM 来进行灵敏度分析是因为：当步长足够小时，二者计算精度相当，但 CVM 较 ADM 更节约资源。

（2）获取连续变量的二阶灵敏度信息：若仅已知函数输入与输出的样本点信息时，选用 MNNM；否则选用 ADM。

选用 MNNM 的道理同前。而由前部分的研究可知，CVM 在求取二阶灵敏度信息时会遇到步长选取的问题，计算精度和计算效率均受限。

（3）获取离散变量的一阶灵敏度信息：若仅已知函数输入与输出的样本点信息时，选用 MNNM；否则选用 MODM。

选用 MNNM 的道理同前。当计算条件允许时，选用 MODM 可以较 FDM 减少函数计算次数。

（4）获取离散变量的二阶灵敏度信息：若仅已知函数输入与输出的样本点信息时，选用 MNNM；否则选用 FDM。

选用 MNNM 的道理同前。本书未对二阶灵敏度分析的 MODM 进行研究，故选用 FDM 来获取所需的灵敏度信息。

综上所述，广义灵敏度分析方法的选择准则如图 3.7 表示。

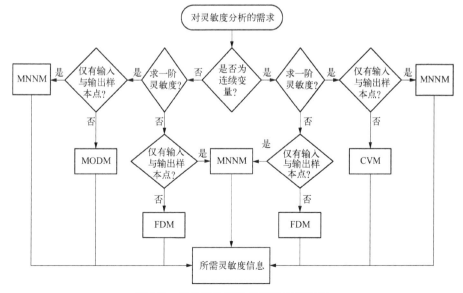

图 3.7　广义灵敏度分析方法选用准则

为了方便使用,按照广义灵敏度分析方法选用准则,研制了 GSASP。GSASP 提供一阶灵敏度信息和二阶灵敏度信息的计算,用户可根据需要选用适合的广义灵敏度分析方法来计算所需的灵敏度信息。具体步骤如下。

第一步:用户进入 GSASP 后,对所研究的问题进行界定,如图 3.8 所示。

图 3.8   GSASP 用户定义

第二步:GSASP 根据问题特征,依据灵敏度分析方法选用准则,推荐用户使用某种灵敏度分析方法,当然,用户也可根据需要自行选择所用方法,如图 3.9 所示。

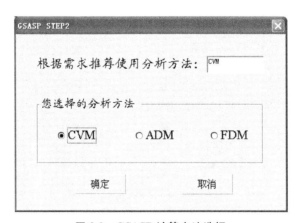

图 3.9   GSASP 计算方法选择

第三步：进入具体的灵敏度分析方法设置过程，如 CVM 设计变量、函数以及步长选择，如图 3.10 所示。

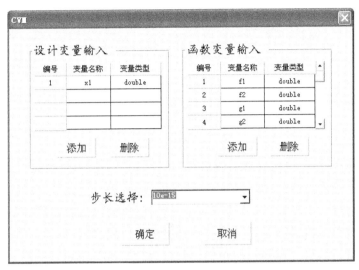

图 3.10　GSASP 之 CVM 参数设置

以上各步骤完成之后，GSASP 按照用户要求计算所需的灵敏度信息，并以用户自己定义的方式提交给用户。

3.6　本章小结

本章的主要工作及主要结论如下。

（1）定义了广义灵敏度的概念，系统研究了 MDO 中的广义灵敏度分析方法，即连续变量学科灵敏度分析方法和离散变量学科灵敏度分析方法，针对 ODM 和 NNM 这两种方法的不足，提出了各自的改进方法。

（2）系统研究了飞行器 MDO 中的 SSA 方法，结合 ADM 和 CVM 等方法对 GSE 进行了深入研究。研究结果表明，ADM‑GSE 和 CVM‑GSE 较常规方法 FDM‑GSE 在计算精度上有较大提高，当 FDM‑GSE 在计算过程中需多次试算以确定最佳步长时，ADM‑GSE 和 CVM‑GSE 的计算效率也较 FDM‑GSE 要高。

（3）根据 ADM、CVM、MODM、MNNM 和 FDM 各自的特点，确定了广义灵敏度分析方法选用准则，并根据选用准则的思想，研制了广义灵敏度分析软件包 GSASP。

第 4 章

面向飞行器多学科设计优化的近似策略

飞行器总体设计优化过程通常都是通过迭代求解来完成的,对于飞行器 MDO 问题,如固体战略弹道导弹 MDO 问题、高超声速飞行器 MDO 问题,其学科分析模型[274-276]具有高度非线性和变量之间高度耦合性等特点,精确求解的计算量相当大,计算复杂性是需要重点解决的问题之一。近似策略作为 MDO 中学科分析工具和优化过程之间的接口,在飞行器 MDO 中得到了广泛的应用和发展。近似策略主要指模型近似和函数近似两个方面[5],对于函数近似,Barthelemy 和 Haftka[139]依据近似函数所能模拟的设计空间的大小,将函数近似方法分为三类:局部近似策略、中范围近似策略和全局近似策略。局部近似策略仅在单个基点的邻域内有效,在优化过程中存在近似质量不是很高、近似范围小等缺点,但具有计算量小的优点。全局近似策略在整个设计空间区域内构造近似函数,在优化过程中使用具有近似精度高的优点,但是随着设计变量的增加其计算量也会大大增加。中范围近似策略在所定义的设计空间内构造近似函数,在优化过程中使用,其近似精度和计算量均介于局部近似和全局近似策略之间。Rasmussen 于 1990 年[153]和 1998 年[152]提出的累积近似策略属于全局近似策略范畴,累积近似策略结合了全局近似和中范围近似策略的优点,在二者的近似精度和计算量之间进行折中,以可接受的计算量来获取可接受的近似精度。研究表明[152,277],在不加深太多计算复杂性的前提下,累积近似策略在近似精度上还有较大的提升空间。从这一思想出发,对于飞行器 MDO 中普遍存在的多变量函数,考虑到被近似函数的非线性特性和变量之间的耦合问题,构造出高质量近似函数是本章的研究重点。Kriging 模型也叫空间相关模型,具有无偏估计、优秀的非线性近似能力等优点,广泛应用于工程实践中。此外,Kriging 模型还可以对待测点的预测误差进行可靠的估计,可是当采样点存在误差时,普通Kriging 模型的近似能力明显下降。修改 Kriging 模型中的协方差系数矩阵可以获得更好的近似效果,降低误差的影响。

本章首先在现有中范围近似策略研究基础上,针对被近似函数本身的不同特点,介绍两种中范围近似函数的构造过程,同时结合广义灵敏度分析方法,对上述两种近似策略进行改进;接着使用其中一种中范围近似函数作为累积近似函数的基函数,构造出一种新的累积近似策略;然后通过典型数值算例将以上所研究的三种近似策略与局部近似策略和全局近似策略进行比较;最后将该累积近似策略应用于超燃冲压发动机尾喷管建模过程中。本章最后推导出采样值存在测量误差时的 N-Kriging 模型,给出相应的预估方差表达式。

4.1　累积近似策略

4.1.1　中范围近似函数的构造

Barthelemy 和 Haftka 指出[139],一个特定的响应 $f(\boldsymbol{X})$ 可通过中间变量(或中间变量向量) $\boldsymbol{X}_I$ 和中间函数(或中间函数向量) $\boldsymbol{f}_I$ 表示为

$$f(\boldsymbol{X}) = f\{\boldsymbol{f}_I[\boldsymbol{X}_I(\boldsymbol{X})]\} \tag{4.1}$$

如果存在解析表达式:

$$f = f(\boldsymbol{f}_I), \ \boldsymbol{f}_I = \boldsymbol{f}_I(\boldsymbol{X}_I), \ \boldsymbol{X}_I = \boldsymbol{X}_I(\boldsymbol{X}) \tag{4.2}$$

而且存在精度很高的近似表达式:

$$\tilde{f}(\boldsymbol{f}_I) = f(\boldsymbol{f}_I), \ \tilde{\boldsymbol{f}}_I(\boldsymbol{X}_I) = \boldsymbol{f}_I(\boldsymbol{X}_I), \ \tilde{\boldsymbol{X}}_I(\boldsymbol{X}) = \boldsymbol{X}_I(\boldsymbol{X}) \tag{4.3}$$

则有如下形式的三个嵌套的近似关系表达式[5]:

$$f(\boldsymbol{X}) = \tilde{f}(\boldsymbol{X}) = \tilde{f}\{\tilde{\boldsymbol{f}}_I[\tilde{\boldsymbol{X}}_I(\boldsymbol{X})]\} \tag{4.4}$$

下面简述一元函数 $f(x)$ 的近似函数 $\tilde{f}(x)$ 构造策略(多元函数类似), $f(x)$ 在 x_0 处的泰勒展开为

$$f(x) = f(x_0) + f'(x_0)(x - x_0) + \sum_{i=2}^{\infty} \frac{f^{(i)}(x_0)}{i!}(x - x_0)^i \tag{4.5}$$

取 $f_I(x) = y$ 为中间函数,则近似函数 $\tilde{f}(y) = \tilde{f}(f_I(x))$ 在 x_0 处的泰勒展开为

$$\tilde{f}(y) = \tilde{f}(y_0) + \tilde{f}'(y_0)(y - y_0) + \sum_{i=2}^{\infty} \frac{\tilde{f}^{(i)}(y_0)}{i!}(y - y_0)^i \tag{4.6}$$

令 $f(x) = \tilde{f}(y)$，有

$$f'(x) = \tilde{f}'(y) f_I'(x) \tag{4.7}$$

$$\tilde{f}^{(i)}(y) = \frac{f^{(i)}(x) f_I'(x) - f'(x) f_I^{(i)}(x)}{(f_I'(x))^{2i-1}} \quad i = 2, \cdots, \infty \tag{4.8}$$

则由 $f(x) = \tilde{f}(y)$，将式(4.7)和式(4.8)代入式(4.6)可得

$$
\begin{aligned}
f(x) = f(x_0) &+ \frac{f'(x_0)}{f_I'(x_0)} [f_I(x) - f_I(x_0)] \\
&+ \sum_{i=2}^{\infty} \left\{ \frac{f^{(i)}(x) f_I'(x) - f'(x) f_I^{(i)}(x)}{i! \ (f_I'(x))^{2i-1}} \bigg|_{x=x_0} [f_I(x) - f_I(x_0)]^i \right\}
\end{aligned} \tag{4.9}
$$

令

$$\sum_{i=2}^{\infty} \left[\frac{f^{(i)}(x) f_I'(x) - f'(x) f_I^{(i)}(x)}{i! \ (f_I'(x))^{2i-1}} \bigg|_{x=x_0} [f_I(x) - f_I(x_0)]^i \right] = 0 \tag{4.10}$$

将式(4.10)作为本节近似函数的构造策略，则有

$$f(x) = f(x_0) + \frac{f'(x_0)}{f_I'(x_0)} [f_I(x) - f_I(x_0)] \tag{4.11}$$

针对不同的问题，可选取不同的中间变量和中间函数 $f_I(x)$。在了解目标函数和约束函数特征的基础上所建立的近似函数近似精度会更高[146]。飞行器 MDO 问题通常是复杂非线性的，不同的目标函数/约束乃至同一目标函数/约束在不同的设计点处其非线性的程度也不同，对于多元函数的近似还需要考虑变量之间的耦合问题[146]。飞行器 MDO 问题中所需近似的问题大致可分为 3 类：设计变量可分离、设计变量之间存在弱耦合以及设计变量之间存在强耦合。本节介绍两个针对前两类问题的目标函数和约束函数所建立的中等范围近似函数，并用广义灵敏度分析方法对其进行改进。

1. 设计变量可分离的目标/约束函数

对于这种类型的函数，使用变量具有可分离特征的近似策略去逼近，一般来说效果较好[146]。本书选用不完全三点信息的近似(incomplete three-point approximation, ITPA)策略[146]来近似。不完全三点信息是指一点的函数值信息和三点的一阶灵敏度信息。即已知 $\boldsymbol{X}^{(0)}$、$f(\boldsymbol{X}^{(0)})$、$\nabla f(\boldsymbol{X}^{(0)})$，$\boldsymbol{X}^{(1)}$、$\nabla f(\boldsymbol{X}^{(1)})$ 和 $\boldsymbol{X}^{(2)}$、$\nabla f(\boldsymbol{X}^{(2)})$，其中

$$(\boldsymbol{X}^{(j)})^{\mathrm{T}} = (x_1^{(j)}, \cdots, x_n^{(j)})$$

$$\nabla f(\boldsymbol{X}^{(j)}) = \left[\frac{\partial f(\boldsymbol{X}^{(j)})}{\partial x_1}, \cdots, \frac{\partial f(\boldsymbol{X}^{(j)})}{\partial x_n}\right] \quad j = 0, 1, 2 \tag{4.12}$$

中间函数取为

$$f_l(x_i) = a_i x_i + \frac{b_i}{x_i} + (x_i)^2 \quad i = 1, \cdots, n \tag{4.13}$$

其中, n 为设计变量数目。将近似函数 $\tilde{f}(\boldsymbol{X})$ 在 $\boldsymbol{X}^{(0)}$ 处展开,有

$$\tilde{f}(\boldsymbol{X}) = f(\boldsymbol{X}^{(0)}) + \sum_{i=1}^{n} \left\{ \frac{(x_i^{(0)})^2 \dfrac{\partial f(\boldsymbol{X}^{(0)})}{\partial x_i}}{(x_i^{(0)})^2 a_i - b_i + 2(x_i^{(0)})^3} \right.$$

$$\left. \left[a_i(x_i - x_i^{(0)}) + b_i\left(\frac{1}{x_i} - \frac{1}{x_i^{(0)}}\right) + (x_i)^2 - (x_i^{(0)})^2 \right] \right\} \tag{4.14}$$

式(4.14)即为 ITPA 策略。对式(4.14)求一阶灵敏度,有

$$\frac{\partial \tilde{f}(\boldsymbol{X})}{\partial x_i} = \frac{(x_i^{(0)})^2 \dfrac{\partial f(\boldsymbol{X}^{(0)})}{\partial x_i}}{(x_i^{(0)})^2 a_i - b_i + 2(x_i^{(0)})^3} \left[a_i - \frac{b_i}{(x_i)^2} + 2x_i \right] \quad i = 1, \cdots, n \tag{4.15}$$

将已知的 $\boldsymbol{X}^{(0)}$, $\nabla f(\boldsymbol{X}^{(0)})$、$\boldsymbol{X}^{(1)}$, $\nabla f(\boldsymbol{X}^{(1)})$ 和 $\boldsymbol{X}^{(2)}$, $\nabla f(\boldsymbol{X}^{(2)})$ 代入式 (4.15),整理可得

$$\left[\frac{\partial f(\boldsymbol{X}^{(1)})}{\partial x_i} - \frac{\partial f(\boldsymbol{X}^{(0)})}{\partial x_i}\right] a_i + \left[\frac{\dfrac{\partial f(\boldsymbol{X}^{(0)})}{\partial x_i}}{(x_i^{(1)})^2} - \frac{\dfrac{\partial f(\boldsymbol{X}^{(1)})}{\partial x_i}}{(x_i^{(0)})^2}\right] b_i \tag{4.16}$$

$$= 2\left[x_i^{(1)} \frac{\partial f(\boldsymbol{X}^{(0)})}{\partial x_i} - x_i^{(0)} \frac{\partial f(\boldsymbol{X}^{(1)})}{\partial x_i}\right] \quad i = 1, \cdots, n$$

$$\left[\frac{\partial f(\boldsymbol{X}^{(2)})}{\partial x_i} - \frac{\partial f(\boldsymbol{X}^{(0)})}{\partial x_i}\right] a_i + \left[\frac{\dfrac{\partial f(\boldsymbol{X}^{(0)})}{\partial x_i}}{(x_i^{(2)})^2} - \frac{\dfrac{\partial f(\boldsymbol{X}^{(2)})}{\partial x_i}}{(x_i^{(0)})^2}\right] b_i \tag{4.17}$$

$$= 2\left[x_i^{(2)} \frac{\partial f(\boldsymbol{X}^{(0)})}{\partial x_i} - x_i^{(0)} \frac{\partial f(\boldsymbol{X}^{(2)})}{\partial x_i}\right] \quad i = 1, \cdots, n$$

联立求解式(4.16)和式(4.17),可得

$$
\binom{a_i}{b_i} = 2 \left[\begin{array}{cc} \dfrac{\partial f(\boldsymbol{X}^{(1)})}{\partial x_i} - \dfrac{\partial f(\boldsymbol{X}^{(0)})}{\partial x_i} & \dfrac{\dfrac{\partial f(\boldsymbol{X}^{(0)})}{\partial x_i}}{(x_i^{(1)})^2} - \dfrac{\dfrac{\partial f(\boldsymbol{X}^{(1)})}{\partial x_i}}{(x_i^{(0)})^2} \\[4mm] \dfrac{\partial f(\boldsymbol{X}^{(2)})}{\partial x_i} - \dfrac{\partial f(\boldsymbol{X}^{(0)})}{\partial x_i} & \dfrac{\dfrac{\partial f(\boldsymbol{X}^{(0)})}{\partial x_i}}{(x_i^{(2)})^2} - \dfrac{\dfrac{\partial f(\boldsymbol{X}^{(2)})}{\partial x_i}}{(x_i^{(0)})^2} \end{array} \right]^{-1} \cdot
$$

$$
\left[\begin{array}{c} x_i^{(1)} \dfrac{\partial f(\boldsymbol{X}^{(0)})}{\partial x_i} - x_i^{(0)} \dfrac{\partial f(\boldsymbol{X}^{(1)})}{\partial x_i} \\[4mm] x_i^{(2)} \dfrac{\partial f(\boldsymbol{X}^{(0)})}{\partial x_i} - x_i^{(0)} \dfrac{\partial f(\boldsymbol{X}^{(2)})}{\partial x_i} \end{array} \right] \quad i = 1, \cdots, n \tag{4.18}
$$

将式(4.18)分别代入式(4.14)和式(4.15),容易证明:

$$
\tilde{f}(\boldsymbol{X}^{(0)}) = f(\boldsymbol{X}^{(0)}), \qquad \nabla \tilde{f}(\boldsymbol{X}^{(0)}) = \nabla f(\boldsymbol{X}^{(0)})
$$
$$
\nabla \tilde{f}(\boldsymbol{X}^{(1)}) = \nabla f(\boldsymbol{X}^{(1)}), \qquad \nabla \tilde{f}(\boldsymbol{X}^{(2)}) = \nabla f(\boldsymbol{X}^{(2)}) \tag{4.19}
$$

数值试验结果表明[146],ITPA 策略对设计变量可分离类型的问题具有较高的近似精度。

在 ITPA 策略的实际应用过程中,式(4.14)中的一阶灵敏度信息通常用效率和精度都较低的 FDM 来求取,为提高计算效率和计算精度,本书采用 GSASP 中的 CVM 来获取所需的一阶灵敏度信息。称使用 CVM 来计算式(4.14)中的一阶灵敏度信息的 ITPA 策略为改进的 ITPA(modified ITPA,MITPA)策略。

对于 MITPA 策略来说,每计算 1 个已知点处的目标函数值和一阶灵敏度值只需计算 1 次目标函数;而对于 ITPA 策略来说,每计算 1 个已知点处的目标函数值和一阶灵敏度值至少需计算 2 次目标函数,当所选择的步长不合适时,目标函数的计算次数还将增加。表 4.1 给出了分别使用 ITPA 策略和 MITPA 策略进行函数近似时系统分析次数的比较,其中,N_f 表示系统分析次数,n 为设计变量数目。

表 4.1　函数近似时 ITPA 策略和 MITPA 策略的系统分析次数比较

近 似 策 略	N_f
ITPA 策略	$\geqslant 6n$
MITPA 策略	$3n$

可见,与 ITPA 策略相比,MITPA 策略可有效减少系统分析次数,降低计算的复杂度。

2. 设计变量弱耦合的目标/约束函数

对于这类函数,采用变量具有可分离和耦合特征的近似策略去逼近,一般来说近似效果较好[146]。本书选用完全两点信息的近似(two-point approximation,TPA)策略[146]。即已知 $\boldsymbol{X}^{(0)}$, $f(\boldsymbol{X}^{(0)})$, $\nabla f(\boldsymbol{X}^{(0)})$ 和 $\boldsymbol{X}^{(1)}$, $f(\boldsymbol{X}^{(1)})$, $\nabla f(\boldsymbol{X}^{(1)})$ 信息,其中

$$
(\boldsymbol{X}^{(j)})^{\mathrm{T}} = (x_1^{(j)}, \cdots, x_n^{(j)})
$$

$$
\nabla f(\boldsymbol{X}^{(j)}) = \left[\frac{\partial f(\boldsymbol{X}^{(j)})}{\partial x_1}, \cdots, \frac{\partial f(\boldsymbol{X}^{(j)})}{\partial x_n} \right] \quad j = 0, 1
\tag{4.20}
$$

中间函数在 ITPA 策略的中间函数基础上,增加了考虑设计变量之间耦合的所有设计变量的乘积项,即

$$
f_l(x_i) = a_i\left(x_i + \frac{1}{x_i}\right) + (x_i)^2 + b_i\prod_{j=1}^{n} x_j \quad i = 1, \cdots, n
\tag{4.21}
$$

其中,n 为设计变量数目。将近似函数 $\tilde{f}(\boldsymbol{X})$ 在 $\boldsymbol{X}^{(0)}$ 处展开,有

$$
\tilde{f}(\boldsymbol{X}) = f(\boldsymbol{X}^{(0)}) + \sum_{i=1}^{n} \left(\frac{\dfrac{\partial f(\boldsymbol{X}^{(0)})}{\partial x_i}}{a_i\left[1 - \dfrac{1}{(x_i^{(0)})^2}\right] + 2x_i^{(0)} + b_i\prod_{\substack{j=1\\j\neq i}}^{n} x_j^{(0)}} \right.
$$

$$
\left\{ a_i\left[(x_i - x_i^{(0)}) + \left(\frac{1}{x_i} - \frac{1}{x_i^{(0)}}\right)\right] + (x_i)^2 \right.
$$

$$
\left. \left. - (x_i^{(0)})^2 + b_i\left(\prod_{j=1}^{n} x_j - \prod_{j=1}^{n} x_j^{(0)}\right) \right\} \right)
\tag{4.22}
$$

式(4.22)即为 TPA 策略。对式(4.22)求一阶灵敏度,有

$$
\frac{\partial \tilde{f}(\boldsymbol{X})}{\partial x_i} = \frac{\partial f(\boldsymbol{X}^{(0)})}{\partial x_i} \frac{a_i\left[1 - \dfrac{1}{(x_i)^2}\right] + 2x_i + b_i\prod_{\substack{j=1\\j\neq i}}^{n} x_j}{a_i\left[1 - \dfrac{1}{(x_i^{(0)})^2}\right] + 2x_i^{(0)} + b_i\prod_{\substack{j=1\\j\neq i}}^{n} x_j^{(0)}} \quad i = 1, \cdots, n
$$

$$
\tag{4.23}
$$

将已知的 $\boldsymbol{X}^{(1)}$，$\nabla f(\boldsymbol{X}^{(1)})$ 代入式(4.23)，整理可得

$$a_i = \frac{b_i\left[\dfrac{\partial f(\boldsymbol{X}^{(0)})}{\partial x_i}\displaystyle\prod_{\substack{j=1\\j\neq i}}^{n} x_j^{(1)} - \dfrac{\partial f(\boldsymbol{X}^{(1)})}{\partial x_i}\displaystyle\prod_{\substack{j=1\\j\neq i}}^{n} x_j^{(0)}\right] + 2\left[\dfrac{\partial f(\boldsymbol{X}^{(0)})}{\partial x_i}x_i^{(1)} - \dfrac{\partial f(\boldsymbol{X}^{(1)})}{\partial x_i}x_i^{(0)}\right]}{\dfrac{\partial f(\boldsymbol{X}^{(1)})}{\partial x_i}\left[1 - \dfrac{1}{(x_i^{(0)})^2}\right] - \dfrac{\partial f(\boldsymbol{X}^{(0)})}{\partial x_i}\left[1 - \dfrac{1}{(x_i^{(1)})^2}\right]}$$

$$i = 1, \cdots, n$$

$$(4.24)$$

再将已知的 $\boldsymbol{X}^{(1)}$，$f(\boldsymbol{X}^{(1)})$ 和式(4.24)代入式(4.22)，可得

$$f(\boldsymbol{X}^{(1)}) = f(\boldsymbol{X}^{(0)}) + \sum_{i=1}^{n} \frac{\partial f(\boldsymbol{X}^{(0)})}{\partial x_i}, \frac{\dfrac{c_i^{(4)}}{c_i^{(3)}}(c_i^{(1)}b_i + c_i^{(2)}) + c_i^{(5)}b_i + c_i^{(6)}}{\dfrac{c_i^{(8)}}{c_i^{(3)}}(c_i^{(1)}b_i + c_i^{(2)}) + b_i\displaystyle\prod_{j=1,j\neq i}^{n} x_j^{(0)} + 2x_i^{(0)}}$$

$$i = 1, \cdots, n$$

$$(4.25)$$

其中，

$$c_i^{(1)} = \frac{\partial f(\boldsymbol{X}^{(0)})}{\partial x_i}\prod_{j=1,j\neq i}^{n} x_j^{(1)} - \frac{\partial f(\boldsymbol{X}^{(1)})}{\partial x_i}\prod_{j=1,j\neq i}^{n} x_j^{(0)} \quad i = 1, \cdots, n \quad (4.26)$$

$$c_i^{(2)} = 2\left[\frac{\partial f(\boldsymbol{X}^{(0)})}{\partial x_i}x_i^{(1)} - \frac{\partial f(\boldsymbol{X}^{(1)})}{\partial x_i}x_i^{(0)}\right] \quad i = 1, \cdots, n \quad (4.27)$$

$$c_i^{(3)} = \frac{\partial f(\boldsymbol{X}^{(1)})}{\partial x_i}\left[1 - \frac{1}{(x_i^{(0)})^2}\right] - \frac{\partial f(\boldsymbol{X}^{(0)})}{\partial x_i}\left[1 - \frac{1}{(x_i^{(1)})^2}\right] \quad i = 1, \cdots, n$$

$$(4.28)$$

$$c_i^{(4)} = (x_i^{(1)} - x_i^{(0)}) + \left(\frac{1}{x_i^{(1)}} - \frac{1}{x_i^{(0)}}\right) \quad i = 1, \cdots, n \quad (4.29)$$

$$c_i^{(5)} = \prod_{j=1}^{n} x_j^{(1)} - \prod_{j=1}^{n} x_j^{(0)} \quad i = 1, \cdots, n \quad (4.30)$$

$$c_i^{(6)} = (x_i^{(1)})^2 - (x_i^{(0)})^2 \quad i = 1, \cdots, n \quad (4.31)$$

$$c^{(7)} = \frac{f(\boldsymbol{X}^{(1)}) - f(\boldsymbol{X}^{(0)})}{\nabla\|f(\boldsymbol{X}^{(0)})\|_1} \quad (4.32)$$

$$c_i^{(8)} = 1 - \frac{1}{(x_i^{(0)})^2}, \; i = 1, \cdots, n \tag{4.33}$$

假定函数值的改变量与各设计变量的偏导数成正比,则式(4.25)可写为

$$\left| \frac{\partial f(\boldsymbol{X}^{(0)})}{\partial x_i} \right| c^{(7)} = \frac{\partial f(\boldsymbol{X}^{(0)})}{\partial x_i} \cdot \frac{\dfrac{c_i^{(4)}}{c_i^{(3)}}(c_i^{(1)} b_i + c_i^{(2)}) + c_i^{(5)} b_i + c_i^{(6)}}{\dfrac{c_i^{(8)}}{c_i^{(3)}}(c_i^{(1)} b_i + c_i^{(2)}) + b_i \displaystyle\prod_{j=1, j\neq i}^{n} x_j^{(0)} + 2x_i^{(0)}}$$

$$i = 1, \cdots, n \tag{4.34}$$

求解式(4.34),可得

$$b_i = \begin{cases} \dfrac{\dfrac{c^{(7)} c_i^{(8)} - c_i^{(4)}}{c_i^{(3)}} c_i^{(2)} + 2x_i^{(0)} c^{(7)} - c_i^{(6)}}{\dfrac{c_i^{(4)} - c^{(7)} c_i^{(8)}}{c_i^{(3)}} c_i^{(1)} + c_i^{(5)} - c^{(7)} \displaystyle\prod_{j=1, j\neq i}^{n} x_j^{(0)}}, & \dfrac{\partial f(\boldsymbol{X}^{(0)})}{\partial x_i} > 0 \\[3em] -\dfrac{\dfrac{c^{(7)} c_i^{(8)} + c_i^{(4)}}{c_i^{(3)}} c_i^{(2)} + 2x_i^{(0)} c^{(7)} + c_i^{(6)}}{\dfrac{c_i^{(4)} + c^{(7)} c_i^{(8)}}{c_i^{(3)}} c_i^{(1)} + c_i^{(5)} + c^{(7)} \displaystyle\prod_{j=1, j\neq i}^{n} x_j^{(0)}}, & \dfrac{\partial f(\boldsymbol{X}^{(0)})}{\partial x_i} < 0 \end{cases} \tag{4.35}$$

$$i = 1, \cdots, n$$

将式(4.24)和式(4.35)代入式(4.22)和式(4.23),容易证明

$$\begin{aligned} \tilde{f}(\boldsymbol{X}^{(0)}) = f(\boldsymbol{X}^{(0)}), &\qquad \nabla \tilde{f}(\boldsymbol{X}^{(0)}) = \nabla f(\boldsymbol{X}^{(0)}) \\ \tilde{f}(\boldsymbol{X}^{(1)}) \approx f(\boldsymbol{X}^{(1)}), &\qquad \nabla \tilde{f}(\boldsymbol{X}^{(1)}) = \nabla f(\boldsymbol{X}^{(1)}) \end{aligned} \tag{4.36}$$

数值试验结果表明[146],TPA 策略对设计变量具有弱耦合类型的函数具有较高的近似精度。

在 TPA 策略的实际应用过程中,式(4.22)中的一阶灵敏度信息通常也是由效率和精度都较低的 FDM 求得,为提高计算效率和计算精度,同样采用 GSASP 中的 CVM 来获取所需的一阶灵敏度信息。称使用 CVM 来计算式(4.22)中的一阶灵敏度信息的 TPA 策略为改进的 TPA(modified TPA,MTPA)策略。

与 ITPA 策略和 MITPA 策略类似,TPA 策略和 MTPA 策略在进行函数近似

时系统分析次数的比较可由表 4.2 给出,其中,N_f 表示系统分析次数;n 为设计变量数目。

表 4.2 函数近似时 TPA 策略和 MTPA 策略的系统分析次数比较

近 似 策 略	N_f
TPA 策略	$\geqslant 4n$
MTPA 策略	$2n$

可见,与 TPA 策略相比,MTPA 策略可有效减少系统分析次数,降低计算的复杂度。

4.1.2 累积近似函数的构造

对于设计变量之间存在强耦合的问题,目前还没有很好的近似解决方案[278]。Rasmussen 累积近似策略[152,153]是一种结合了中范围近似策略的全局近似策略,它充分利用被近似函数的信息,将泰勒展开与所构造的插值基函数组合,来建立高精度的近似函数。该函数的近似精度不仅与已知点的个数有关,还与已知点所在的位置有关,距离越远的点对函数的影响越小,越近的点影响就越大,也被称为是一种"动态自适应近似函数"[5]。在多元函数的近似过程中,变量之间的强耦合对近似函数的构造质量影响较大[146],利用 Rasmussen 累积近似策略的"动态自适应"特点,采用多个已知点的函数值和一阶灵敏度信息来逼近多元函数,可以在一定程度上反映变量之间的强耦合特征。

对于被近似函数 $f(\boldsymbol{X})$,Rasmussen 累积近似函数 $\tilde{f}_k(\boldsymbol{X})$ 为[152]

$$\tilde{f}_k(\boldsymbol{X}) = \frac{\sum_{p=1}^{k} \left[\phi_p(\boldsymbol{X}) L_p(\boldsymbol{X}) \right]}{\sum_{p=1}^{k} \phi_p(\boldsymbol{X})} \tag{4.37}$$

其中,k 为已知点数目;$L_p(\boldsymbol{X})$ 为基函数;$\phi_p(\boldsymbol{X})$ 为影响函数。

基函数 $L_p(\boldsymbol{X})$ 为各已知点邻域内的近似信息,一般取各已知点的单点近似,如已知点的一阶泰勒展开[152,175][式(4.38)]或二阶泰勒展开[165,176][式(4.39)]:

$$L_p(\boldsymbol{X}) = f(\boldsymbol{X}^{(p)}) + \nabla f(\boldsymbol{X}^{(p)}) \Delta \boldsymbol{X} \tag{4.38}$$

$$L_p(\boldsymbol{X}) = f(\boldsymbol{X}^{(p)}) + \nabla f(\boldsymbol{X}^{(p)}) \Delta \boldsymbol{X} + \frac{1}{2} \Delta \boldsymbol{X}^{\mathrm{T}} H(\boldsymbol{X}^{(p)}) \Delta \boldsymbol{X} \tag{4.39}$$

影响函数 $\phi_p(\boldsymbol{X})$ 表示第 p 个已知点对设计空间中其他各点的影响大小,与第 p 个已知点距离越近的点影响越大,距离越远的点影响越小。点 $\boldsymbol{X}^{(p)}$ 的影响函数为

$$\phi_p(\boldsymbol{X}) = \exp\left\{ - \frac{\left[\mathrm{d}_p(\boldsymbol{X}) \right]^2}{s_p} \right\} \tag{4.40}$$

$$\mathrm{d}_p(\boldsymbol{X}) = \parallel \boldsymbol{X} - \boldsymbol{X}^{(p)} \parallel^2 = \sum_{i=1}^{n} (x_i - x_i^{(p)})^2 \tag{4.41}$$

$$s_p = \begin{cases} \alpha \parallel \boldsymbol{X}^{(k)} - \boldsymbol{X}^{(p)} \parallel^2 = \alpha \mathrm{d}_p(\boldsymbol{X}^{(k)}) & p = 1, \cdots, k-1 \\ \alpha \mathrm{d}_{k-1}(\boldsymbol{X}^{(k)}) & p = k \end{cases} \tag{4.42}$$

其中, n 为设计变量数目; α 为调节参数,取 $0.005 \leqslant \alpha \leqslant 0.1$。

不同的基函数和影响函数可以构成不同的累积近似策略。为了充分利用已知点的信息,采用 MTPA 策略作为基函数,仍然采用式(4.40)为影响函数,构造基于 MTPA 的累积近似(MTPA based cumulative approximation,MTPACA)策略。

设有 k 个已知点,每个已知点均是 n 维向量,使用 MTPACA 策略构造点 $\boldsymbol{X}^{(k+1)}$ 处近似函数的具体步骤为:

步骤 1:计算所有已知点的函数值和一阶灵敏度值;

步骤 2:计算点 $\boldsymbol{X}^{(k+1)}$ 与所有已知点的欧氏距离,记最短距离对应的已知点为点 k,次短距离对应的已知点记为点 $(k-1)$,依此类推,最长距离对应的已知点记为点 1;

步骤 3:按式(4.37)构造 $f(\boldsymbol{X})$ 的近似函数 $\tilde{f}_k(\boldsymbol{X})$。

采用 MTPA 策略作为基函数 $L_p(\boldsymbol{X})$,即

$$
\begin{aligned}
L_p(\boldsymbol{X}) = f(\boldsymbol{X}^{(p)}) + \sum_{i=1}^{n} \Bigg(& \frac{\dfrac{\partial f(\boldsymbol{X}^{(p)})}{\partial x_i}}{a_i\left[1 - \dfrac{1}{(x_i^{(p)})^2} \right] + 2x_i^{(p)} + b_i \displaystyle\prod_{\substack{j=1 \\ j \neq i}}^{n} x_j^{(p)}} \cdot \\
& \left\{ a_i\left[(x_i - x_i^{(p)}) + \left(\frac{1}{x_i} - \frac{1}{x_i^{(p)}} \right) \right] \right. \\
& \left. + (x_i)^2 - (x_i^{(p)})^2 + b_i\left(\prod_{j=1}^{n} x_j - \prod_{j=1}^{n} x_j^{(p)} \right) \right\} \Bigg)
\end{aligned} \tag{4.43}
$$

其中，

$$a_i = \cfrac{b_i\left[\cfrac{\partial f(\boldsymbol{X}^{(p)})}{\partial x_i}\prod\limits_{\substack{j=1\\j\neq i}}^{n}x_j^{(p-1)} - \cfrac{\partial f(\boldsymbol{X}^{(p-1)})}{\partial x_i}\prod\limits_{\substack{j=1\\j\neq i}}^{n}x_j^{(p)}\right] + 2\left[\cfrac{\partial f(\boldsymbol{X}^{(p)})}{\partial x_i}x_i^{(p-1)} - \cfrac{\partial f(\boldsymbol{X}^{(p-1)})}{\partial x_i}x_i^{(p)}\right]}{\cfrac{\partial f(\boldsymbol{X}^{(p-1)})}{\partial x_i}\left[1 - \cfrac{1}{(x_i^{(p)})^2}\right] - \cfrac{\partial f(\boldsymbol{X}^{(p)})}{\partial x_i}\left[1 - \cfrac{1}{(x^{k-1})^2}\right]}$$
$$i = 1, \cdots, n \tag{4.44}$$

同样在假定函数值的改变量与各设计变量的偏导数成正比的情况下，有

$$b_i = \begin{cases} \cfrac{\cfrac{c^{(7)}c_i^{(8)} - c_i^{(4)}}{c_i^{(3)}}c_i^{(2)} + 2x_i^{(p)}c^{(7)} - c_i^{(6)}}{\cfrac{c_i^{(4)} - c^{(7)}c_i^{(8)}}{c_i^{(3)}}c_i^{(1)} + c_i^{(5)} - c^{(7)}\prod\limits_{j=1, j\neq i}^{n}x_j^{(p)}}, & \cfrac{\partial f(\boldsymbol{X}^{(p)})}{\partial x_i} > 0 \\[4em] -\cfrac{\cfrac{c^{(7)}c_i^{(8)} + c_i^{(4)}}{c_i^{(3)}}c_i^{(2)} + 2x_i^{(p)}c^{(7)} + c_i^{(6)}}{\cfrac{c_i^{(4)} + c^{(7)}c_i^{(8)}}{c_i^{(3)}}c_i^{(1)} + c_i^{(5)} + c^{(7)}\prod\limits_{j=1, j\neq i}^{n}x_j^{(p)}}, & \cfrac{\partial f(\boldsymbol{X}^{(p)})}{\partial x_i} < 0 \end{cases}$$
$$i = 1, \cdots, n$$
$$\tag{4.45}$$

$$c_i^{(1)} = \frac{\partial f(\boldsymbol{X}^{(p)})}{\partial x_i}\prod_{j=1, j\neq i}^{n}x_j^{(p-1)} - \frac{\partial f(\boldsymbol{X}^{(p-1)})}{\partial x_i}\prod_{j=1, j\neq i}^{n}x_j^{(p)} \quad i = 1, \cdots, n$$
$$\tag{4.46}$$

$$c_i^{(2)} = 2\left[\frac{\partial f(\boldsymbol{X}^{(p)})}{\partial x_i}x_i^{(p-1)} - \frac{\partial f(\boldsymbol{X}^{(p-1)})}{\partial x_i}x_i^{(p)}\right] \quad i = 1, \cdots, n \tag{4.47}$$

$$c_i^{(3)} = \frac{\partial f(\boldsymbol{X}^{(p-1)})}{\partial x_i}\left[1 - \frac{1}{(x_i^{(p)})^2}\right] - \frac{\partial f(\boldsymbol{X}^{(p)})}{\partial x_i}\left[1 - \frac{1}{(x_i^{(p-1)})^2}\right] \quad i = 1, \cdots, n$$
$$\tag{4.48}$$

$$c_i^{(4)} = (x_i - x_i^{(p)}) + \left(\frac{1}{x_i} - \frac{1}{x_i^{(p)}}\right) \quad i = 1, \cdots, n \tag{4.49}$$

$$c_i^{(5)} = \prod_{j=1}^{n}x_j^{(p-1)} - \prod_{j=1}^{n}x_j^{(p)} \quad i = 1, \cdots, n \tag{4.50}$$

$$c_i^{(6)} = (x_i^{(p-1)})^2 - (x_i^{(p)})^2 \quad i = 1, \cdots, n \tag{4.51}$$

$$c^{(7)} = \frac{f(\boldsymbol{X}^{(k-1)}) - f(\boldsymbol{X}^{(k)})}{\nabla \| f(\boldsymbol{X}^{(k)}) \|_1} \tag{4.52}$$

$$c_i^{(8)} = 1 - \frac{1}{(x_i^{(p)})^2} \quad i = 1, \cdots, n \tag{4.53}$$

影响函数的计算参见式(4.40)。与以式(4.38)和式(4.39)这样的局部近似策略作为基函数相比,MTPACA 策略在近似时以中范围近似策略 MTPA 策略作为基函数,考虑了变量之间的耦合影响,提高了近似精度。

4.1.3　MTPACA 策略的有效性验证

近似策略的近似精度和近似计算时间可以作为评价近似策略性能的指标。下面通过对三个经典解析函数[144-146,279,280]的近似,从近似精度和近似计算时间两方面来验证 MTPACA 策略的性能。所有验证算例中,测试点为

$$\boldsymbol{X} = \boldsymbol{X}^{(0)} + h\boldsymbol{D} \tag{4.54}$$

其中,$\boldsymbol{X}^{(0)}$ 为展开点;h 为步长;$\boldsymbol{D}$ 为方向向量,即观察函数沿某方向的变化情况,这里定义四个方向向量

$$\begin{aligned}
\boldsymbol{D}_1 &= (1, 1, 1, 1, \cdots)^{\mathrm{T}} \\
\boldsymbol{D}_2 &= (-1, 1, -1, 1, \cdots)^{\mathrm{T}} \\
\boldsymbol{D}_3 &= (1, 0, 1, 0, \cdots)^{\mathrm{T}} \\
\boldsymbol{D}_4 &= (0, 1, 0, 1, \cdots)^{\mathrm{T}}
\end{aligned} \tag{4.55}$$

近似的相对误差定义为

$$\varepsilon = \frac{f(\boldsymbol{X}) - \tilde{f}(\boldsymbol{X})}{f(\boldsymbol{X})} \times 100\% \tag{4.56}$$

其中,$f(\boldsymbol{X})$ 为原函数;$\tilde{f}(\boldsymbol{X})$ 为近似函数。

为了与局部近似策略和全局近似策略进行比较,选择了局部近似策略的倒变量近似(reciprocal approximation,RA)策略以及全局近似策略的二次多项式响应面近似(quadratic polynomial response surface approximation,QPRSA)[137,142,281-283]策略来与 MTPACA 策略进行比较,同时参与比较的近似策略还有 MITPA 策略、MTPA 策略和以式(4.39)为基函数的 Rasmussen 累积近似策略即二阶基函数累积近似

（quadratic basis function based cumulative approximation, QBFCA）策略。其中，QBFCA 策略和 MTPACA 策略中的调节因子 α 均取为 0.05;CVM 的步长取为 10^{-15}。

1. 验证算例 1

被近似函数为

$$f(\boldsymbol{X}) = \frac{10}{x_1} + \frac{30}{x_1^3} + \frac{15}{x_2} + \frac{2}{x_2^3} + \frac{25}{x_3} + \frac{108}{x_3^3} + \frac{40}{x_4} + \frac{47}{x_4^3} - 1.0 \quad (4.57)$$

$\boldsymbol{X}^{(0)} = (1, 1, 1, 1)^{\mathrm{T}}$、$\boldsymbol{X}^{(1)} = (1.2, 1.2, 1.2, 1.2)^{\mathrm{T}}$ 和 $\boldsymbol{X}^{(2)} = (0.5, 0.5, 0.5, 0.5)^{\mathrm{T}}$ 为已知点。

使用 MITPA 策略，按式（4.18）计算所得的参数为

$$a = (-5.0503, -5.4582, -5.0565, -5.1126)$$
$$b = (-3.3788, -4.4703, -3.3956, -3.5457)$$

使用 MTPA 策略，按式（4.24）和式（4.35）计算所得的参数为

$$a = (-3.8382, -3.2790, -4.2380, -3.9960)$$
$$b = (-0.1799, -0.0343, -0.0180, -0.0073)$$

使用 MTPACA 策略，按式（4.44）和式（4.45）计算所得的参数为

$$a = (-2.4297, -2.5541, -2.6962, -3.7357)$$
$$b = (-0.0873, -0.0094, -0.0476, -0.0036)$$

RA 策略、QPRSA 策略、MITPA 策略、MTPA 策略、QBFCA 策略和 MTPACA 策略六种近似策略对式（4.57）近似时沿四个方向的相对误差分别如图 4.1～图 4.4 所示。

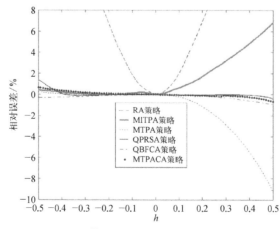

图 4.1　算例 1 沿 D_1 方向的相对误差

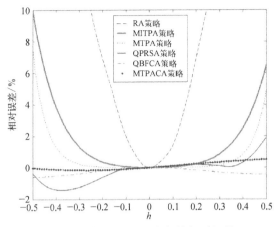

图 4.2　算例 1 沿 D_2 方向的相对误差

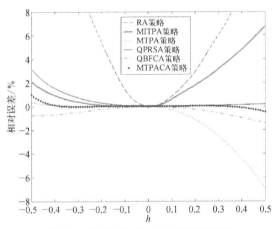

图 4.3　算例 1 沿 D_3 方向的相对误差

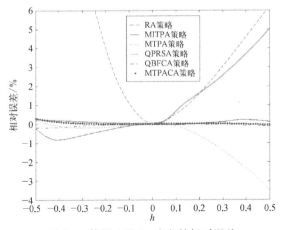

图 4.4　算例 1 沿 D_4 方向的相对误差

　　由图 4.1~图 4.4 可知:沿 $\boldsymbol{D}_1$ 方向,除 RA 策略外,其余近似策略的近似精度均在±7%以内,其中,QPRSA 策略、QBFCA 策略和 MTPACA 策略的近似精度较高。沿 $\boldsymbol{D}_2$ 方向,除 RA 策略外,其余近似策略的近似精度均在±10%以内,其中,QPRSA 策略、QBFCA 策略和 MTPACA 策略的近似精度较高。沿 $\boldsymbol{D}_3$ 方向,除 RA 策略外,其余近似策略的近似精度均在±7%以内,其中,QPRSA 策略、QBFCA 策略和 MTPACA 策略的近似精度较高。沿 $\boldsymbol{D}_4$ 方向,除 RA 策略外,其余近似策略的近似精度均在±5%以内,其中,QPRSA 策略、QBFCA 策略和 MTPACA 策略的近似精度较高。整体看来,对于变量可分离特征的函数,采用 RA 策略得到的近似结果不可靠;QPRSA 策略、MITPA 策略、MTPA 策略、QBFCA 策略和 MTPACA 策略具有较高精度,它们在解析函数沿四个方向上的近似误差都非常小,近似精度最高的是 MTPACA 策略。

　　对式(4.57)近似时,各种近似策略进行计算所花费的 CPU 时间如表 4.3 所示。

表 4.3　验证算例 1 中六种近似策略的 CPU 时间对比

近似策略	RA 策略	QPRSA 策略	MITPA 策略	MTPA 策略	QBFCA 策略	MTPACA 策略
CPU 时间/s	0.05	0.29	0.11	0.09	0.17	0.16

　　由表 4.3 可得如下结论:RA 策略进行计算花费的 CPU 时间最短;QPRSA 策略进行计算花费的 CPU 时间最长;由于 QBFCA 策略需要计算海塞矩阵,故用 QBFCA 策略进行计算所花费的 CPU 时间较 MTPACA 策略更长;由于少算了一个点的灵敏度信息,故 MTPA 策略较 MITPA 策略进行计算所花费的 CPU 时间更短。

　　2. 验证算例 2

　　被近似函数为

$$
\begin{aligned}
f(\boldsymbol{X}) = {} & 180x_1 + 20x_2 - 3.1x_3 + 0.2x_4 - 5x_1x_2 + 37x_1x_3 + 8.7x_2x_4 \\
& - 3x_3x_4 - 0.1x_1^2x_2 + 0.001x_2^2x_3 + 95x_1x_4^2 - 81x_4x_3^2 \\
& + x_1^3 - 6.2x_2^3 + 0.48x_3^3 + 22x_4^3 - 1.0
\end{aligned} \tag{4.58}
$$

$\boldsymbol{X}^{(0)} = (1, 1, 1, 1)^{\mathrm{T}}$、$\boldsymbol{X}^{(1)} = (1.1, 1.1, 1.1, 1.1)^{\mathrm{T}}$ 和 $\boldsymbol{X}^{(2)} = (0.8, 0.8, 0.8, 0.8)^{\mathrm{T}}$ 为已知点。

　　使用 MITPA 策略,按式(4.18)计算所得的参数为

$$
a = (-0.582\,2, -2.849\,3, -2.053\,9, -1.895\,2)
$$
$$
b = (-0.545\,4, -0.651\,3, -0.654\,7, -0.600\,2)
$$

使用 MTPA 策略,按式(4.24)和式(4.35)计算所得的参数为

$$a = (-0.221\,8,\ -12.546\,6,\ 0.489\,6,\ 1.634\,2)$$

$$b = (-0.023\,0,\ 0.126\,3,\ 0.118\,7,\ -0.004\,7)$$

使用 MTPACA 策略,按式(4.44)和式(4.45)计算所得的参数为

$$a = (-0.056\,3,\ -7.673\,2,\ 3.884\,3,\ 2.141\,9)$$

$$b = (0.041\,3,\ -0.948\,2,\ 0.635\,0,\ 0.067\,5)$$

RA 策略、QPRSA 策略、MITPA 策略、MTPA 策略、QBFCA 策略和 MTPACA 策略六种近似策略对式(4.58)近似时沿四个方向的相对误差分别如图 4.5~图 4.8 所示。

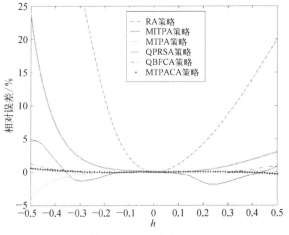

图 4.5　算例 2 沿 D_1 方向的相对误差

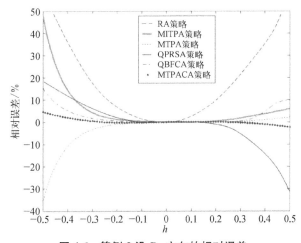

图 4.6　算例 2 沿 D_2 方向的相对误差

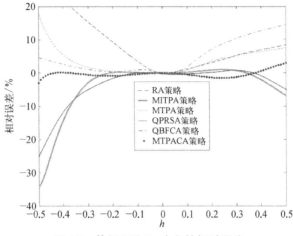

图 4.7　算例 2 沿 D_3 方向的相对误差

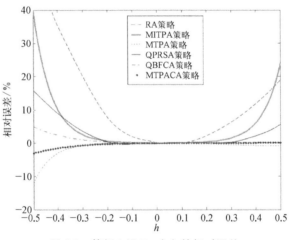

图 4.8　算例 2 沿 D_4 方向的相对误差

　　由图 4.5~图 4.8 可知：沿 D_1 方向，MTPACA 策略的近似精度最高，几乎无误差；其次是 QBFCA 策略，误差也非常小；MTPA 策略的近似精度也较高；RA 策略的近似精度最低。沿 D_2、D_3 和 D_4 方向，情况与沿 D_1 方向类似。整体看来，对于变量具有弱耦合特征的函数，采用 RA 策略和 MITPA 策略得到的近似结果不可靠；QBFCA 策略和 MTPACA 策略具有较高精度，它们在解析函数沿四个方向上的近似误差都非常小，近似精度最高的是 MTPACA 策略。

　　对式（4.58）近似时各种近似策略进行计算所花费的 CPU 时间如表 4.4 所示。

表 4.4 验证算例 2 中六种近似策略的 CPU 时间对比

近似策略	RA 策略	QPRSA 策略	MITPA 策略	MTPA 策略	QBFCA 策略	MTPACA 策略
CPU 时间/s	0.06	0.42	0.13	0.12	0.22	0.18

由表 4.4 可得如下结论: RA 策略花费的 CPU 时间最短; QPRSA 策略花费的 CPU 时间最长; QBFCA 策略花费的 CPU 时间较 MTPACA 策略长; MTPA 策略较 MITPA 策略花费的 CPU 时间短。由于验证算例 2 的函数存在弱耦合特征, 各种近似策略的 CPU 时间都较算例 1 中相应近似策略花费的 CPU 时间长。

3. 验证算例 3

被近似函数为

$$
\begin{aligned}
f(\boldsymbol{X}) = {} & 10x_1 x_2^{-1} x_4^2 x_6^{-3} x_7^{0.125} + 15x_1^{-1} x_2^{-2} x_3 x_4 x_5^{-1} x_7^{-0.5} \\
& + 20x_1^{-2} x_2 x_4^{-1} x_5^{-2} x_6 + 25x_1^2 x_2^2 x_3^{-1} x_5^{0.5} x_6^{-2} x_7
\end{aligned}
\tag{4.59}
$$

$\boldsymbol{X}^{(0)} = (1, \cdots, 1)^{\mathrm{T}}$、$\boldsymbol{X}^{(1)} = (1.1, \cdots, 1.1)^{\mathrm{T}}$ 和 $\boldsymbol{X}^{(2)} = (0.8, \cdots, 0.8)^{\mathrm{T}}$ 为已知点。

使用 MITPA 策略, 按式 (4.18) 计算所得的参数为

$a = (-6.0208, 0.0656, -9.9162, -4.2734, -5.1123, -14.2169, 19.7602)$

$b = (-3.9855, 1.2474, -7.3392, -1.7037, -3.3474, -8.4667, 16.2925)$

使用 MTPA 策略, 按式 (4.24) 和式 (4.35) 计算所得的参数为

$a = (38.0518, 4.3457, 7.3699, -1.0962, -6.6360, 0.0651, 3.2434)$

$b = (-0.6246, -0.1072, 0.0374, -0.0188, 0.0038, 0.0031, -0.0028)$

使用 MTPACA 策略, 按式 (4.44) 和式 (4.45) 计算所得的参数为

$a = (42.5711, 12.4529, 3.4691, -0.9704, -5.1493, 2.3562, 3.9466)$

$b = (-0.5046, -0.0943, 0.4112, -0.2497, -0.9438, 4.1812, 1.2444)$

RA 策略、QPRSA 策略、MITPA 策略、MTPA 策略、QBFCA 策略和 MTPACA 策略六种近似策略对式 (4.59) 近似时沿四个方向的相对误差如图 4.9~图 4.12 所示。

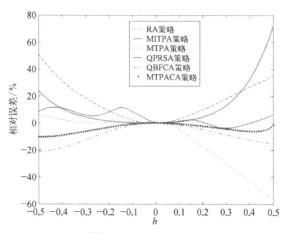

图 4.9　算例 3 沿 D_1 方向的相对误差

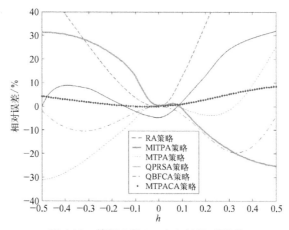

图 4.10　算例 3 沿 D_2 方向的相对误差

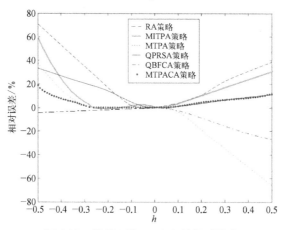

图 4.11　算例 3 沿 D_3 方向的相对误差

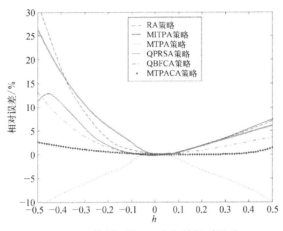

图 4.12　算例 3 沿 D_4 方向的相对误差

由图 4.9~图 4.12 可知：沿 D_1 方向，MTPACA 策略的近似精度最高；其次是 QBFCA 策略和 QPRSA 策略；RA 策略、MITPA 策略和 MTPA 策略的近似精度较低。沿 D_2、D_3 和 D_4 方向，情况与沿 D_1 方向类似。整体看来，对于变量具有强耦合特征的函数，近似精度最高的是 MTPACA 策略，其次是 QBFCA 策略和 QPRSA 策略，采用 RA 策略、MITPA 策略和 MTPA 策略所得的近似结果不可靠。

对式（4.59）近似时各种近似策略进行计算所花费的 CPU 时间如表 4.5 所示。

表 4.5　验证算例 3 中六种近似策略的 CPU 时间对比

近似策略	RA 策略	QPRSA 策略	MITPA 策略	MTPA 策略	QBFCA 策略	MTPACA 策略
CPU 时间/s	0.08	0.56	0.18	0.15	0.43	0.25

由表 4.5 可得如下结论：RA 策略的 CPU 时间最短；QPRSA 策略的 CPU 时间最长；QBFCA 策略的 CPU 时间较 MTPACA 策略长；MTPA 策略较 MITPA 策略的 CPU 时间短。由于验证算例 3 的函数存在强耦合特征，各种近似策略的 CPU 时间都较验证算例 1 和验证算例 2 中相应近似策略的 CPU 时间长。

从三个验证算例的结果分析可以综合得到六种近似策略的性能对比如表 4.6 所示（表中各种近似策略都直接以缩写表示，省略了"策略"二字）。

表 4.6　六种近似策略的性能对比表

验证算例 1		验证算例 2		验证算例 3	
近似精度	CPU 时间	近似精度	CPU 时间	近似精度	CPU 时间
MTPACA	RA	MTPACA	RA	MTPACA	RA
QBFCA	MTPA	QBFCA	MTPA	QBFCA	MTPA
QPRSA	MITPA	MTPA	MITPA	QPRSA	MITPA
MTPA	MTPACA	QPRSA	MTPACA	MTPA	MTPACA
MITPA	QBFCA	MITPA	QBFCA	MITPA	QBFCA
RA	QPRSA	RA	QPRSA	RA	QPRSA

（表格左侧：最好 ↓ 最坏）

由表 4.6 可知：MTPACA 策略、QBFCA 策略和 QPRSA 策略是三种性能较优的近似策略，其中，MTPACA 策略的性能最优。

4.1.4　MTPACA 策略在超燃冲压发动机尾喷管建模中的应用

超燃冲压发动机是吸气式高超声速飞行器理想的动力装置。超燃冲压发动机流道的设计优化是发动机总体设计的一个重要内容，也是高超声速飞行器总体设计的一个主要内容。超燃冲压发动机流道主要由前体/进气道、燃烧室、后体/尾喷管等组成。流道的设计优化因素众多、分析模型复杂[275,276]，直接对整个流道进行高精度优化不现实。为了平衡计算精度和计算成本，可采用一种基于近似模型的两级递进优化策略[276]来实现对超燃冲压发动机流道的全局近似优化。在流道的全局近似优化中，需建立尾喷管的近似模型[276]，下面采用 MTPACA 策略来构造尾喷管的近似模型。

二维尾喷管的几何构型如图 4.13 所示，几何参数包括喷管长度 L_n、入口高度 H_{n1}、出口高度 H_{n2}、初始扩张角 θ_{n1}、出口扩张角 θ_{n2}、外罩长度 $L_{n\text{-cowl}}$、外罩厚度 $T_{n\text{-cowl}}$、燃烧室出口上壁面倾角 $\theta_{c\text{-}s4}$、尾喷管首尾连线倾角 θ_{nc}、外罩倾角 $\theta_{n\text{-cowl}}$。为了考虑尾喷管在不同来流条件下的流场性能，对其建立的近似模型还需考虑来流条件。以尾喷管入口气流参数（质量流量、温度和速度），以及尾喷管几何参数等共 10 个为输入变量，以尾喷管段升力和推力为输出响应。

尾喷管采用二维黏性 CFD 方法计算。流场控制方程采用雷诺平均的 N-S 方程，离散方法为有限体积法。对黏性项采用二阶中间差分，对无黏项的离散采用二阶精度的基于 Roe 平均的 OC-TVD 格式求解，湍流模型为 Baldwin-Lomax 代数模型。计算网格采用结构化网格，并在近壁面和流道转折处加密[275]。

采用拉丁超立方采样法构造 125 个样本点（已知点），通过高精度分析获得

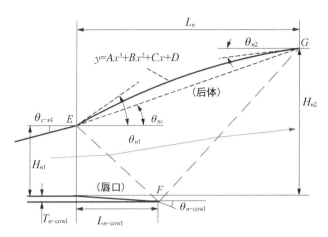

图 4.13　二维尾喷管的几何构型图

样本数据,并利用 MTPACA 策略构造尾喷管近似模型。考察尾喷管近似模型计算数据对样本数据的近似精度,可得尾喷管段推力和升力的相对误差,尾喷管段推力和升力的近似函数模型相对误差分别见图 4.14 和图 4.15。

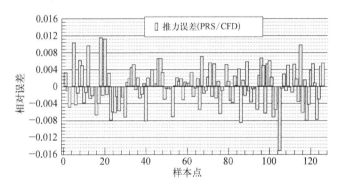

图 4.14　尾喷管段推力的近似函数模型相对误差

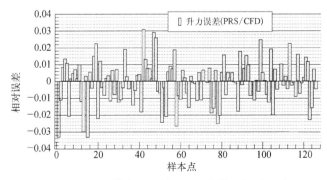

图 4.15　尾喷管段升力的近似函数模型相对误差

由图 4.14 和图 4.15 可知,采用 MTPACA 策略构造的尾喷管近似模型计算出的相对误差在 4% 以内,满足工程设计的要求,说明 MTPACA 策略有较高的近似精度。

4.2 一种新的有噪声时 Kriging 模型预估方差表达式

4.2.1 Kriging 模型的噪声

采样噪声是指对同一点进行重复采样获得的采样值不同,出现小幅波动。文献[284]指出在计算机仿真过程中,特别是计算流体力学和计算结构力学的程序中,进行数值模拟时经常出现噪声,使仿真得到的曲线并不光滑,包含随机离散性。当采样值没有噪声时,Kriging 模型可以给出精确的近似函数,同时进行准确的误差估计。Kriging 模型是插值模型,对噪声非常敏感,当采样点存在噪声时,近似能力下降明显[285]。当采样点离得很近时,Kriging 模型完全失效,无法显示实际的函数分布[286]。

为了弥补 Kriging 模型在有噪声采样下近似能力的不足,文献[287]采用重复采样来减小样本点噪声,通过改变采样次数来改变采样精度,最终获得满足精度要求的模型。由于真实函数值不一定等于采样点的采样值,文献[286]根据经验修改了半变差函数并给出了确定模型参数的方法,减弱了函数的波动,使函数更加平滑,但是未能给出估计点的预估方差表达式。文献[288]将地质统计学中的"金块效应"引入 Kriging 模型,同时指出"金块效应"是由微尺度的变化和测量误差引起的,并在半变差函数中加入"金块效应"的对应项。

假设各采样点处采样噪声的方差相同,为了消除"金块效应",在协方差矩阵中添加一个对角线矩阵[288,289]。即

$$\boldsymbol{R}_1 = \boldsymbol{R} + \lambda \boldsymbol{I}, \quad \lambda = \frac{\tau^2}{\sigma_z^2} \tag{4.60}$$

其中,τ^2 为采样噪声方差;σ_z^2 为过程方差;$\boldsymbol{I}$ 是单位矩阵;$\boldsymbol{r}$ 为相关系数。该 Kriging 模型在预估点 x_0 处的估计值相对有噪声采样值的误差方差为

$$\mathrm{MSE}_1 = \tau^2 + \sigma_z^2 \left\{ 1 - \left[\boldsymbol{r} + \boldsymbol{I} \frac{(1 - \boldsymbol{I}^{\mathrm{T}} \boldsymbol{R}_1^{-1} \boldsymbol{r})}{\boldsymbol{I}^{\mathrm{T}} \boldsymbol{R}_1^{-1} \boldsymbol{I}} \right]^{\mathrm{T}} \boldsymbol{R}_1^{-1} \boldsymbol{r} + \frac{1 - \boldsymbol{I}^{\mathrm{T}} \boldsymbol{R}_1^{-1} \boldsymbol{r}}{\boldsymbol{I}^{\mathrm{T}} \boldsymbol{R}_1^{-1} \boldsymbol{I}} \right\}$$

$$\tag{4.61}$$

文献[288]指出人们更关心的是无噪声的真实值而不是测量获得的有噪声的采样值,并指出 Kriging 模型在预估点 x_0 处的估计值相对于真实值的误差方差为

$$\text{MSE}_2 = \sigma_z^2 \left\{ 1 - \left[\boldsymbol{r} + \boldsymbol{I} \frac{(1 - \boldsymbol{I}^{\mathrm{T}} \boldsymbol{R}_1^{-1} \boldsymbol{r})}{\boldsymbol{I}^{\mathrm{T}} \boldsymbol{R}_1^{-1} \boldsymbol{I}} \right]^{\mathrm{T}} \boldsymbol{R}_1^{-1} \boldsymbol{r} + \frac{1 - \boldsymbol{I}^{\mathrm{T}} \boldsymbol{R}_1^{-1} \boldsymbol{r}}{\boldsymbol{I}^{\mathrm{T}} \boldsymbol{R}_1^{-1} \boldsymbol{I}} \right\} - \tau^2$$

$$(4.62)$$

当各采样点的噪声方差不同时,文献[289]提出修正"金块效应"的 Kriging 模型,将协方差矩阵修改如下:

$$\boldsymbol{R}_2 = \boldsymbol{R} + \frac{1}{\sigma_z^2} \boldsymbol{T}, \ \boldsymbol{T} = \text{diag}(\tau_1^2, \ \tau_2^2, \ \cdots, \ \tau_n^2) \tag{4.63}$$

其中 $\tau_1^2, \tau_2^2, \cdots, \tau_n^2$ 为各采样点的噪声方差;$\tau^2(x_0)$ 为 x_0 处的采样噪声方差。模型在预估点 x_0 处的估计值相对于有噪声采样值的误差方差为

$$\text{MSE}_1 = \sigma_z^2 \left\{ 1 - \left[\boldsymbol{r} + \boldsymbol{I} \frac{(1 - \boldsymbol{I}^{\mathrm{T}} \boldsymbol{R}_2^{-1} \boldsymbol{r})}{\boldsymbol{I}^{\mathrm{T}} \boldsymbol{R}_2^{-1} \boldsymbol{I}} \right]^{\mathrm{T}} \boldsymbol{R}_2^{-1} \boldsymbol{r} + \frac{1 - \boldsymbol{I}^{\mathrm{T}} \boldsymbol{R}_2^{-1} \boldsymbol{r}}{\boldsymbol{I}^{\mathrm{T}} \boldsymbol{R}_2^{-1} \boldsymbol{I}} \right\} + \tau^2(x_0)$$

$$(4.64)$$

Kriging 模型在预估点 x_0 处的估计值相对真实值的误差为

$$\text{MSE}_2 = \sigma_z^2 \left\{ 1 - \left[\boldsymbol{r} + \boldsymbol{I} \frac{(1 - \boldsymbol{I}^{\mathrm{T}} \boldsymbol{R}_2^{-1} \boldsymbol{r})}{\boldsymbol{I}^{\mathrm{T}} \boldsymbol{R}_2^{-1} \boldsymbol{I}} \right]^{\mathrm{T}} \boldsymbol{R}_2^{-1} \boldsymbol{r} + \frac{1 - \boldsymbol{I}^{\mathrm{T}} \boldsymbol{R}_2^{-1} \boldsymbol{r}}{\boldsymbol{I}^{\mathrm{T}} \boldsymbol{R}_2^{-1} \boldsymbol{I}} \right\} - \tau^2(x_0)$$

$$(4.65)$$

各点采样噪声相同是各点采样噪声不同的特殊情形,两者可以合并为同一类型,即式(4.63)~式(4.65)。式(4.63)~式(4.65)中协方差矩阵考虑到了模型的不确定性,将采样噪声加到模型协方差阵之中。为了与普通的 Kriging 模型进行区分,将这种 Kriging 模型称为 Noisy Kriging 模型,简称 N-Kriging 模型。当所有采样点的噪声均为 0 时,N-Kriging 模型与 Kriging 相同。

N-Kriging 模型估计值相对于无噪声真实值的误差比它相对于有噪声采样值的误差更重要,因为前者反映了 N-Kriging 模型的实际误差。尤其是在不确定性优化中,估计点的实际误差决定了优化结果的可靠性,需要对估计点的实际误差进行准确的计算。图 4.16 给出了两种估计误差的示意图。本节针对 N-Kriging 模型的实际误差进行研究,并将其简称为误差。文献[290]和文献

[291]给出了 Kriging 模型的推导过程,根据上述推导过程,本节推导出 N-Kriging 模型和相应的预估方差表达式,并与式(4.65)的结果进行对比。

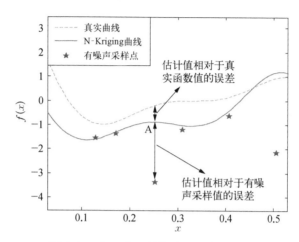

图 4.16   点 A 处两种估计误差的示意图

4.2.2   N-Kriging 模型预估方差分析

1. Kriging 模型基础

Kriging 模型是由南非地质学者 Danie Krige 于 1951 年提出的一种估计方差最小的无偏估计模型[292]。文献[290],[291]首次将其引入计算机实验设计和分析之中,并给出了 Kriging 模型的推导过程。其基本思想是:将真实的未知函数表述为线性回归函数 $\boldsymbol{f}^{\mathrm{T}}(x)\boldsymbol{\beta}$ 和多元正态分布函数 $Z(x)$ 两部分,如下式所示:

$$y(x) = \boldsymbol{f}^{\mathrm{T}}(x)\boldsymbol{\beta} + Z(x) \tag{4.66}$$

其中,$\boldsymbol{f}^{\mathrm{T}}(x)\boldsymbol{\beta}$ 是关于自变量 x 的回归函数,如表 4.7 所示。式(4.61)~式(4.65)中 $\boldsymbol{f}^{\mathrm{T}}(x)$ 为零阶回归函数,在本节的推导过程中,$\boldsymbol{f}^{\mathrm{T}}(x)$ 取高阶回归函数;$\boldsymbol{\beta}$ 为回归系数。

表 4.7   多项式回归函数

阶数	多项式函数行向量 $\boldsymbol{f}^{\mathrm{T}}(x)$	$\boldsymbol{\beta}$ 分量个数
零阶	$[1]$	1
一阶	$[1, x_1, x_2, \cdots x_n]$	$n+1$
二阶	$[1, x_1, x_2, \cdots x_n, x_1^2, x_1 x_2, \cdots x_1 x_n, x_2^2, x_2 x_3, \cdots x_2 x_n, \cdots x_n^2]$	$(n+1)(n+2)/2$

$Z(x)$ 是均值为 0、参数协方差阵为 $\sigma_z^2 [R(x^i, x^j)]$ 的随机函数，$R(x^i, x^j)$ 是表示点 x^i 和 x^j 之间的相关系数。一般情况下，

$$R(x^i, x^j) = \exp\left[\prod_{k=1}^{d} -\theta_k (x_x^i - x_k^j)^2\right], \ 1 \leqslant i, j \leqslant n \tag{4.67}$$

其中，$\boldsymbol{\theta}$ 为模型参数，用来调整方差系数；θ_k 为 $\boldsymbol{\theta}$ 的第 k 个分量；d 为采样点的维度；n 代表采样点的个数；第 i 个采样点的第 k 个设计变量值为 x_k^i。$\boldsymbol{R}$ 是相关系数矩阵，记为

$$\boldsymbol{R} = \begin{bmatrix} R(x^1, x^1) & R(x^1, x^2) & \cdots & R(x^1, x^n) \\ R(x^2, x^1) & R(x^2, x^2) & \cdots & R(x^2, x^n) \\ \vdots & \vdots & & \vdots \\ R(x^n, x^1) & R(x^n, x^2) & \cdots & R(x^n, x^n) \end{bmatrix} \tag{4.68}$$

记 $r^T(x)$ 是未知向量 x 和样本数据 $\{x^1, \cdots, x^n\}$ 之间的相关行向量，即

$$r^T(x) = [R(x, x^1), R(x, x^2), \cdots, R(x, x^n)] \tag{4.69}$$

在文献 [290]，[291] 中，假设 $c^T Y$ 是对 $y(x)$ 的线性无偏估计。即

$$y(x) = c^T Y \tag{4.70}$$

$$f^T(x) = c^T F \tag{4.71}$$

其中，c^T 为无量纲系数行向量，Y 为采样值组成的列向量，F 为采样点组成的回归函数矩阵，即

$$F = [f(x^1), f(x^2), \cdots, f(x^n)]^T \tag{4.72}$$

根据最小二乘估计可得，最终函数预估值的表达式如下：

$$y(x) = f^T(x)\boldsymbol{\beta} + r^T R^{-1}(Y - F\boldsymbol{\beta}) \tag{4.73}$$

其中，$\boldsymbol{\beta}$ 为回归系数。预估误差方差为

$$\text{MSE}(x) = E[c^T Y - y(x)]^2 = \sigma_z^2 [1 - r^T(x) R^{-1} r(x) + u^T (F^T R^{-1} F)^{-1} u]$$

$$u = F^T R^{-1} r(x) - f(x)$$

$$\tag{4.74}$$

其中，随机函数方差的估计值 σ_z^2 由 $\boldsymbol{\beta}$ 和 Y 给出：

$$\sigma_z^2 = (Y - F\boldsymbol{\beta})^T R^{-1}(Y - F\boldsymbol{\beta})/n \tag{4.75}$$

2. N-Kriging 模型预估方差

当采样值存在测量误差时,假设各点采样噪声相互独立,设误差为 $\boldsymbol{\varepsilon}$,方差为 $\boldsymbol{T}$,误差均值为 0。各采样点处的采样误差表示如下:

$$\boldsymbol{E} = [\varepsilon_1, \varepsilon_2, \cdots, \varepsilon_n]^{\mathrm{T}} \tag{4.76}$$

$$\boldsymbol{T} = \mathrm{diag}(\tau_1^2, \tau_2^2, \cdots, \tau_n^2) \tag{4.77}$$

式(4.66)变成如下形式:

$$\boldsymbol{y}_\varepsilon(\boldsymbol{x}) = \boldsymbol{f}^{\mathrm{T}}(\boldsymbol{x})\boldsymbol{\beta} + \boldsymbol{z}(\boldsymbol{x}) + \boldsymbol{\varepsilon}(\boldsymbol{x}) \tag{4.78}$$

相对于无噪声函数值 $\boldsymbol{y}(\boldsymbol{x})$,其预估均方差(MSE)为

$$E[\boldsymbol{c}^{\mathrm{T}}\boldsymbol{Y} - \boldsymbol{y}(\boldsymbol{x})]^2 = E[\boldsymbol{c}^{\mathrm{T}}\boldsymbol{F}\boldsymbol{\beta} + \boldsymbol{c}^{\mathrm{T}}\boldsymbol{Z} + \boldsymbol{c}^{\mathrm{T}}\boldsymbol{E} - \boldsymbol{f}^{\mathrm{T}}(\boldsymbol{x})\boldsymbol{\beta} - \boldsymbol{z}(\boldsymbol{x})]^2 \tag{4.79}$$

在线性无偏估计的假设下,将式(4.71)代入式(4.79)得

$$
\begin{aligned}
E[\boldsymbol{c}^{\mathrm{T}}\boldsymbol{Y} - \boldsymbol{y}_\varepsilon(\boldsymbol{x})]^2 &= E[\boldsymbol{c}^{\mathrm{T}}\boldsymbol{Z} + \boldsymbol{c}^{\mathrm{T}}\boldsymbol{E} - \boldsymbol{z}(\boldsymbol{x}) - \boldsymbol{\varepsilon}(\boldsymbol{x})]^2 \\
&= \boldsymbol{c}^{\mathrm{T}}\boldsymbol{R}\boldsymbol{c}\sigma_z^2 - 2\boldsymbol{r}^{\mathrm{T}}(\boldsymbol{x})\boldsymbol{c}\sigma_z^2 + \sigma_z^2 + \boldsymbol{c}^{\mathrm{T}}\boldsymbol{T}\boldsymbol{c} \\
&= \boldsymbol{c}^{\mathrm{T}}\boldsymbol{R}_2\boldsymbol{c}\sigma_z^2 - 2\boldsymbol{r}^{\mathrm{T}}(\boldsymbol{x})\boldsymbol{c}\sigma_z^2 + \sigma_z^2
\end{aligned}
\tag{4.80}
$$

其中,$\boldsymbol{R}_2$ 与式(4.63)中的 $\boldsymbol{R}_2$ 一样。

将式(4.71)作为拉格朗日乘子写入式(4.80)并最小化 $E[\boldsymbol{c}^{\mathrm{T}}\boldsymbol{Y} - \boldsymbol{y}_\varepsilon(\boldsymbol{x})]^2$ 得

$$\boldsymbol{R}_2\boldsymbol{c} - \boldsymbol{r}(\boldsymbol{x}) - k\boldsymbol{F}\boldsymbol{\lambda} = 0, \quad k = \frac{1}{\sigma_z^2} \tag{4.81}$$

由式(4.71)和式(4.81)得

$$
\begin{bmatrix} \boldsymbol{0} & \boldsymbol{F}^{\mathrm{T}} \\ \boldsymbol{F} & \boldsymbol{R}_2 \end{bmatrix}
\begin{bmatrix} -k\boldsymbol{\lambda} \\ \boldsymbol{c} \end{bmatrix}
=
\begin{bmatrix} \boldsymbol{f}(\boldsymbol{x}) \\ \boldsymbol{r}(\boldsymbol{x}) \end{bmatrix}
\tag{4.82}
$$

将式(4.82)代入式(4.70)得

$$\hat{\boldsymbol{y}}(\boldsymbol{x}) = \boldsymbol{c}^{\mathrm{T}}\boldsymbol{Y} = [-k\boldsymbol{\lambda}^{\mathrm{T}} \quad \boldsymbol{c}^{\mathrm{T}}]\begin{bmatrix} \boldsymbol{0} \\ \boldsymbol{Y} \end{bmatrix} = [\boldsymbol{f}^{\mathrm{T}}(\boldsymbol{x}) \quad \boldsymbol{r}^{\mathrm{T}}(\boldsymbol{x})]\begin{bmatrix} \boldsymbol{0} & \boldsymbol{F}^{\mathrm{T}} \\ \boldsymbol{F} & \boldsymbol{R}_2 \end{bmatrix}^{-1}\begin{bmatrix} \boldsymbol{0} \\ \boldsymbol{Y} \end{bmatrix}$$

$$\tag{4.83}$$

$$\begin{bmatrix} \mathbf{0} & \mathbf{F}^{\mathrm{T}} \\ \mathbf{F} & \mathbf{R}_2 \end{bmatrix}^{-1} = \begin{bmatrix} -(\mathbf{F}^{\mathrm{T}}\mathbf{R}_2^{-1}\mathbf{F})^{-1} & (\mathbf{F}^{\mathrm{T}}\mathbf{R}_2^{-1}\mathbf{F})^{-1}\mathbf{F}^{\mathrm{T}}\mathbf{R}_2^{-1} \\ ((\mathbf{F}^{\mathrm{T}}\mathbf{R}_2^{-1}\mathbf{F})^{-1}\mathbf{F}^{\mathrm{T}}\mathbf{R}_2^{-1})^{\mathrm{T}} & \mathbf{R}_2^{-1} - \mathbf{R}_2^{-1}\mathbf{F}(\mathbf{F}^{\mathrm{T}}\mathbf{R}_2^{-1}\mathbf{F})^{-1}\mathbf{F}^{\mathrm{T}}\mathbf{R}_2^{-1} \end{bmatrix}$$

$$\tag{4.84}$$

计算后可得

$$\hat{\mathbf{y}}(\mathbf{x}) = \mathbf{f}^{\mathrm{T}}(\mathbf{x})\boldsymbol{\beta} + \mathbf{r}^{\mathrm{T}}(\mathbf{x})\mathbf{R}_2^{-1}(\mathbf{Y} - \mathbf{F}\boldsymbol{\beta}) \tag{4.85}$$

$$\boldsymbol{\beta} = (\mathbf{F}^{\mathrm{T}}\mathbf{R}_2^{-1}\mathbf{F})^{-1}\mathbf{F}^{\mathrm{T}}\mathbf{R}_2^{-1}\mathbf{Y} \tag{4.86}$$

$$\mathbf{c}^{\mathrm{T}} = \mathbf{f}^{\mathrm{T}}(\mathbf{x})(\mathbf{F}^{\mathrm{T}}\mathbf{R}_2^{-1}\mathbf{F})^{-1}\mathbf{F}^{\mathrm{T}}\mathbf{R}_2^{-1} + \mathbf{r}^{\mathrm{T}}(\mathbf{x})\mathbf{R}_2^{-1} - \mathbf{r}^{\mathrm{T}}(\mathbf{x})\mathbf{R}_2^{-1}\mathbf{F}(\mathbf{F}^{\mathrm{T}}\mathbf{R}_2^{-1}\mathbf{F})^{-1}\mathbf{F}^{\mathrm{T}}\mathbf{R}_2^{-1}$$

$$\tag{4.87}$$

随机函数方差的估计值 σ_{z1}^2 由 $\boldsymbol{\beta}$ 和 $\mathbf{Y}$ 给出：

$$\sigma_{z1}^2 = (\mathbf{Y} - \mathbf{F}\boldsymbol{\beta})^{\mathrm{T}}\mathbf{R}_2^{-1}(\mathbf{Y} - \mathbf{F}\boldsymbol{\beta})/n \tag{4.88}$$

将式(4.87)代入式(4.80)可得预估方差为

$$\mathrm{MSE}_3 = E[\mathbf{c}^{\mathrm{T}}\mathbf{Y} - y(\mathbf{x})]^2 = \sigma_{z1}^2[1 - \mathbf{r}^{\mathrm{T}}(\mathbf{x})\mathbf{R}_2^{-1}\mathbf{r}(\mathbf{x}) + \mathbf{u}^{\mathrm{T}}(\mathbf{F}^{\mathrm{T}}\mathbf{R}_2^{-1}\mathbf{F})^{-1}\mathbf{u}]$$

$$\mathbf{u} = \mathbf{F}^{\mathrm{T}}\mathbf{R}_2^{-1}\mathbf{r}(\mathbf{x}) - \mathbf{f}(\mathbf{x})$$

$$\tag{4.89}$$

将 MSE_2 和 MSE_3 对比可知：当采样值包含采样噪声时，两者对 N-Kriging 模型方差的估计值不同。

4.2.3　N-Kriging 模型预估方差测试

1. 误差计算方式

为了检验本节对 N-Kriging 模型预估方差的计算是否有效，本节采用 Bootstrap 方法[289]计算式(4.65)和式(4.89)的预估标准差，并与真实的误差标准差进行对比。为了确定每个采样点处的采样误差，Bootstrap 方法[289]在每一次建模中都通过重复采样计算采样点的方差和平均值，并作为采样点的噪声方差和采样值。

具体的测试步骤如下。

(1) 采用拉丁超立方采样法[293]在整个采样区间内选取 n 个采样点，当采样值存在采样误差时，对每个采样点进行 m 次重复采样，将第 i 个采样点的第 j 次采样，记为 y_i^j，则第 i 个采样点的采样均值为：

$$\bar{y}_i = \sum_{j=1}^{m} \frac{y_i^j}{m} \tag{4.90}$$

采样均值 $\bar{y}_i$ 的估计方差为:

$$\mathrm{var}(\bar{y}_i) = \frac{1}{m}\mathrm{var}(y_i) = \frac{1}{m}\sum_{j=1}^{m} \frac{(y_i^j - \bar{y}_i)^2}{m-1} \tag{4.91}$$

(2) 将步骤(1)中的结果作为样本,建立 N-Kriging 模型。在采样区间内选取 p 个均匀分布的预估点,计算每个预估点的预估值和预估方差。记第 k 个预估点 x_k 的预估值为 $\hat{y}(x_k)$,预估方差为 $\mathrm{MSE}(x_k)$。步骤(1)和步骤(2)即为一次 Bootstrap 试验。

(3) 重复 q 次 Bootstrap 试验,将预估点 x_k 在第 l 次试验的预估值记为 $\hat{y}_l(x_k)$,预估方差记为 $\mathrm{MSE}(x_k)^l$。

(4) 计算 q 个模型误差 $\Delta y_l(x_k)$ 平方的平均值作为 x_k 处误差的真实标准差。点 x_k 处第 l 次的误差为:

$$\Delta y_l(x_k) = \hat{y}_l(x_k) - y(x_k) \tag{4.92}$$

N-Kriging 模型在 x_i 处误差平方的平均值作为真实方差:

$$\mathrm{var}(x_k) = \sum_{l=1}^{q} \frac{\Delta y_l(x_k)^2}{q} \tag{4.93}$$

(5) 计算 q 个 $\mathrm{MSE}(x_k)^l$ 的平均值作为 x_k 处误差的预估方差:

$$\mathrm{MSE}_2(x_k) = \sum_{l=1}^{q} \frac{\mathrm{MSE}_2(x_k)^l}{q} \tag{4.94}$$

$$\mathrm{MSE}_3(x_k) = \sum_{l=1}^{q} \frac{\mathrm{MSE}_3(x_k)^l}{q} \tag{4.95}$$

2. N-Kriging 模型预估方差测试

进行交叉验证[293]时,若采样点不存在采样误差,由式(4.68)可知根据给定的 $\boldsymbol{\theta}$ 可以建立相应的协方差阵 $\boldsymbol{R}$,从而建立 Kriging 模型并计算模型预估值、预估方差和过程方差;当采样值存在采样误差时,由式(4.75)可知在建立协方差阵 $\boldsymbol{R}_2$ 时仅仅依赖给定的 $\boldsymbol{\theta}$ 是不够的,还需要事先确定过程方差 σ_z,这里的 σ_z 是指采样值没有误差时的过程方差,即式(4.75),但 σ_z 的确定又依赖于 $\boldsymbol{\theta}$。本节预先给定不同的 σ_z,并通过计算选择最优的 σ_z 进行建模仿真。

为了对本节提出的预估方差进行验证,本节采用测试函数对不同噪声水平下的采样结果进行测试,测试函数表达式如式(4.96)所示,其图像如图 4.17 所示。

$$f(x) = (6 - 2x)^2 \sin(12x - 4) + \varepsilon(x), \ 0 \leqslant x \leqslant 1 \tag{4.96}$$

假设测试函数的采样误差均为正态分布,任意两个采样点之间的采样误差相互独立。取 $n = 20$、$m = 16$、$p = 101$、$q = 100$,将采样噪声设置为不同水平,进行上述仿真试验。分别计算 RMSE$_2$ 和 RMSE$_3$,并与误差的真实标准差对比。

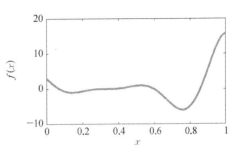

图 4.17　测试函数的图像

1) 各点采样噪声水平相同时的误差对比

将采样噪声 τ 设为 0.4、1 和 4,过程方差 σ_z 设为 30,分别进行上述仿真实验,仿真结果如图 4.18~图 4.20 所示。

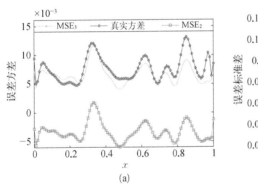
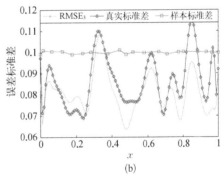

图 4.18　$\tau = 0.4$ 时的误差方差(a)和误差标准差(b)

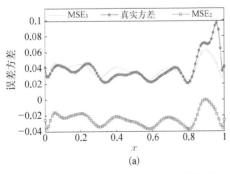
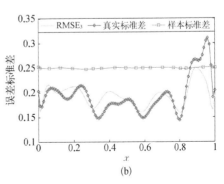

图 4.19　$\tau = 1$ 时的误差方差(a)和误差标准差(b)

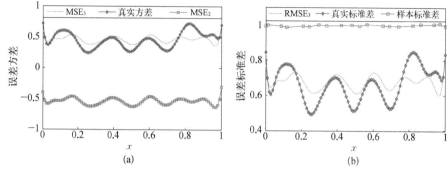

图 4.20 $\tau=4$ 时的误差方差(a)和误差标准差(b)

图 4.18~图 4.20 分别为 τ 取不同值时的误差方差和标准差对比图,其中 MSE_2 为负数,$RMSE_2$ 不是实数,无法绘制该曲线。样本标准差是指在一次建模中重复采样平均值的误差标准差,不是单次采样的误差标准差,采样次数越多,样本平均值的误差标准差就越小。当各点采样噪声水平相同时,根据本节推导获得的预估方差与真实的误差方差符合得很好。当 τ 的数值不同时,最优的过程方差相同。由表 4.8 可知:当采样点较多时,N-Kriging 模型的预估方差标准差与真实标准差很接近,并且都低于样本标准差,说明有 N-Kriging 模型可以降低误差水平。

表 4.8 各项误差在所有预估点的平均值

τ	样本标准差	MSE_2	MSE_3	真实方差	$RMSE_2$	$RMSE_3$	真实标准差
0.4	0.099 8	−0.003 3	0.006 6	0.007 5	—	0.081 0	0.086 4
1	0.248 7	−0.024 6	0.037 8	0.037 4	—	0.193 5	0.194 3
4	0.999 6	−0.540 2	0.458 2	0.004 4	—	0.676 9	0.666 2

2)各点采样噪声水平不同时的误差对比

将每个测试函数的采样区间平均分为 $[0, 0.5)$ 和 $[0.5, 1]$ 两部分,分别设为不同的误差水平,过程方差 σ_z 设为 30,在整个区间内采样建模,并将各项误差进行对比。各次测试的采样噪声如表 4.9 所示。

表 4.9 各次测试的采样噪声

区 间	$[0, 0.5)$	$[0.5, 1]$
	1	0.4
τ	4	0.4
	4	1

图 4.21~图 4.23 为三种不同采用噪声水平下的测试误差方差和标准差对比图,其中 MSE$_2$ 为负数,RMSE$_2$ 不是实数,无法绘制该曲线。图 4.21 中两个采样区间的采样噪声之比为 2.5,RMSE$_3$ 与真实标准差符合得很好;图 4.22 中采样噪

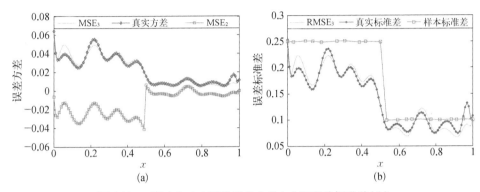

图 4.21 τ 取 1 和 0.4 时的误差方差(a)和误差标准差(b)

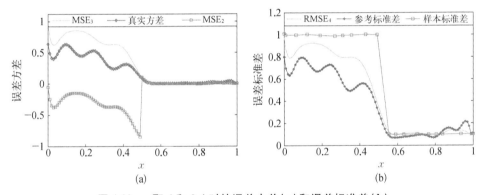

图 4.22 τ 取 4 和 0.4 时的误差方差(a)和误差标准差(b)

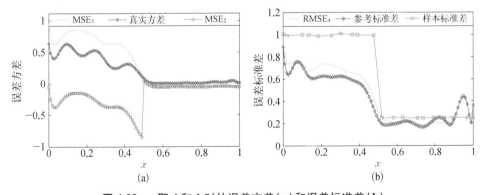

图 4.23 τ 取 4 和 1 时的误差方差(a)和误差标准差(b)

声之比为 10,在$[0,0.5)$中 RMSE$_3$ 大于真实标准差;图 4.23 中的采样噪声之比为 4,在$[0,0.5)$中 RMSE$_3$ 大于真实标准差,且差别小于图 4.22。由表 4.10 可知:过程方差相同时,采样噪声比越大,MSE$_3$ 与真实方差之间的差别越大。

表 4.10　各项误差在所有预估点的平均值

τ	噪声比	采样标准差	MSE$_2$	MSE$_3$	真实方差	RMSE$_2$	RMSE$_3$	真实标准差
1, 0.4	2.5	0.174 6	−0.013 7	0.019 4	0.019 7	—	0.139 4	0.140 5
4, 0.4	10	0.546 9	−0.167 3	0.212 3	0.138 1	—	0.460 8	0.371 6
4, 1	4	0.625 4	−0.193 5	0.200 7	0.175 2	—	0.448 0	0.418 6

3) 不同噪声比下的最优过程方差

当采样噪声比较大的时候,过程方差 σ_z 设为 30 时的预估标准差与真实标准差相差较大。通过选择不同的过程方差进行测试,选择效果最佳的 σ_z,最优的 σ_z 如表 4.11 所示。

表 4.11　不同噪声比下最优的 σ_z

τ	噪声比	最优 σ_z	RMSE$_3$	真实标准差
1, 0.4	2.5	30	0.139 4	0.140 5
4, 1	4	60	0.406 8	0.421 3
4, 0.4	10	200	0.373 7	0.372 5

由表 4.11 可知:对于同一个测试函数,当两个采样区间的噪声比增加时,通过调整 σ_z 可以使 RMSE$_4$ 逼近真实误差标准差,具体如图 4.24 和图 4.25 所示,

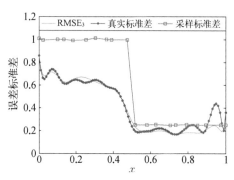

图 4.24　τ 取 4 和 1,σ_z 取 60 时的
各项误差标准差

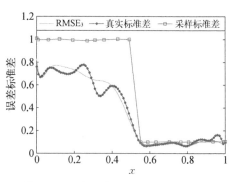

图 4.25　τ 取 4 和 0.4,σ_z 取 200 时的
各项误差标准差

且最优的 σ_z 也相应增加,图 4.24 为 τ 取 4 和 1,σ_z 取 60 时的各项误差标准差;图 4.25 为 τ 取 4 和 0.4,σ_z 取 200 时的各项误差标准差。

综上所述:当各采样点采样误差水平相同时,$RMSE_3$ 可以代表 N-Kriging 模型真实误差的标准差;当各采样点采样误差水平不同时,通过调整过程方差可以使 $RMSE_3$ 逼近 N-Kriging 模型真实误差的标准差;随着两个采样区间的噪声比增加,最优的过程方差也会增加。总体而言,本节提出的预估误差表达式与真实的误差符合得很好。

在不确定性优化中,约束条件可能存在不确定性,为了使约束的可靠性大于一定的阈值(如 99%),工程上普遍的做法是将约束值向可行域内部移动 3σ,其中 σ 代表约束在估计点的标准差。如果利用 N-Kriging 模型对约束条件进行近似建模,则可通过预估误差的标准差计算相关约束的标准差。例如可重复使用运载器从高空返回地面的过程中,其最大法向过载不能超过 $9g$,飞行过载受气动力影响,本节采用 N-Kriging 模型对气动力进行建模,存在估计误差。当预估气动力的标准差确定时,通过确定气动力对过载的影响来确定过载的标准差 σ,将 $(9-3\sigma)g$ 作为新的过载约束进行优化。

当采样点数量较多时,N-Kriging 模型真实误差的标准差小于样本的标准差,这意味着 N-Kriging 模型的估计值比采样值更接近真实值,即 N-Kriging 模型估计值的精度高于采样精度。在工程应用中,数据的精度十分重要,采样点数目允许的情况下,可以采用 N-Kriging 模型提高采样数据的精度。

4.3　本章小结

本章的主要工作及主要结论如下。

(1) 针对问题的不同特点,本章将被近似函数分为设计变量可分离、设计变量之间存在弱耦合关系以及设计变量之间存在强耦合关系三类。本章介绍了前两类函数的中范围近似函数的构造过程,同时结合广义灵敏度分析方法,对上述两种近似策略进行了改进,使近似过程中的系统分析次数得到有效的降低。

(2) 借鉴 Rasmussen 累积近似函数的构造思想,结合中范围近似策略,研究了 MTPACA 策略。MTPACA 策略的性能验证算例的计算结果表明,从近似精度上来说,MTPACA 策略优于中范围近似策略的 MITPA 策略和 MTPA 策略以及局部近似策略的 RA 策略;从计算时间上来说,MTPACA 策略介于全局近似策略的

QPRSA 策略和局部近似策略的 RA 策略之间。

（3）应用 MTPACA 策略建立超燃冲压发动机尾喷管的模型。近似结果表明,MTPACA 策略可应用于这类复杂问题的建模过程,近似精度符合工程设计的要求。

（4）根据无噪声 Kriging 模型的推导过程,在采样点存在采样噪声的情况下,推导出 N-Kriging 模型,并给出相应的预估方差表达式。

（5）采用 Bootstrap 计算真实误差标准差,并与本章方法提出的真实误差标准差和之前文献得到的真实误差标准差进行了对比。函数测试结果表明：当各采样点采样误差水平相同时,本章提出的预估误差计算结果可以代表 N-Kriging 模型的真实误差;当各采样点采样误差水平不同时,通过调整过程方差可以使计算结果逼近 N-Kriging 模型的真实误差,而且随着两个采样区间的噪声比增加,最优的过程方差也会增加。

（6）当采样点数量较多时,N-Kriging 模型真实误差的标准差小于采样噪声的标准差,表明 N-Kriging 模型估计值的精度高于采样值的精度。

第 5 章

基于广义灵敏度的搜索策略

飞行器 MDO 过程中,通过第 4 章的近似策略建立近似优化模型后,继而就是应用合适的搜索策略对该近似优化模型进行优化。尽管基于梯度的确定性搜索算法计算效率高,但是由于在梯度求解上存在困难,从而使其在飞行器 MDO 过程中的应用受到较大限制。在现有的 MDO 过程中,对于离散/连续混合设计变量的优化问题,通常使用分而治之策略、离散变量连续化策略或连续变量离散化策略 3 种方法来解决,无论哪种解决方法都需要运用计算量大的组合优化方法或随机搜索策略。本章从"尽可能多地利用灵敏度信息可以大大提高 MDO 过程的求解效率"[88]的思想出发,通过在属于确定性搜索算法的 GRG 算法中引入广义灵敏度分析方法来改善该类搜索算法的梯度求解精度和效率;通过综合广义灵敏度分析、非线性规划中的"爬山法"思想和组合优化中的"查点"思想[187],来达到减少系统分析次数、降低离散/连续混合设计变量优化计算量的目的。

飞行器 MDO 问题研究中涉及的通常是非线性约束优化问题,因此本章以非线性约束优化问题为研究对象,首先采用将广义灵敏度分析的 CVM 与 GRG 算法相结合,在 GRG 算法中使用 CVM 求解所需灵敏度信息,提出 CVMGRG 算法;然后采用广义灵敏度分析的 MODM 与"爬山法"思想、"查点"技术相结合的研究思路,提出 GSBMVO 算法;最后,通过多个典型算例验证了两种搜索算法的可行性和有效性。

5.1 基于复变量方法的广义既约梯度法

对于仅含连续设计变量的非线性约束优化问题,GRG 算法是相当有效的方法之一。通常,人们在使用 GRG 算法时都是采用 FDM 来计算所需的一阶灵敏度信息,称之为 FDMGRG 算法。随着 ADM 逐渐受到研究者的重视,Wujek[88] 应用 ADM 对 FDMGRG 算法进行了改进研究,提出了用 ADM 来计算所需一阶灵敏度信息的 ADMGRG 算法,将 ADMGRG 算法应用于飞行器概念设计的 MDO 过程。结果表明,与 FDMGRG 算法相比,ADMGRG 算法的系统分析次数减少了 50%,花费的 CPU 时间减少了 41.7%。结合第 3 章所提出的广义灵敏度分析方法选用准则,采用 CVM 来计算 GRG 算法中的一阶灵敏度,对 GRG 算法做进一步的改进。

5.1.1 基本原理

非线性约束优化问题通常有如下的数学表述:

$$
\begin{aligned}
&\min f(\boldsymbol{X}) \\
&\text{s.t.} \quad g_i(\boldsymbol{X}) \leqslant 0 \qquad\quad i = 1, 2, \cdots, N_g \\
&\qquad\quad h_j(\boldsymbol{X}) = 0 \qquad\quad j = 1, 2, \cdots, N_h \\
&\qquad\quad \boldsymbol{X} = (x_1, x_2, \cdots, x_n)^{\mathrm{T}} \in R^n \\
&\qquad\quad \boldsymbol{X}_{\mathrm{L}} \leqslant \boldsymbol{X} \leqslant \boldsymbol{X}_{\mathrm{U}}
\end{aligned} \tag{5.1}
$$

其中,$\boldsymbol{X}_{\mathrm{L}}$ 和 $\boldsymbol{X}_{\mathrm{U}}$ 分别为设计变量 $\boldsymbol{X}$ 的下界和上界。

引入松弛变量 x,化不等式约束为等式约束[88,159]:

$$
h_{s+i}(\boldsymbol{X}) = g_i(\boldsymbol{X}) - x_{n+i} \tag{5.2}
$$

由于 GRG 算法是一种比较成熟的非线性优化方法,故这里不再赘述其推导的具体步骤,有兴趣的读者可参见文献[154],[157],[158]。称用 CVM 来计算所需一阶灵敏度信息的 GRG 算法为 CVMGRG 算法,该算法与标准 GRG 算法及 ADMGRG 算法的不同之处在于其一阶灵敏度分析方法的不同。CVMGRG 算法可由算法 5.1 表述如下。

算法 5.1:CVMGRG 算法

步骤 1:选取初始可行点 $\boldsymbol{X}_1$;收敛精度 $\varepsilon \geqslant 0$;正整数 M;$\alpha_1 = 0$,$\alpha_2 = 1\,000$,$\alpha \in (0, \alpha_2)$;$\beta \in (0, 1)$;令 $k = 1$。

步骤 2:使用 CVM 一阶灵敏度分析方法计算

$$
\boldsymbol{A}_k = \nabla \boldsymbol{h}(\boldsymbol{X}_k) = \begin{pmatrix} (\boldsymbol{A}_k)_B \\ (\boldsymbol{A}_k)_N \end{pmatrix} \tag{5.3}
$$

其中，$(A_k)_B \in R^{r \times r}$ 非奇异,计算既约梯度

$$w[(X_k)_N] = \frac{\partial f(X_k)}{\partial (X_k)_N} - (A_k)_N [(A_k)_B]^{-1} \frac{\partial f(X_k)}{\partial (X_k)_B} \tag{5.4}$$

步骤 3：若 $\| w((X_k)_N) \| \leq \varepsilon$,则停止;

否则,令 $d_k = - w[(X_k)_N]$; 取 $\alpha = \alpha_k^0 > 0$。

步骤 4：若 $(X_k)_N + \alpha d_k \leq (X_L)_N$,则 $(X_{k+1})_N = (X_L)_N$, $X_B = (X_k)_B$;

若 $(X_k)_N + \alpha d_k \geq (X_U)_N$,则 $(X_{k+1})_N = (X_U)_N$, $X_B = (X_k)_B$;

否则,令 $(X_{k+1})_N = (X_k)_N + \alpha d_k$, $X_B = (X_k)_B$。

步骤 5：以 X_B 为初始点,用拟牛顿方法求解方程组

$$h[X_B, (X_{k+1})_N] = 0 \tag{5.5}$$

得 $(X_{k+1})_B$。

步骤 6：若

$$f[(X_{k+1})_N] > f[(X_k)_N] + \alpha \beta w(X_k)_N \tag{5.6}$$

则计算 $\hat{\alpha}$:

$$\hat{\alpha} = \alpha_1 + \frac{\alpha - \alpha_1}{2\left\{1 + \dfrac{f[(X_k)_N] - f[(X_{k+1})_N]}{(\alpha - \alpha_1) w(X_k)_N}\right\}} \tag{5.7}$$

令 $\alpha_2 = \alpha$, $\alpha = \hat{\alpha}$, 转步骤 4;

否则,令

$$X_{k+1} = (X_{k+1})_B + (X_{k+1})_N \tag{5.8}$$

$k = k + 1$, 转步骤 2。

算法 5.1 的流程如图 5.1 所示。

由第 3 章中 CVM 的推导过程易知,由 CVM 求得的一阶灵敏度相反数具有函数梯度下降方向的信息。因此,类似传统 GRG 算法的收敛性定理[157,158],对于算法 5.1,有如下的收敛性结果。

定理 5.1： 设 $f(X)$、$h(X)$、$g(X)$ 二次连续可微,并设 $\left[\dfrac{\partial h(X)}{\partial X_B}\right]^{-1}$ 一致有界,且算法 5.1 步骤 3 中的 α_k^0 满足 $(\alpha_k^0)^{-1}$ 一致有界,若 $\varepsilon = 0$ 且算法不有限终止,则必有

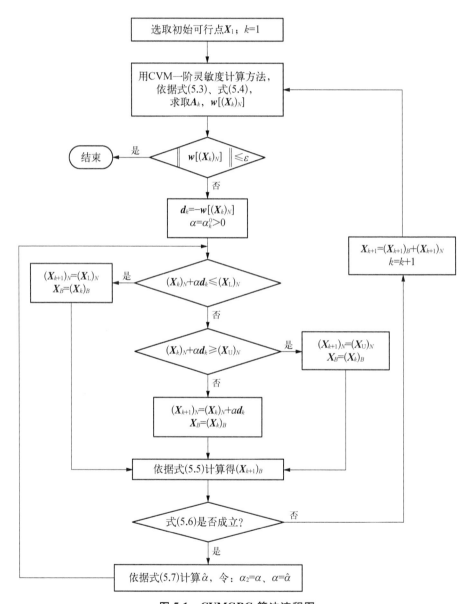

图 5.1　CVMGRG 算法流程图

$$\lim_{k \to \infty} \| \boldsymbol{w}_k \| = 0 \tag{5.9}$$

或

$$\lim_{k \to \infty} f(\boldsymbol{X}_k) \to - \infty \tag{5.10}$$

5.1.2 CVMGRG 算法的有效性验证

本节用 CVMGRG 算法对 5 个数值问题[294,295] 和 1 个 MDO 标准算例[296,297] 进行了计算,通过与传统的使用 FDM 计算一阶灵敏度信息的 GRG 算法进行比较,检验 CVMGRG 算法的有效性。在这 6 个验证算例中,有 2 个仅含不等式约束(算例 1 和算例 2);2 个仅含等式约束(算例 3 和算例 4);2 个既含等式约束也含不等式约束(算例 5 和算例 6)。

算例 1[294]:

$$\min f(\boldsymbol{X}) = x_1^2 + \frac{1}{2}x_2^2 + x_3^2 + \frac{1}{2}x_4^2 - x_1 x_3 + x_3 x_4 - x_1 - 3x_2 + x_3 - x_4 \tag{5.11}$$

满足:

$$- 5 + x_1 + 2x_2 + x_3 + x_4 \leqslant 0$$
$$- 4 + 3x_1 - x_2 + 2x_3 - x_4 \leqslant 0$$
$$- x_2 - 4x_3 + 1.5 \leqslant 0$$
$$x_1, x_2, x_3, x_4 \geqslant 0$$

初始点:$\boldsymbol{X}_1 = (0.5, 0.5, 0.5, 0.5)^{\mathrm{T}}$。

近似最优解与最优值:$\boldsymbol{X}^* = (0.272\,7, 2.090\,9, - 0.26 \times 10^{-10}, 0.545\,4)^{\mathrm{T}}$,$f(\boldsymbol{X}^*) = - 4.681\,818$。

算例 2[295]:

$$\min f(\boldsymbol{X}) = 0.020\,4x_1 x_4(x_1 + x_2 + x_3) + 0.018\,7x_2 x_3(x_1 + 1.57x_2 + x_4)$$
$$+ 0.607x_1 x_4 x_5^2(x_1 + x_2 + x_3) + 0.043\,7x_2 x_3 x_6^2(x_1 + 1.57x_2 + x_4) \tag{5.12}$$

满足:

$$- 0.001x_1 x_2 x_3 x_4 x_5 x_6 + 2.07 \leqslant 0$$
$$- 1 + 0.000\,62x_1 x_4 x_5^2(x_1 + x_2 + x_3) + 0.000\,58x_2 x_3 x_6^2(x_1 + 1.57x_2 + x_4) \leqslant 0$$
$$x_i \geqslant 0, \quad i = 1, 2, 3, 4, 5, 6$$

初始点: $\boldsymbol{X}_1 = (5.54, 4.4, 12.02, 11.82, 0.702, 0.852)^T$。

近似最优解与最优值: $\boldsymbol{X}^* = (5.332\,7, 4.656\,7, 10.433\,0, 12.082\,3, 0.752\,6, 0.878\,7)^T$, $f(\boldsymbol{X}^*) = 135.075\,961$。

算例 3[294]:

$$\min f(\boldsymbol{X}) = (x_1 - 1)^2 + (x_1 - x_2)^2 + (x_2 - x_3)^4 \tag{5.13}$$

满足:

$$x_1(1 + x_2^2) + x_3^4 - 4 - 3\sqrt{2} = 0$$

$$-10 \leqslant x_1, x_2, x_3 \leqslant 10$$

初始点: $\boldsymbol{X}_1 = (2, 2, 2)^T$。

近似最优解与最优值: $\boldsymbol{X}^* = (1.104\,9, 1.196\,7, 1.535\,3)^T$, $f(\boldsymbol{X}^*) = 0.032\,6$。

算例 4[295]:

$$\min f(\boldsymbol{X}) = \sum_{i=1}^{10} e^{x_i} \left[c_i + x_i - \ln\left(\sum_{j=1}^{10} e^{x_j} \right) \right] \tag{5.14}$$

满足:

$$e^{x_1} + 2e^{x_2} + 2e^{x_3} + e^{x_6} + e^{x_{10}} - 2 = 0$$

$$e^{x_4} + 2e^{x_5} + e^{x_6} + e^{x_7} - 1 = 0$$

$$e^{x_3} + e^{x_7} + e^{x_8} + 2e^{x_9} + e^{x_{10}} - 1 = 0$$

$$-100 \leqslant x_i \leqslant 100, \quad i = 1, \cdots, 10$$

其中, $c = (-6.089, -17.164, -34.054, -5.914, -24.721, -14.986)^T$。

初始点: $\boldsymbol{X}_1 = (-23, \cdots, -2.3)^T$。

近似最优解与最优值: $\boldsymbol{X}^* = (-3.201, -1.912, -0.244, -6.538, -0.723 -7.268, -3.597, -4.017\,8, -3.288, -2.336)^T$, $f(\boldsymbol{X}^*) = -47.761\,1$。

算例 5[294]:

$$\min f(\boldsymbol{X}) = x_1 x_4 (x_1 + x_2 + x_3) + x_3 \tag{5.15}$$

满足:

$$25 - x_1 x_2 x_3 x_4 \leqslant 0$$

$$40 - x_1^2 - x_2^2 - x_3^2 - x_4^2 \leqslant 0$$

$$1 \leqslant x_1, x_2, x_3, x_4 \leqslant 5$$

初始点：$X_1 = (1, 5, 5, 1)^T$。

近似最优解与最优值：$X^* = (1, 4.743\ 0, 3.821\ 2, 1.379\ 4)^T$，$f(X^*) = 17.014\ 0$。

算例 6[296,297]：Electronic Package 问题

Electronic Package 问题[170,177,296]是一个包含电、热耦合的 MDO 问题。优化问题的数学表述为

$$\min f = y_1 \tag{5.16}$$
$$h_1 = y_4 - y_5 = 0$$
$$g_1 = y_{11} - 85.0 \leqslant 0$$
$$g_2 = y_{12} - 85.0 \leqslant 0$$

满足以下方程组：

$$y_1 = -\frac{y_{10}}{y_{13}}$$
$$y_2 = x_5 [1.0 + x_6 (y_{11} - 20.0)]$$
$$y_3 = x_7 [1.0 + x_8 (y_{12} - 20.0)]$$
$$y_4 = \frac{y_3 y_8}{y_2 + y_3}$$
$$y_5 = \frac{y_2 y_8}{y_2 + y_3}$$
$$y_6 = y_2 (y_4)^2$$
$$y_7 = y_3 (y_5)^2$$
$$y_8 = \frac{10.0}{y_9}$$
$$y_9 = \left(\frac{1.0}{y_2} + \frac{1.0}{y_3} \right)^{-1}$$
$$y_{10} = y_9 (y_8)^2$$
$$y_{11} = u(y_6, y_7, x_1, x_2, x_3, x_4)$$
$$y_{12} = u(y_6, y_7, x_1, x_2, x_3, x_4)$$
$$y_{13} = x_1 x_2 x_3$$

设计变量的边界约束条件：

$$0.05 \leqslant x_1 \leqslant 0.15 \qquad 0.05 \leqslant x_2 \leqslant 0.15$$
$$0.01 \leqslant x_3 \leqslant 0.10 \qquad 0.005 \leqslant x_4 \leqslant 0.05$$
$$10.0 \leqslant x_5 \leqslant 1\,000.0 \qquad 0.004 \leqslant x_6 \leqslant 0.009$$
$$10.0 \leqslant x_7 \leqslant 1\,000.0 \qquad 0.004 \leqslant x_8 \leqslant 0.009$$

文献[296]给出的最优解和最优值为

$\boldsymbol{X}^* = (0.05, 0.05, 0.01, 0.05, 10, 0.004, 10, 0.004)^{\mathrm{T}}$，$f(\boldsymbol{X}^*) = -639\,245$。

初始点：$\boldsymbol{X}_1 = (0.15, 0.15, 0.1, 0.05, 1\,000, 0.009, 1\,000, 0.009)^{\mathrm{T}}$。

分别采用 FDMGRG 算法和 CVMGRG 算法对以上诸算例进行计算。以最优值的绝对误差（计算所得最优解与参考最优解的差）、系统分析次数和 CPU 时间作为评价搜索算法性能的参数，优化结果如表 5.1 所示，n 表示设计变量维数。各算法实现时的具体参数设置为：允许误差为 10^{-8}；FDMGRG 中一阶灵敏度分析的最大允许步长为 -0.001，最小允许步长为 $-0.000\,01$；CVMGRG 中一阶灵敏度分析的步长取为 10^{-15}。

表 5.1　CVMGRG 算法性能对比

算例	n	最优值的绝对误差		系统分析次数		CPU 时间/s	
		FDMGRG	CVMGRG	FDMGRG	CVMGRG	FDMGRG	CVMGRG
1	4	5.523 9E-4	6.206 5E-10	85	35	0.325 5	0.141 0
2	6	1.350 8E-2	1.806 7E-6	532	184	1.527 0	0.551 0
3	3	3.281 3E-4	8.511 4E-7	115	45	0.323 4	0.132 8
4	10	0.029 35	3.470 6E-6	1 489	503	2.530 7	0.891 0
5	4	4.317E-3	3.603 9E-8	92	55	0.394 9	0.254 3
6	8	34 191	21 168	464	192	11.244 9	8.929 4

由表 5.1 可知，对于所有算例，CVMGRG 算法全部取得较 FDMGRG 算法更优的最优值；CVMGRG 算法的系统分析次数较 FDMGRG 算法有了显著减少，这是由于 CVM 在进行一阶灵敏度分析时无需选择步长，且在目标函数以及约束函数计算的同时就可得到所需的灵敏度信息；在计算时间上，CVMGRG 算法也较 FDMGRG 算法有了明显的减少，虽然 CVMGRG 算法需处理复数，时间上耗费较多，但由于 FDM 在一阶灵敏度分析时对目标函数进行计算的时间要远远多于 CVM，这使得总体上 CVMGRG 算法较 FDMGRG 算法更省时。

总而言之,对于连续变量优化的问题来说,CVMGRG 算法是一种有效的算法。与传统 GRG 算法相比,它有效降低了系统分析次数和计算时间,从而降低了对优化问题求解时的计算复杂性。可以预见,选择 CVMGRG 算法作为 MDO 过程的设计空间搜索策略可在一定程度上缓解 MDO 的计算复杂性问题,在飞行器 MDO 过程中有良好的应用前景。

5.2　基于广义灵敏度的混合变量优化算法

为更好地解决离散/连续 MVNP 问题,减少优化过程中目标函数和约束函数的计算次数,借鉴文献[187]的思路,将广义灵敏度分析技术与离散变量的直接搜索(简称 MDOD)算法[187]相结合,提出 GSBMVO 算法。

MVNP 问题的数学表述如下:

$$
\begin{aligned}
&\min f(\boldsymbol{X}) \\
&\text{s.t.} \quad g_i(\boldsymbol{X}) \leqslant 0 && i = 1, 2, \cdots, N_g \\
&\qquad h_j(\boldsymbol{X}) = 0 && j = 1, 2, \cdots, N_h \\
&\qquad \boldsymbol{X} = (\boldsymbol{X}_c, \boldsymbol{X}_d)^{\mathrm{T}} \\
&\qquad \boldsymbol{X}_c = (x_1, x_2, \cdots x_{nc})^{\mathrm{T}} \\
&\qquad \boldsymbol{X}_d = (x_{nc+1}, x_{nc+2}, \cdots x_n)^{\mathrm{T}} \\
&\qquad x_{kL} \leqslant x_k \leqslant x_{kU} && k = 1, 2, \cdots, nc \\
&\qquad x_k \in S_k && k = nc + 1, nc + 2, \cdots, n
\end{aligned} \tag{5.17}
$$

其中,$\boldsymbol{X}_c$ 为连续设计变量;$\boldsymbol{X}_d$ 为离散设计变量;x_{kL} 和 $x_{kU}(k = 1, 2, \cdots, nc)$ 分别表示各连续设计变量的下界和上界;$S_k(k = nc + 1, nc + 2, \cdots, n)$ 表示各离散设计变量的离散值集合。

对于形如式(5.17)所示的 MVNP 问题,GSBMVO 算法分为两个部分:使用基于广义灵敏度的搜索迭代法求解问题的最优解;使用查点技术获取全局最优解。

5.2.1　基于广义灵敏度的搜索迭代法

借鉴经典优化理论中"爬山法"[158]的思想,混合变量优化中基于广义灵敏

度的搜索迭代法的迭代格式为

$$X_{k+1} = X_k + \alpha_k d_k \tag{5.18}$$

其中，α_k 为第 k 次迭代的步长，由离散一维搜索来确定；d_k 为迭代搜索方向，由基于广义灵敏度的相对混合次梯度方向来确定。

对于混合变量优化问题，采用 GSASP 来计算目标函数相对于各设计变量在当前设计点上的灵敏度信息。目标函数 $f(X)$ 相对于各设计变量 $x_i(i = 1, \cdots, n)$ 的近似灵敏度 $\bar{\nabla}f(X)$ 为

$$\bar{\nabla}f(X) = \left(\frac{\partial f}{\partial x_1}, \cdots, \frac{\partial f}{\partial x_{nc}}, \frac{\partial f}{\partial x_{nc+1}}, \frac{\partial f}{\partial x_{nc+2}}, \cdots, \frac{\partial f}{\partial x_n} \right)^{\mathrm{T}} \tag{5.19}$$

易知，由 GSASP 中的一阶灵敏度分析方法（CVM、ADM、NMM 和 MODM）计算所得的灵敏度信息的相反数，即 $(-\bar{\nabla}f(X))$ 具有目标函数最速下降方向的信息。令

$$D = \max\left\{ \left| \frac{\partial f_i}{\partial x_i} \right|, \ i = nc + 1, \ nc + 2, \ \cdots, \ n \right\} \tag{5.20}$$

定义：

$$d = \left\{ d_i = -\frac{\partial f_i / \partial x_i}{D}, \ i = 1, \ 2, \ \cdots, \ n \right\} \tag{5.21}$$

为相对混合次梯度方向。

对步长 α 的确定，使用了混合变量的单调性分析技术[197]。

定义 5.1：离散变量函数单调性

若对任意 $X_1 = (x_1^1, \cdots, x_i^1, \cdots, x_n^1)$，$X_2 = (x_1^2, \cdots, x_i^2, \cdots, x_n^2)$，当 $x_i^1 < x_i^2$ 时，有 $f(X_1) \leqslant f(X_2)$，则称 f 为离散变量 x_i 的递增函数，$i = 1, \cdots, n$；若对任意 $X_1 = (x_1^1, \cdots, x_i^1, \cdots, x_n^1)$，$X_2 = (x_1^2, \cdots, x_i^2, \cdots, x_n^2)$，当 $x_i^1 < x_i^2$ 时，有 $f(X_1) < f(X_2)$，则 f 为离散变量 x_i 的严格递增函数。将不等号反号，则可定义离散变量 x_i 的递减函数和严格递减函数，$i = 1, \cdots, n$。

定义 5.2：函数单调性

若 $\nabla f^{\mathrm{T}}(X_k)d_k > 0$，则函数 $f(X)$ 在 X_k 邻域内沿方向 d_k 单调递增；若 $\nabla f^{\mathrm{T}}(X_k)d_k < 0$，则函数 $f(X)$ 在 X_k 邻域内沿方向 d_k 单调递减；若 $\nabla f^{\mathrm{T}}(X_k)d_k = 0$，则无法判断函数 $f(X)$ 的单调性。

定理 5.2：当在点 X_k 处沿方向 d_k 搜索时, 与目标函数单调性相反的约束条件使目标函数保持不变。

证明：

若目标函数 $f(X)$ 是 $x_i (i = 1, \cdots, n)$ 的递减函数, 当 x_i 增加时, $f(X)$ 值减小, 此时若 $g(X)$ 也增加的话, 总有第 $j (j \in [1, \cdots, N_g])$ 个约束条件遭到破坏, $f(X)$ 值将不再继续减小。证毕

当按式 (5.18) 计算完毕后, 将第 $j (j \in [1, \cdots, N_g])$ 个约束条件在点 X_k 作一阶泰勒展开, 可得

$$g_j(X_{k+1}) = g_j(X_k) + \nabla g_j^{\mathrm{T}}(X_k)(X_{k+1} - X_k) \leqslant 0 \tag{5.22}$$

由定理 5.2 可知, 只有满足 $\nabla g_j^{\mathrm{T}}(X_k) d_k > 0$ 的约束条件可以让目标函数值 $f(X)$ 不再减小。则由式 (5.18) 和式 (5.22) 可推出：

$$\alpha_k \leqslant - \frac{g_j(X_k)}{\nabla g_j^{\mathrm{T}}(X_k) d_k} = \alpha_j, \ j = 1, 2, \cdots, N_g \tag{5.23}$$

其中, 由定理 5.2 可知 $\alpha_j \geqslant 0$, 故 α_k 可取为

$$\alpha_k = \alpha_{\min} = \min\{\alpha_j, \ \alpha_j \geqslant 0\}, \ j = 1, 2, \cdots, N_g \tag{5.24}$$

这样, 按式 (5.18) 计算的新设计变量点 X_{k+1} 是可行点。下面给出基于广义灵敏度的搜索迭代法具体步骤：

算法 5.2：基于广义灵敏度的直接搜索迭代法

步骤 1：给出 $\eta (0 < \eta < 1)$; 收敛精度 $\varepsilon \geqslant 0$;

步骤 2：随机选取初始可行点作为迭代初始点 X_1;

步骤 3：计算 X_1 的广义灵敏度。具体说来, 就是使用 GSASP 计算连续设计变量 $(X_1)_c$ 和离散设计变量 $(X_1)_d$ 的灵敏度;

步骤 4：由式 (5.21) 确定搜索方向;

步骤 5：由式 (5.24) 确定搜索步长;

步骤 6：计算新的迭代点 X_{k+1}

$$\begin{aligned} X &= X_k + \alpha_k d_k \\ X_{k+1} &= \langle X \rangle \end{aligned} \tag{5.25}$$

其中, $\langle X \rangle$ 的离散变量 $(X_{k+1})_d$ 值取最接近 X 的离散变量 X_d 的值;

步骤 7：检查 X_{k+1} 的可行性，即 X_{k+1} 是否满足所有约束条件和设计变量的
边界条件；

是，判断 $f(X_{k+1}) < f(X_k)$ 是否成立；

是，X_{k+1} 为最优点，停止。

否，判断 $\alpha_k \leq \varepsilon$ 是否成立；

是，X_{k+1} 为最优点，停止。

否，令 $\alpha_k = (1 - \eta)\alpha_k$，转步骤 6；

否，令 $\alpha_k = (1 - \eta)\alpha_k$，转步骤 6。

5.2.2　离散单位邻域内查点技术

通常，由于目标函数和约束条件的严重非线性使得由算法 5.2 所得的最优
解陷入局部最优的困境。为克服这一困难，引入组合优化中的离散查点技
术[187]，按规则检查当前最优点的离散单位邻域内的其他点，以跳出局部最优
解，继续算法 5.2 的搜索过程，直至获得问题的最优解。

因为要检查设计点是否最小且满足约束条件，所以邻域内查点工作量相当
大。文献[187]采用当前设计点的目标函数和约束函数信息来缩小查点范围，
本书采用该策略，此处不再赘述。

5.2.3　算法设计

GSBMVO 算法的主要思路为：首先从一个初始可行点出发，沿相对混合
次梯度方向进行离散一维搜索，得到一个使目标函数值下降同时又满足约
束条件（对于式（5.17）来说）的新设计点；然后由此点开始新一轮的搜索，
直至不能获得更好的设计点为止；根据最后所得设计点处的信息，按照规则
查找该点单位邻域内的其他点；若得到新的更优设计点，则返回沿相对混合
次梯度方向进行离散一维搜索的过程；否则，该设计点即为式（5.17）的最
优解。

GSBMVO 算法具体步骤由算法 5.3 给出，流程图由图 5.2 给出。

算法 5.3：GSBMVO 算法

步骤 1：确定初始可行点 X_1。

步骤 2：使用算法 5.2 确定问题的局部最优点。

步骤 3：进行邻域查点，若获得新的最优点，则以新点为当前最优点，重复进
行邻域查点，否则查完全部待查点之后，获得问题的最优解，结束。

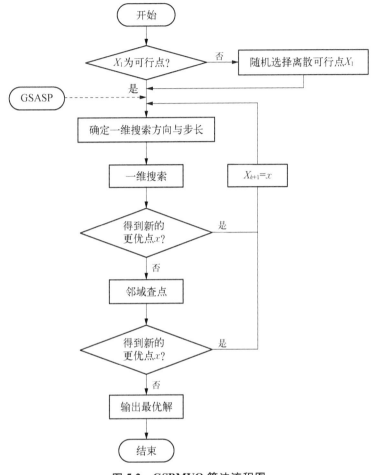

图 5.2　GSBMVO 算法流程图

5.2.4　GSBMVO 算法的有效性验证

算例 1[3,186]：MDO 经典数值算例

算例 1 是一个含两个学科耦合、带连续/离散混合设计变量的 MDO 问题。该问题有三个设计变量、两个状态变量。优化问题的数学表述为

$$\min f = x_2^2 + x_3 + y_1 + e^{(-y_2)} \tag{5.26}$$

$$y_1 = x_1^2 + x_2 + x_3 - 0.2y_2$$

$$y_2 = \sqrt{y_1} + x_1 + x_2$$

满足：

$$g_1 = 1 - \frac{y_1}{8} \leqslant 0$$

$$g_2 = \frac{y_2}{10} - 10 \leqslant 0$$

$$-10 \leqslant x_1 \leqslant 10$$

$$0 \leqslant x_2 \leqslant 10$$

$$x_3 \in \{1, 3, 5, 7, 9\}$$

采用 GSBMVO 算法对算例 1 进行优化计算，灵敏度分析采用 MODM，容许误差为 10^{-8}，在 Matlab 6.5 中编程实现，计算结果如表 5.2 所示。

表 5.2　数值算例优化结果

搜索算法	x_1^*	x_2^*	x_3^*	y_1	y_2	$f(\boldsymbol{X}^*)$	系统分析次数
IGA[198]	2.85	0.00	1	8.002	5.682	9.006	1 511
MDOD 算法[187]	2.851 5	0.001 4	1	8.000 0	5.681 3	9.007 4	82
GSBMVO 算法	2.852 5	0.001 1	1	8.001 4	5.682 2	9.004 8	64

由表 5.2 可知，三种算法得到的结果基本一致，间接证明了 GSBMVO 算法的有效性。MDOD 算法和 GSBMVO 算法的系统分析次数大大少于 IGA 算法[198]的系统分析次数；由于使用广义灵敏度分析方法求解相对混合次梯度，使得与 MDOD 算法相比，GSBMVO 算法的系统分析次数明显减少。

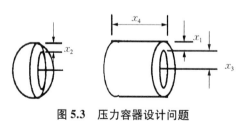

图 5.3　压力容器设计问题

算例 2[194,197,298-300]：压力容器优化设计问题

算例 2 是经典的混合设计变量优化算例。压力容器设计问题如图 5.3[197] 所示。

优化设计问题的数学表述为

$$\min f(\boldsymbol{X}) = 0.622\,4x_1x_2x_3 + 1.778\,1x_2x_3^2 \\ + 3.161\,1x_1^2x_4 + 19.862\,1x_1^2x_3 \tag{5.27}$$

满足:

$$g_1 = 0.019\,3x_3 - x_1 \leqslant 0$$

$$g_2 = 0.009\,54x_3 - x_2 \leqslant 0$$

$$g_3 = 750 \times 1\,728 - \pi x_3^2 x_4 - \frac{4}{3}\pi x_3^3 \leqslant 0$$

$$g_4 = x_4 - 240 \leqslant 0$$

$$g_5 = 1.1 - x_1 \leqslant 0$$

$$g_6 = 0.6 - x_2 \leqslant 0$$

$$g_7 = x_3 \geqslant 0$$

$$g_8 = x_4 \geqslant 0$$

$$x_1,\ x_2 \in \{i \times 0.062\,5,\ i\ \text{为整数}\}$$

采用 GSBMVO 算法对压力容器的优化设计问题进行优化计算,容许误差为 10^{-8},在 Matlab 6.5 中编程实现,计算结果如表 5.3 所示。表 5.3 中,"/"表示相应参考文献没有提供该数据。

表 5.3 压力容器的最优设计问题

算　　法	x_1^*	x_2^*	x_3^*	x_4^*	$f(X^*)$	系统分析次数
算法 1[298]	1.125	0.625	48.97	106.72	7 982.5	/
算法 2[299]	1.125	0.625	48.380 7	111.744 9	8 048.62	/
算法 3[300]	1.125	0.625	47.448	119.98	8 160.80	/
算法 4[197]	1.187 5	0.625	61.448 3	27.403 7	7 284.02	/
MDOD 算法[187]	1.187 5	0.625	61.528 5	26.930 9	7 275.2	62
GSBMVO 算法	1.125	0.625	58.290 2	43.692 7	7 199.4	40

由表 5.3 可知,GSBMVO 算法的优化结果要好于文献的优化结果。与数值算例 1 的优化结果类似,由于采用广义灵敏度分析方法求解相对混合次梯度,与 MDOD 算法相比,GSBMVO 算法的系统分析次数明显减少。

由表 5.2 和表 5.3 可知,GSBMVO 算法在保证求解精度的前提下可以有效地减少系统分析次数,从减少系统分析次数的目的出发,该算法可有效处理 MDO 中计算复杂性问题,在飞行器 MDO 过程中有良好的应用前景。

5.3　本章小结

本章的主要工作及主要结论如下：

（1）对 MDO 的搜索策略进行了研究，从减小 MDO 计算复杂性的角度出发，针对连续设计变量优化问题和离散/连续混合设计变量优化问题分别提出了 CVMGRG 算法和 GSBMVO 算法。

（2）通过对 CVMGRG 算法的有效性验证可以看出，CVMGRG 算法在计算精度、系统分析次数以及计算时间上都优于传统 GRG 算法，是一种有效且高效的搜索算法。

（3）使用经典数值算例和压力容器优化设计问题对 GSBMVO 算法进行了验证，通过与相关文献的结果比较可以看出，使用 GSBMVO 算法不仅可以减少系统分析次数，还可以获得相同条件下更优的设计方案。

第6章

面向飞行器多学科设计优化的优化过程

MDO 优化过程是指 MDO 问题的数学表述及这种表述在计算环境中如何实现的过程组织。优化过程是 MDO 最核心的部分,也是 MDO 研究领域中最活跃的内容之一。MDO 优化过程可分为两大类:单极优化过程和多极优化过程。其中,CSSO 过程和 BLISS 过程是飞行器 MDO 中常用的多极优化过程。发展至今,CSSO 过程大致有三类:标准 CSSO 过程、改进的 CSSO 过程以及基于响应面的 CSSO 过程。各类 CSSO 过程和 BLISS 过程在灵敏度分析技术、近似策略、移动限制策略、系统级的协调优化策略等方面都存在相当大的提升空间。本章将从以上各个方面对 CSSO 过程和 BLISS 过程进行改进研究,同时提出了一种新的全局优化算法——两极优化算法。

本章首先提出了一种新的全局优化算法——两极优化算法,并简要介绍了三种常见的 CSSO 过程和 BLISS 过程,详细分析了这三种 CSSO 过程和 BLISS 过程的不足之处;然后,针对这些缺点,提出了 GSBCSO 过程和 EBLISS 2000 过程。最后,运用 MDO 测试算例对 GSBCSO 过程进行了测试,测试结果表明 GSBCSO 过程在计算复杂性和收敛性方面优于标准 CSSO 过程和改进的 CSSO 过程。

6.1 两极优化算法理论

6.1.1 两极优化算法的想法

从理论上来说,如果找到了所有的极小值点(默认最优解为最小值),其中最优的极小值点就是全局最优解。找到的极小值点越多,找到全局最优点的概率越大。为了找到更多的极小值点,搜索点需要跳出局部最优。在跳出局部最优之前,需要确定跳出局部最优的条件。为了便于阐述,本章做出如下定义。

1) 问题设定

两极优化算法研究的问题设定为: $\min f(X)$, $X \in R^n$, $f(X)$ 在求解空间内保持连续,并存在多个极大值点和多个极小值点。

两极优化算法可以使用的局部优化算法包括变尺度法[301]、Rosenbrock 算法[302] 和 Powell 算法[303] 等,它们的共同特点是有一个初始点,一个终止点,而且搜索过程中当前的最优不差于上一次最优解,本章采用的局部优化算法为 Powell 算法。

2) 基本假设

假设目标函数的局部极小值点和局部极大值点交错存在,均匀分布,即极小值点周围分布着极大值点,极大值点周围分布着极小值点。目标函数的极值点分布与上述假设的一致性越高,则两极优化算法优化效果越好,否则越差。

3) 收敛域定义

可能收敛域: 如果在定义域 Ω 中任取一点作为起始点,采用局部优化算法搜索极值点一定概率能收敛到点 Q,则称 Ω 为点 Q 的可能收敛域。若点 Q 为局部极小值点,则称 Ω 为点 Q 的极小值点收敛域;若点 Q 为局部极大值点,则称 Ω 为点 Q 的极大值点收敛域。

收敛域: 当收敛概率为 1 时,则称 Ω 为点 Q 的收敛域。

非收敛域: 当收敛概率为 0 时,则称 Ω 为点 Q 的非收敛域。

4) 搜索过程演示

以一维 Rastrigin 函数为例,其表达式为

$$f(x) = x^2 - 10\cos(2\pi x) + 10 \tag{6.1}$$

其中 $x \in [-0.8, 1.8]$。其函数图像如图 6.1 所示,该函数为多峰函数,在 $x_1 = 0$ (点 F)处取得全局最小值 0。在 $x_i \in [-0.8, 1.8]$ 中有 4 个极小值点(H, F, B, D)和 3 个极大值点(G, E, C)。令 $[E, C]$ 代表 E 和 C 之间的区间,在 (E, C) 中任取一点(如点 A)作为起始点,采用局部优化算法寻找极小值点,均会收敛到点 B,则 $[E, C]$ 为点 B 的极小值点收敛域。在一维情况下,与极小值点相邻的两个极大值点即为极小值点收敛域的边界。为了跳出以点 B 形成的局部最优区域,搜索点必须跳出 $[E, C]$。采用局部优化算法搜索点 B 相邻的局部最差点 E 和 C,分别以 E 和 C 为起点,分别沿着 $\overrightarrow{BE}$ 和 $\overrightarrow{BC}$ 继续向前搜索即可跳出局部最优。

以二维函数为例,函数表达式如下所示:

$$f(x) = x_1^2 - 10\cos(2\pi x_1) + x_2^2 - 10\cos(1.2\pi x_2) + 10 \tag{6.2}$$

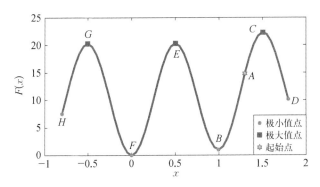

图 **6.1**　一维 **Rastrigin** 函数

其中 $-2 \leqslant x_1$，$x_2 \leqslant 1.2$，函数等高线如图 6.2 所示。点 A 为一局部极小值点，为了跳出点 A 形成的局部最优区域，需要确定点 A 的极小值点收敛域。

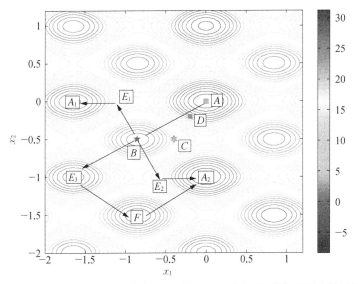

图 **6.2**　二维 **Rastrigin** 函数等高图（红色为极大值区域，蓝色为极小值区域）

连续函数中的等高线均为闭合曲线或终止于边界并与边界形成闭合曲线，若等高线内只存在唯一一个极小值点 A，则任何包围点 A 的等高线所形成的区域均属于点 A 的极小值点收敛域。局部优化算法得到的当前最优解不可能比上一步的最优解更差，新的最优解不可能跳出等高线包围的区域，最终只能收敛到极小值点 A，因此等高线所包围的区域即为点 A 的极小值点收敛域。例如点 D 在包围点 A 的等高线之内，所以以点 D 为起始点搜索局部极小值点，一定会收

敛到点 A。

　　点 C 位于点 A 的极小值点可能收敛域中,若以点 C 为起始点,搜索局部最优点,可能收敛至点 A,也可能收敛至其他极小值点(如极小值点 A_2)。为了降低回到点 A 的概率,应使搜索起始点远离点 A 的极小值点收敛域。当搜索点跳出收敛域之后,通过搜索点 A 附近的极大值点来远离极小值点收敛域。

　　5)新的搜索策略

　　一种新的策略是:在点 C 处搜索局部极大值点得到点 B,将极小值点 A 到极大值点 B 的方向 $\overrightarrow{AB}$ 作为前进方向,同时将 $\overrightarrow{AB}$ 和与 $\overrightarrow{AB}$ 垂直的两个方向作为新的搜索方向进行一维搜索。根据基本假设,极大值点 B 周围可能存在新的极小值点,在三个方向进行一维搜索的目的是跳出局部最优,并进入其他极小值点的收敛域。如图 6.3 所示,在三个方向进行一维搜索分别得到一维极小值点 E_1、E_2 和 E_3,其中 E_1 位于 A_1 的极小值点收敛域内;E_2 位于 A_2 的极小值点收敛域内;E_3 本身为极小值。此时三个搜索点均已跳出局部最优。以 E_1、E_2 和 E_3 作为起始点,搜索局部极值点得到新的极小值点 A_1、A_2 和 E_3。按照同样的方法可以搜索极小值点 A、A_1、A_2 和 E_3 附近的极大值点,再以新增的极大值点作为搜索起始点,搜索新的极小值点。不断重复上述步骤,没有新增的极值点时,则停止搜索。

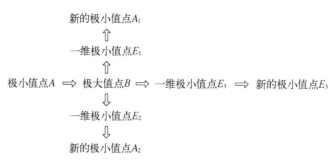

图 6.3　新的搜索策略示意图(与图 6.2 一致)

　　在搜索过程中如果新增极值点之前已被找到,则不作为新增的搜索起始点。例如以 E_3 为起始点搜索极大值点得到 F,以 F 为起始点搜索极小值点得到 A_2,由于 A_2 作为起始点已经进行过搜索,所以不再将 A_2 作为搜索起始点。

6.1.2　Householder 变换

当函数维数大于二维的时候,根据任一前进方向可以构造出无数垂直的方向组,难以确定搜索方向,利用 Householder 变换[304]可以构造一组合适的正交向量,作为新的搜索方向。

Householder 变换[304]是 Householder 于 1958 年提出的,通过 Householder 变换,可以根据一个矢量 p 生成一个正交对称矩阵 H,方法如下:

设矢量方向为 p,维数为 N,将 p 单位化得 p_1,记 $e_1 = (1, 0, \cdots, 0)^{\mathrm{T}}$。

若 $p_1 = e_1$,则

$$H = I \tag{6.3}$$

否则,令

$$\begin{cases} H = I - t r r^{\mathrm{T}} \\ r = p_1 - e_1 \\ t = \dfrac{1}{1 - p_1(1)} \end{cases} \tag{6.4}$$

可以证明 H 为对称正交矩阵[304]。令 $H = [p_1, p_2, \cdots, p_N]$,则 $p_1, p_2, \cdots, p_N$ 是正交向量组。令

$$p_{\_\mathrm{new}} = \{p_1, p_2, \cdots, p_N, -p_2, \cdots, -p_N\} \tag{6.5}$$

则 $p_{\_\mathrm{new}}$ 可作为新的 $(2n-1)$ 个搜索方向。$n = 1$ 时,$p_{\_\mathrm{new}} = p_1$,即为原来的前进方向,此时不必进行 Householder 变换。

6.1.3　两极优化算法流程

针对优化问题 $\min f(X)$,$X \in R^n$,具体的算法步骤如下:

令 $X_{\mathrm{min\_new}}$ 代表新增极小值点集合;$X_{\mathrm{min\_old}}$ 代表已找到的极小值点集合;$X_{\mathrm{max\_new}}$ 代表新增极大值点集合;$X_{\mathrm{max\_old}}$ 代表已找到的极大值点集合。

步骤 1:初始化。将 $X_{\mathrm{min\_new}}$、$X_{\mathrm{min\_old}}$、$X_{\mathrm{max\_new}}$ 和 $X_{\mathrm{max\_old}}$ 均设为空集。

步骤 2:在 R^n 内任意选取一点 x 作为起始点,采用局部优化算法搜索得到局部极大值点 $x_{\mathrm{max\_new}}$ 和局部极小值点 $x_{\mathrm{min\_new}}$。

步骤 3:将 $x_{\mathrm{min\_new}}$ 分别加入 $X_{\mathrm{min\_new}}$ 和 $X_{\mathrm{min\_old}}$;将 $x_{\mathrm{max\_new}}$ 分别加入 $X_{\mathrm{max\_new}}$ 和 $X_{\mathrm{max\_old}}$。

将 $X_{\mathrm{min\_new}}$ 中的第 i 个新增极小值点设为 $x_{\mathrm{min\_new}}^i$ 并进行如下操作:

步骤 4:将找到 $x_{\mathrm{min\_new}}^i$ 的极大值点到 $x_{\mathrm{min\_new}}^i$ 的方向作为前进方向 r^i,对 r^i 进行 Householder 变换构造 $(2n-1)$ 个方向 p^i,设第 j 方向为 p_j^i。

步骤 5：以 $x_{\text{min\_new}}^{i}$ 为起点沿着每个方向 p_{j}^{i} 进行一维搜索得到一维极大值点 $x_{\text{max\_line}}^{*}$，以 $x_{\text{max\_line}}^{*}$ 为起点搜索得到局部极大值点 x_{max}^{*}。

步骤 6：将 x_{max}^{*} 与 $X_{\text{max\_old}}$ 对比，若 x_{max}^{*} 是新的极大值点，则把 x_{max}^{*} 加入集合 $X_{\text{max\_old}}$ 和集合 $X_{\text{max\_new}}$；否则舍弃 x_{max}^{*}。

步骤 7：重复步骤 4 至步骤 6 直到对 $X_{\text{min\_new}}$ 中所有的点都进行了上述操作，若 $X_{\text{max\_new}}$ 为空，结束优化；否则转到第 8 步。

步骤 8：令 $X_{\text{min\_new}}$ 为空，将 $X_{\text{max\_new}}$ 中的第 i 个新增极大值点设为 $x_{\text{max\_new}}^{i}$ 并进行如下操作(与步骤 4 至步骤 6 相似)：

步骤 9：将找到 $x_{\text{max\_new}}^{i}$ 的极小值点到 $x_{\text{max\_new}}^{i}$ 的方向作为前进方向 r^{i}，对 r^{i} 进行 Householder 变换构造 $(2n-1)$ 个方向 p^{i}。

步骤 10：以 $x_{\text{max\_new}}^{i}$ 为起点沿着每个方向 p_{j}^{i} 进行一维搜索得到一维极小值点 $x_{\text{min\_line}}^{*}$，以 $x_{\text{min\_line}}^{*}$ 为起点搜索得到局部极小值点 x_{min}^{*}。

步骤 11：将 x_{min}^{*} 与 $X_{\text{min\_old}}$ 对比，若 x_{min}^{*} 是新的极大值点，则把 x_{min}^{*} 加入集合 $X_{\text{min\_old}}$ 和集合 $X_{\text{min\_new}}$；否则舍弃 x_{min}^{*}。

步骤 12：重复步骤 9 至步骤 11 直到对 $X_{\text{min\_new}}$ 中所有的点都进行了上述操作，若 $X_{\text{max\_new}}$ 为空，结束优化；否则转到第 4 步。

当没有新增的极值点时，算法停止，选取其中最好的解作为全局最优解。

两极优化算法的流程图如图 6.4 所示。

两极优化算法直接利用函数值之间的比较进行寻优，与函数本身的属性无关，类似智能优化算法，因此两极优化算法具有广泛的适用性。

6.1.4　算例测试

为测试两极优化算法的优化效果，选取了 4 个测试函数，并将两极优化算法的测试结果与遗传算法和 PSO 算法进行对比。当起始点确定后，两极优化算法的优化结果是确定的，因此在求解空间内随机选取 100 个点作为起始点，优化 100 次进行测试。遗传算法选用 Matlab 2010 工具箱中自带的遗传算法，PSO 算法选用带惯性权重的 PSO 算法[305]，权重系数 $w=0.9$，学习因子分别为 0.1 和 0.2。由于遗传算法和 PSO 算法优化结果带有随机性，其初始点均由其算法本身确定，不需要与两极优化算法的初始点保持一致，每种优化算法均进行 100 次，计算优化结果的平均值和最优值。各算法均在台式计算机上运行，采用 Intel 四核处理器，频率为 3.2 GHz。

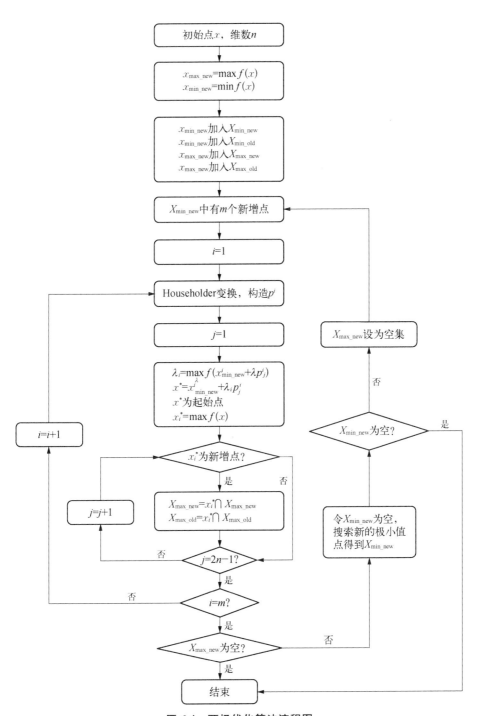

图 6.4　两极优化算法流程图

1. 测试函数1: Rosenbrock

$$F_1 = \sum_{i=1}^{N-1} \left[100 \left(x_i^2 - x_{i+1} \right)^2 + \left(x_i - 1 \right)^2 \right] \tag{6.6}$$

其中, $x_i \in [-2, 10]$; $N = 8$。

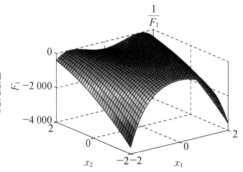

图6.5 二维 Rosermbrock 函数

该函数有多个极小值点,函数在 $(1, 1, 1, 1, 1, 1, 1, 1)$ 处取得最小值 0,其二维图形如图 6.5 所示。由于函数维数较高,遗传算法和 PSO 算法种群规模均取 500,迭代 20 000 代。

表 6.1 为三种优化方法优化 Rosenbrock 函数的结果对比。调用次数指优化算法调用目标函数的次数;优化时间是指 100 次优化的平均用时;最优值是指 100 次优化结果中最优的优化解值;平均值是指 100 次优化结果的平均值;成功率是指找到全局最优解的概率。

表 6.1 Rosenbrock 函数三种优化结果的对比

算 法	调用次数	优化时间/s	最优值	平均值	成功率
两极优化算法	1.63E+07	150.68	4.39E−12	4.52E−08	100%
遗传算法	1.07E+06	41.51	3.05E−03	1.24E−02	100%
PSO 算法	1.00E+07	89.40	5.45E−02	19.4	0

两极优化算法继承了局部优化算法的良好局部搜索能力,成功率为 100%,但是函数调用次数多于后两者,主要原因是函数维数较高,每个新增极值点产生的搜索方向较多,使函数调用次数增加;遗传算法优化调用次数最少,且成功率为 100%;粒子群算法表现最差,成功率为 0。

2. 测试函数2: Schaffer

$$F_2 = 0.5 + \frac{\left(\sin\sqrt{x_1^2 + x_2^2} \right)^2 - 0.5}{\left[1 + 0.001(x_1^2 + x_2^2) \right]^2} \tag{6.7}$$

其中, $-2 \leqslant x_1 \leqslant 10$; $-2 \leqslant x_2 \leqslant 10$。

该函数在 $(0,0)$ 处取得最小值 0,极值点分布呈环状,没有明显的山峰和山

谷,难以辨别搜索方向,函数图像
如图 6.6 所示。它有无数个极大
值点和极小值点,两极优化算法
会无限循环。为了跳出循环,若
两个极小值点之间的距离小于某
一距离时,认为它们是同一点,则
搜索区域内的极值点个数为有限
个。由于函数维数较小,遗传算

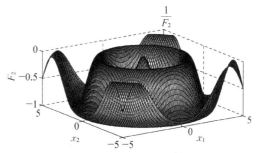

图 6.6　Schaffer 函数

法和 PSO 算法种群规模均取 100,迭代 2 000 代。

由表 6.2 可知:两极优化算法的成功率为 100%,函数调用次数明显高于遗
传算法和 PSO 算法,主要原因是极值点较多,增加了优化求解次数。遗传算法
的成功率为 100%,调用次数最少。PSO 算法的成功率为 22%。

表 6.2　Schaffer 函数三种优化结果的比较

算　　法	调用次数	优化时间/s	最优值	平均值	成功率
两极优化算法	1.22E+06	20.15	0	2.16E−17	100%
遗传算法	5.20E+03	0.22	1.61E−13	6.22E−10	100%
PSO 算法	1.59E+05	1.34	2.90E−10	7.58E−03	22%

3. 测试函数 3: F_3

$$F_3 = x_1 \sin(4x_1) + 1.2x_2 \sin(2x_2) + 0.6x_1 + 0.5x_2 \qquad (6.8)$$

其中, $-2 \leqslant x_1 \leqslant 10$; $-2 \leqslant x_2 \leqslant 10$。

该函数有 50 个极小值点和 45 个极大值点,在(9.035, 8.656)处取得最小值
−9.67。函数图像如图 6.7 所示。
遗传算法和 PSO 算法群规模均取
100,迭代 2 000 代。

表 6.3 为三种优化方法优化
F_3 函数的结果对比。遗传算法调
用次数最少,但成功率为 0,均陷
入局部最优。PSO 算法调用次数
低于两极优化算法,成功率为
65%。两极优化算法调用次数最

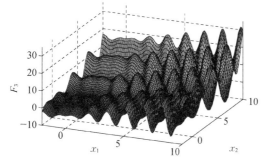

图 6.7　F_3 函数图像

多,成功率为 100%。

表 6.3　F_3 函数三种优化结果的比较

算　　法	调用次数	优化时间/s	最优值	平均值	成功率
两极优化算法	9.53E+04	1.36	−9.67	−9.67	100%
遗传算法	6.45E+03	0.26	−5.81	−4.24	0
PSO 算法	7.22E+04	0.61	−9.67	−9.27	65%

F_3 中的 $x_1\sin(4x_1) + 1.2x_2\sin(2x_2)$ 使函数的振幅随着 x_1 和 x_2 的增加而增大,函数的最小值在 x_1 和 x_2 较大处,$0.6x_1 + 0.5x_2$ 使函数的总体平均值随着 x_1 和 x_2 的增加而增大,使该处的平均适应度降低,遗传算法难以搜索到。粒子群算法的速度更新也受到函数值的影响,但由于 w 较大而影响有限,能以较大的概率找到全局最优点。两极优化算法只受极值点分布的影响,与极值点大小没有必然关系,找到了全局最优点。

4. 测试函数 4: Rastrigin

$$f(x_i) = \sum_{i=1}^{N} \left[x_i^2 - 10\cos(2\pi x_i) + 10 \right] \tag{6.9}$$

其中,$N=4$;$x_i \in [-2, 10]$。 四维 Rastrigin 函数在 $(0, 0, 0, 0)$ 处取得最小值 0。其二维函数图像如图 6.8 所示。遗传算法和 PSO 算法群规模均取 100,迭代 2 000 代。

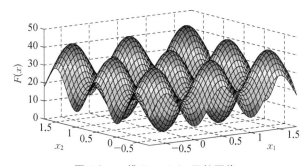

图 6.8　二维 Rastrigin 函数图像

表 6.4 为三种优化算法优化四维 Rastrigin 函数的结果对比。遗传算法综合表现最好,调用次数最少,成功率为 90%。PSO 优化时间略长于遗传算法,成功率为 2%。两极优化算法的成功率为 100%,相对于遗传算法和 PSO 算法,函数

调用次数很多,分别是遗传算法的 29 412 倍,PSO 算法的 1 200 倍。

表 6.4　Rastrigin 函数三种优化结果的比较

算　　法	调用次数	优化时间/s	最优值	平均值	成功率
两极优化算法	2.40E+08	9 590	0	8.37E-12	100%
遗传算法	8.16E+03	0.33	1.22E-08	9.95E-02	90%
PSO 算法	2.00E+05	1.73	0	3.51	2%

5. 测试效果分析

由测试结果可知,两极优化算法应用于二维函数时函数调用次数较少,应用于四维 Rastrigin 函数时函数调用次数很多,但应用于八维 Rosenbrock 函数时函数调用次数介于两者之间。一方面因为函数极值点的数目增加;另一方面因为每个新增极值点的搜索方向也增加了。在针对 F_3 的测试中,两极优化算法表现远好于遗传算法和粒子群算法。

通过对测试结果进行总结,可得如下结论:

(1)当函数全局最优点处的区域适应度平均值较低时,两极优化算法找到全局最优解的概率明显高于遗传算法和 PSO 算法;

(2)当函数维数较低时,两极优化算法的优化效果很好;

(3)当函数维数较高时,如果极值点数目较低,两极优化算法仍能取得较好的结果;

(4)当函数维数较高且函数极值点较多时,目标函数的调用次数显著增加,两极优化算法的优化效率迅速降低。

6.1.5　优化效率的影响因素及改善

对于每个新增极值点,Householder 变换会生成 $(2n-1)$ 个方向,每个方向均要进行一次一维搜索和局部优化。设新增极小值点个数为 $N_{\min}$,新增极大值点个数为 $N_{\max}$,定义"一次搜索"为一次一维搜索和一次局部优化,则总的搜索次数为

$$N_{\_all} = (N_{\_min} + N_{\_max})(2n - 1) \tag{6.10}$$

由式(6.10)可知,极值点数越多,函数维数越高,总的搜索次数越多。为确定函数的维数和极值点个数对搜索次数和优化效率的影响,对 1~4 维 Rastrigin 函数进行 100 次优化,并记录新增极值点个数、总搜索次数和优化时间。表 6.5

为 1~4 维 Rastrigin 函数的优化结果。随着函数维数的增加,新增极值点数呈指数增长;由于 Householder 变换产生的搜索方向也增加,总搜索次数的增长速度超过新增极值点数的增长速度,优化时间迅速增加。

表 6.5 1~4 维 Rastrigin 函数的优化结果

维数 N	新增极大值点数	新增极小值点数	总搜索次数	优化时间/s
1	14	13	29	0.033
2	196	169	1 097	3.22
3	2 736.83	2 197	24 671.15	137.97
4	38 116.87	28 549.81	466 668.76	9 590

极值点的增加使问题本身的寻优难度增加,从而使搜索次数增加;函数维数的升高也会使搜索次数增加,主要是函数维数增加使 Householder 变换产生的搜索方向增加,从而使总的搜索次数增加。这与问题本质无关,是算法自身的缺陷,需加以修正。Householder 变换可以产生一组确定的正交搜索方向,但并不能证明它们是最优的搜索方向。

基于上述因素分析,为了提高两极优化算法的效率,提出下列两种措施。

(1) 为了保证两极优化算法的精度,需要保证局部优化算法的精度,但只要在最终的结果中保证最优点的精度即可保证两极优化算法的精度,在整个优化过程中没必要使局部优化算法一直保持高精度。因此可以通过降低局部优化算法的精度来减少目标函数的调用次数,同时对最优解进行高精度局部优化以保证最优解的精度。

(2) 为了解决遗传算法早熟的问题,非支配排序遗传算法(NGSA)[306]通过限制种群之间的距离来保持解的多样性,从而避免了遗传算法早熟。借助 NGSA 的思想,为了避免在同一区域内求解到多个极值点,如果新增极值点与已找到极值点间的距离小于某一阈值时,则自动忽略该新增点。为了避免新的最优解被忽略,在上述情况下比较新增点与当前最优解的优劣,如果新增点由于当前最优解,则加入新增极值点,否则忽略。

同时采用两种措施,将 Powell 算法的目标函数值精度设为 0.01,将极值点之间的阈值设定为 1.4,针对测试函数 4 进行测试,结果如表 6.6 所示。改善后的两极优化算法优化调用次数变为原来的 11.3%,找到全局最优解的概率为 96.7%,改善后的优化效率能满足一般函数的优化效率需求。

表 6.6　改善前后两极优化算法结果的对比

算　　法	调用次数	优化时间/s	最优值	平均值	成功率
原算法	2.40E+08	9 590	0	8.37E−12	100%
改善算法	2.71E+07	548.6	0	0.033 2	96.7%

6.2　基于广义灵敏度的并行子空间优化过程

6.2.1　并行子空间优化过程简介

Pan 及其合作者将非层次型系统分解为多个子系统来进行优化[307]，这可以视为早期的 SSO 过程。SSO 只能对子系统进行顺序优化。Sobieszczanski-Sobieski 及其合作者在层次型系统的线性分解优化过程[122,308]基础上进一步提出了适合于非层次型系统的 CSSO 过程[309]，Bloebaum 则具体实现了 Sobieszczanski-Sobieski 提出的 CSSO 过程[174]。不失一般性，本节以图 1.3 所示的三学科非层次系统为例来进行研究。优化问题的数学表述如下：

$$\min f(\boldsymbol{X}, \boldsymbol{Y}, \boldsymbol{P})$$
$$\text{s.t. } g_i(\boldsymbol{X}, \boldsymbol{Y}, \boldsymbol{P}) \leqslant 0 \quad i = 1, 2, \cdots, N_g \tag{6.11}$$
$$h_j(\boldsymbol{X}, \boldsymbol{Y}, \boldsymbol{P}) = 0 \quad j = 1, 2, \cdots, N_h$$

$$\boldsymbol{X}^{\mathrm{T}} = (\boldsymbol{X}_1, \boldsymbol{X}_2, \boldsymbol{X}_3) \tag{6.12}$$
$$\boldsymbol{Y}^{\mathrm{T}} = (\boldsymbol{Y}_1, \boldsymbol{Y}_2, \boldsymbol{Y}_3)$$

其中，f 为系统目标函数；$\boldsymbol{X} \in \boldsymbol{R}^n$ 为设计变量，$\boldsymbol{X}_1$、$\boldsymbol{X}_2$、$\boldsymbol{X}_3$ 分别为学科（子系统）A、B 和 C 的局部设计变量；$\boldsymbol{Y}$ 为状态变量，$\boldsymbol{Y}_1$、$\boldsymbol{Y}_2$、$\boldsymbol{Y}_3$ 分别为学科（子系统）A、B 和 C 的局部状态变量；$\boldsymbol{P}$ 为设计参数；g 为不等式约束，N_g 为不等式约束个数；h 为等式约束，N_h 为等式约束个数。

1. 标准 CSSO 过程

Sobieszczanski-Sobieski 提出的 CSSO 过程在 MDO 优化过程的发展中意义重大，众多研究人员在此基础上对该优化过程进行了改进和发展，故称之为标准 CSSO 过程。标准 CSSO 过程的流程如图 6.9 所示[174]。

标准 CSSO 过程中，每个子空间一般单独进行一个学科分析，通过 GSE 获得

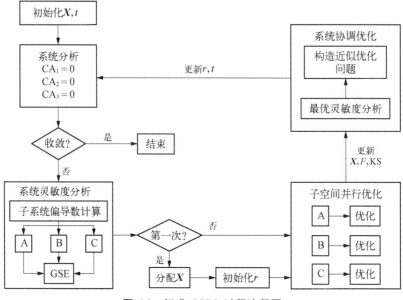

图 6.9　标准 CSSO 过程流程图

系统灵敏度信息。在子空间并行优化过程中,只优化该子空间的局部设计变量(各子空间设计变量互不重叠),凡涉及该子空间状态变量的计算用该学科的分析方法进行,而其他状态变量和约束采用基于 GSE 的近似计算。各子空间的优化结果组成新的设计方案作为下一次迭代的初值。每个子空间的约束采用 KS 函数累积约束形式,将责任系数和权衡系数分配给每个子空间,用来说明每个子空间满足全部约束所应承担的责任。在系统协调优化过程中,调整这些系数使得系统目标函数值最小。这个过程反复进行,直至收敛。

与 MDO 单级优化过程相比,标准 CSSO 过程能减少系统分析次数,降低计算成本。其模块性允许系统进行有效的分解,而且可以并行地执行灵敏度分析和子空间临时解耦优化。同时它通过 GSE、OSA 构造线性近似系统并对其进行协调优化,考虑到了各子空间的相互影响,保持了原系统的耦合性。除了可以采用并行计算提高优化效率外,这种 CSSO 过程允许采用专业方法进行灵敏度分析和 SSO,也允许在优化过程中人为干预进行调节,使得系统优化设计的组织和协调更加方便。因此,该方法有相当大的潜力。

2. ICSSO 过程

Renaud 等对标准 CSSO 过程中协调优化过程 COP 进行了改进,提出了 ICSSO 过程[165,175-177,209,310]。ICSSO 过程的流程如图 6.10 所示。

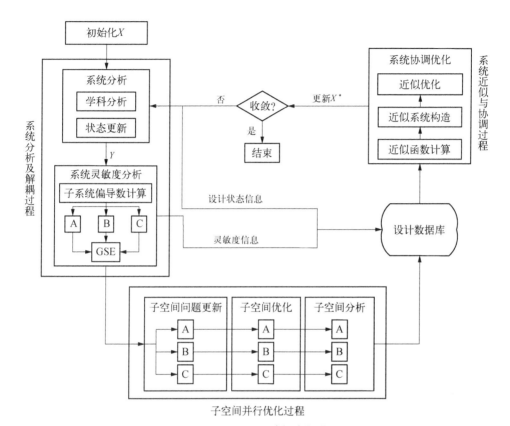

图 6.10　ICSSO 过程流程图

ICSSO 过程继承了标准 CSSO 过程的主要优点,也可称为"由设计数据库驱动的协调过程"[310]。设计数据库中的信息来源于 SA 所得的设计状态信息、SSA 所得的系统灵敏度信息以及子空间并行优化过程中的子空间分析。系统的近似与协调过程,充分利用了设计数据库中的信息来构造全局近似信息,结合全局近似策略来对各 SSO 结果进行综合与折中处理。设计数据库在迭代过程中不断丰富,在此基础上构造的系统近似模型也越来越精确。整个优化过程不断循环进行,直到获得的设计满足收敛准则,这样可有效避免迭代过程出现振荡现象。

3. 基于响应面的并行子空间优化过程

Sellar 等在 ICSSO 过程基础上,提出了基于响应面的 CSSO 过程即 CSSO-RS 过程[208,229]。CSSO-RS 过程的主要流程如图 6.11 所示。

在 CSSO-RS 过程中,每个 SSO 中的非局部状态变量和系统协调中的近似系统分析模型均采用响应面方法表达。采用响应面方法不仅减小了计算量,而且

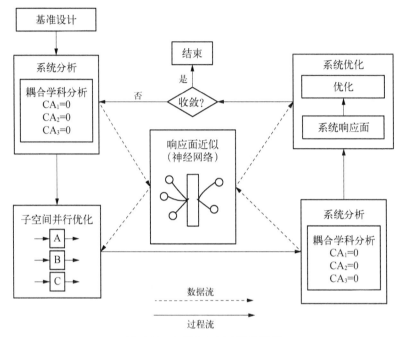

图 6.11　CSSO-RS 过程流程图

成为各子空间(子系统)之间进行信息交换的纽带。由于不需要系统灵敏度信息,CSSO-RS 过程不仅可以处理连续设计变量问题,也可处理离散设计变量问题或者是连续/离散混合变量的问题。这种优化过程更加充分地利用设计循环过程的数据,所有迭代循环产生的数据都在数据库中积累下来,各子空间设计优化结果可作为进一步构造响应面的设计点,能够提高响应面精度,并加快设计收敛的速度。

6.2.2　并行子空间优化过程的改进方案

上一节中所介绍的三种基本 CSSO 过程都还存在许多问题。下面对这些 CSSO 过程进行具体分析,并提出相应的改进方案。

1. 近似策略分析

1) 标准 CSSO 过程的近似策略分析

标准 CSSO 过程采用的是基于 GSE 的一阶函数近似策略,结合参数灵敏度分析的 OSA 技术来完成对子空间状态变量、累积约束(KS 函数[311])和系统近似模型的构造。而当问题的有效约束集发生改变时,对于各子空间中的 KS 函数累积约束近似可能会严重失真。因此,有必要在各 SSO 过程中对有效约束集进行判别,及时更新累积约束表达式。一个实用的有效约束集判别方法可参见文献[312]。这样可以提高标准 CSSO 过程中对约束函数的近似精度。

2) ICSSO 过程的近似策略分析

在标准 CSSO 过程基础上,ICSSO 过程改进了系统级目标函数和累积约束的近似模型[165,175,176,209]。不再使用最优灵敏度信息来对子空间和系统级函数进行近似,而是利用 Rasmussen 累积近似函数[153]来构造系统近似模型。利用设计数据库中的有效信息,当前设计点下目标函数 $f(\boldsymbol{X})$ 的第 k 个累积近似函数 $P_k(\boldsymbol{X})$ 为[175]:

$$P_k(\boldsymbol{X}) = \frac{L_k(\boldsymbol{X})\prod\limits_{p=0}^{k-1}\left[1-\phi_p(\boldsymbol{X})\right] + \left[1-\phi_k(\boldsymbol{X})\right]\sum\limits_{p=0}^{k-1}\left[\phi_p(\boldsymbol{X})f(\boldsymbol{X}_p)\right]}{\prod\limits_{p=0}^{k-1}\left[1-\phi_p(\boldsymbol{X})\right] + \left[1-\phi_k(\boldsymbol{X})\right]\sum\limits_{p=0}^{k-1}\phi_p(\boldsymbol{X})}$$

(6.13)

其中, $L_k(\boldsymbol{X})$ 为基函数,是已知点邻域内的近似信息,ICSSO 过程取的是已知点的一阶泰勒展开或二阶泰勒展开; $\phi_p(\boldsymbol{X})$ 为影响函数。

关于这类函数,第 4 章已有提及, $L_k(\boldsymbol{X})$ 和 $\phi_p(\boldsymbol{X})$ 的具体计算式详见式 (4.38) ~ 式 (4.42)。

在对标准 CSSO 过程改进的初期,ICSSO 过程采用被近似函数 $f(\boldsymbol{X})$ 在设计点 $\boldsymbol{X}_k$ 处的一阶泰勒展开作为插值基函数 $L_k(\boldsymbol{X})$,在近似函数 $P_k(\boldsymbol{X})$ 的构造中,利用了前 $(k-1)$ 个点的函数信息。这样就充分利用了设计数据库中的信息,所更新的最优设计能稳健地改进设计优化循环中的设计变量。

后来,为了提高对累积约束的近似精度,从而改进优化性能,ICSSO 过程采用了被近似函数 $f(\boldsymbol{X})$ 在设计点 $\boldsymbol{X}_k$ 处的二阶泰勒展开作为插值基函数 $L_k(\boldsymbol{X})$ 来构建近似系统。二阶近似系统的协调优化充分利用了 CSSO 所产生的大量设计空间数据,改进了系统收敛性,减少了系统分析的次数,也利于协调各子空间之间的冲突。

ICSSO 过程使用以上的近似策略是为了提高对 MDO 问题的适用性以及提高整个过程的求解精度和收敛性能,但是因为 SSO 过程以及系统级协调优化过程中都使用了 KS 函数形式的累积约束,因此和标准 CSSO 过程一样,无论是一阶累积近似还是二阶累积近似,都很难处理优化设计过程中有效约束集改变引起的累积约束精度降低而导致收敛振荡的问题。这时同样需要增加有效约束集判别的环节以提高整个过程的收敛性能。此外,应用第 4 章的研究成果,也可采用 MTPACA 策略来构建系统近似优化问题,以期改善系统的收敛性能。

3) CSSO-RS 过程的近似策略分析

在 ICSSO 过程基础上,CSSO-RS 过程使用的是人工神经网络响应面的近似策略。由于不需要系统灵敏度信息,因此不存在前面两个过程在计算最优灵敏度信息或系统灵敏度信息时所出现的问题。但是使用人工神经网络响应面的近似策略,其近似精度受神经网络模型、学习算法、样本库数量、隐层数目选择等诸多因素影响。当设计变量和状态变量增多时,神经网络的训练时间将增加。而为了构造系统分析响应面,会出现系统分析次数增加的问题。

2. 移动限制策略分析

如第 1 章所述,Bloebaum 在层次系统分解优化中提出了改进的移动限制策略,该策略利用系统灵敏度信息,考虑了设计变量对系统目标函数和约束的影响,但是它也存在两步法策略所存在的问题,而且它没有利用到以往迭代过程的设计信息。而 Nystrom 提出的三步法策略虽然克服了两步法策略所存在的问题且利用了以往迭代过程的设计信息,但是却没有考虑设计变量对系统目标函数和约束的影响。若可以对两种移动限制策略取长补短,则可以提高 CSSO 过程中移动限制策略的性能。称 Bloebaum 改进策略和 Nystrom 三步法策略的组合策略为 ECBTS 移动限制策略。下面是 ECBTS 移动限制策略的具体实现步骤,其中所需的灵敏度信息由广义灵敏度方法计算获得。

步骤 1:计算各设计变量 x_i 的移动限制因子 α_i。

对于式(6.11)所示的 MDO 问题(简单起见,这里不考虑等式约束),不等式约束的 KS 累积约束定义为[311]

$$C = \frac{1}{\rho}\ln\Big[\sum_{j=1}^{N_g}\exp(\rho g_j)\Big] = \mathrm{KS}, \quad \rho \geqslant 1 \tag{6.14}$$

其中,ρ 为控制参数。KS 累积约束函数是约束极大值函数 g_{max} 的一种光滑近似,$g_{max} = \max(g_i)$,$i = 1,\cdots,N_g$。KS 累积约束函数实际上是对连续可微函数组 $g_i(i=1,\cdots,N_g)$ 极大值函数 g_{max} 的保守光滑近似。KS 累积约束对设计变量 x_i 的灵敏度为

$$\frac{\mathrm{d}C}{\mathrm{d}x_i} = \Big[\sum_{j=1}^{N_g}\exp(\rho g_j)\Big]^{-1}\sum_{j=1}^{N_g}\Big[\frac{\mathrm{d}g_j}{\mathrm{d}x_i}\exp(\rho g_j)\Big], \quad \rho \geqslant 1 \tag{6.15}$$

设计变量 x_i 的有效系数 e_i 定义为[174]

$$e_i = \frac{\dfrac{\mathrm{d}C}{\mathrm{d}x_i}}{\dfrac{\mathrm{d}f}{\mathrm{d}x_i}x_i^0} \tag{6.16}$$

其中，$\dfrac{\mathrm{d}C}{\mathrm{d}x_i}$ 和 $\dfrac{\mathrm{d}f}{\mathrm{d}x_i}$ 可通过求解 GSE 获得；x_i^0 为设计变量 x_i 在当前迭代过程中的值；e_i 表示了指定设计变量 x_i 在设计点对整个设计的影响量。

所有设计变量有效系数的均值 $\bar{e}$ 为

$$\bar{e} = \frac{\sum\limits_{i=1}^{n} e_i}{n} \tag{6.17}$$

其中，n 为系统设计变量的个数。

相应的标准差 $\sigma(e)$ 为

$$\sigma(e) = \left[\frac{1}{n-1}\sum_{i=1}^{n}(e_i - \bar{e})^2\right]^{\frac{1}{2}} \tag{6.18}$$

由式(6.17)和式(6.18)可得有效系数的上限 e_{U} 和下限 e_{L}：

$$\begin{aligned} e_{\mathrm{U}} &= \bar{e} + \sigma(e) \\ e_{\mathrm{L}} &= \bar{e} - \sigma(e) \end{aligned} \tag{6.19}$$

当给定移动限制的上限 M_{U} 和下限 M_{L} 时，可由式(6.20)计算出设计变量 x_i 的移动限制因子 α_i：

$$\alpha_i = \frac{(e_i - e_L)}{2\sigma(e)}(M_{\mathrm{U}} - M_{\mathrm{L}}) + M_{\mathrm{L}} \tag{6.20}$$

步骤 2：确定各设计变量 x_i 移动限制的上限 $x_{i\mathrm{U}}$ 和下限 $x_{i\mathrm{L}}$。

步骤 2.1：确定 x_i 的可行集合 x_{F_i}

$$\{$$
$$\quad x_{F_i} = x_i;$$
$$\quad \text{if} \quad (x_{F_i} > x_{i\mathrm{max}}) \quad x_{F_i} = x_{i\mathrm{max}};$$
$$\quad \text{if} \quad (x_{F_i} < x_{i\mathrm{min}}) \quad x_{F_i} = x_{i\mathrm{min}};$$
$$\}$$

其中, x_{imax} 表示设计变量 x_i 的系统上限; x_{imin} 表示设计变量 x_i 的系统下限。

步骤 2.2: 通过 xF_i、α_i 计算设计变量 x_i 移动限制的上限 x_{iU} 和下限 x_{iL}

$$
\begin{aligned}
&\Delta x_i = \alpha_i \mid xF_i \mid \, ; \\
&\Delta x_{imin} = \max(0.1, \ 0.1 \times x_i) \, ; \\
&\text{if} \quad (\Delta x_i < \Delta x_{imin}) \quad \Delta x_i = \Delta x_{imin} \, ; \\
&x_{iU} = xF_i + \Delta x_i \, ; \\
&x_{iL} = xF_i - \Delta x_i \, ;
\end{aligned}
$$

步骤 2.3: 若设计变量 x_i 超出了 x_{imax} 或 x_{imin} 的范围,则需修正 x_i 移动限制的上限 x_{iU} 和下限 x_{iL}

$$
\begin{aligned}
&\text{if} \quad (x_{iU} > x_{imax}) \\
&\quad\quad\quad \Delta x_i = x_{iU} - x_{imax} \, ; \\
&\quad\quad\quad x_{iU} = x_{iU} - \Delta x_i \, ; \\
&\quad\quad\quad x_{iL} = x_{iL} - \Delta x_i \, ; \\
&\quad\quad\quad \text{if} \quad (x_{iL} < x_{imin}) \quad x_{iL} = x_{imin} \\
\\
&\text{if} \quad (x_{iL} < x_{imin}) \\
&\quad\quad\quad \Delta x_i = x_{iL} - x_{imin} \, ; \\
&\quad\quad\quad x_{iU} = x_{iU} + \Delta x_i \, ; \\
&\quad\quad\quad x_{iL} = x_{iL} + \Delta x_i \, ; \\
&\quad\quad\quad \text{if} \quad (x_{iU} > x_{imax}) \quad x_{iU} = x_{imax}
\end{aligned}
$$

至此,就完成了各设计变量移动限制的计算。将 ECBTS 移动限制策略与优化方法相结合,可以提高优化方法的收敛速度及计算精度。

3. 可处理设计变量的类型分析

标准 CSSO 过程和 ICSSO 过程都有 SSA 的步骤,使用传统的灵敏度分析方法只能解决设计变量为连续变量的 MDO 问题。

CSSO-RS 过程不需要进行 SSA,因此可以解决设计变量为连续/离散混合变量的 MDO 问题。

采用第 3 章和第 5 章的研究成果,可将广义灵敏度的概念以及基于广义灵敏度的设计空间搜索策略应用于标准 CSSO 过程和 ICSSO 过程来解决设计变量为连续/离散混合变量的 MDO 问题。

4. 协调优化过程分析

标准 CSSO 过程中,协调优化过程由责任系数和权衡系数结合某种搜索算法来完成。但责任系数和权衡系数的选取没有严格的理论依据,Bloebaum 等[345]也指出使用标准 CSSO 过程中的责任系数和权衡系数可能会使问题的收敛出现严重振荡现象。

ICSSO 过程对标准 CSSO 过程的系统协调过程进行了改进。不再使用责任系数和权衡系数,而是对系统进行近似分析,构建系统的近似优化问题,然后采用某种搜索算法对系统近似优化问题进行优化。标准 CSSO 过程和 ICSSO 过程所采用的搜索算法多为经典的非线性规划方法。

与 ICSSO 过程相同,CSSO-RS 过程也是通过构建系统的近似优化问题并求解来完成系统的协调优化过程。所不同的是 CSSO-RS 过程使用基于神经网络的响应面技术来构建系统的近似优化问题,且在对问题进行优化求解时,因为可能包含连续/离散混合变量,因此搜索算法也相应有所不同,对连续变量使用基于梯度的搜索算法,对离散变量使用模拟退火算法[229]等。

采用第 5 章的研究成果,可将基于广义灵敏度的设计空间搜索策略应用于标准 CSSO 过程和 ICSSO 过程的 SSO 过程和系统协调优化过程,以期提高整个过程的收敛性能和减小计算成本。

5. 计算复杂性分析

计算复杂性是 MDO 的难点之一。对于复杂的飞行器系统,由于集成了多个学科,在 MDO 过程中,设计变量必然增加,问题的规模也随之加大。并且,由于大多数分析和优化算法随着问题规模的增加其计算量的增加是超线性的,因此,在考虑了各学科之间的耦合之后,MDO 过程的计算成本一般要比各个单学科优化的成本总和还要高得多。由于学科间的耦合效应,CSSO 过程的系统分析需要在各学科的分析模型之间进行多次迭代才能完成。如何降低计算成本、尽量减小 CSSO 过程的计算量,是每个 CSSO 过程都必须重点考虑的问题。

在标准 CSSO 过程和 ICSSO 过程中,除系统灵敏度之外的所有灵敏度信息都是采用 FDM 来求解。由第 3 章的研究可知,使用 FDM 获取灵敏度,不论是在计算精度还是在计算成本上都不是最佳选择,而采用广义灵敏度分析方法可以提高计算精度还可减小计算成本。

CSSO-RS 过程使用基于神经网络的响应面技术,因此神经网络所具有的计算复杂性问题 CSSO-RS 过程也同样会存在。同时,为了构造系统分析的响应面,系统分析的次数将有所增加。

综上所述,CSSO 过程的计算复杂性受灵敏度分析技术、近似策略、移动限制策略以及搜索策略影响较大。通过选用相应的策略可以达到减小计算复杂性的目的。

6.2.3 基于广义灵敏度的并行子空间优化过程

GSBCSO 过程的结构框图如图 6.12 所示。整个优化过程分为 5 个部分:系统分析、SSA 与解耦、设计变量的移动限制设置、子空间并行优化以及系统近似与协调过程。

在设计变量初始化之后,就可开始进行系统分析、灵敏度分析与系统解耦过程。将学科灵敏度信息和系统灵敏度信息存入设计数据库,采用系统灵敏度导数(SSD)对子空间进行临时解耦,对各设计变量进行移动限制分配。之后开始并行地优化子空间。在此过程中,需要考虑子空间问题的表述、优化与分析,所获得的设计信息存入设计数据库,以便构造系统的全局近似。至此,设计数据库不仅存储了设计变量、状态变量等设计信息,还存储了 SSA 中获得的灵敏度信息,以及其他一些可用函数的信息。采用设计数据库中的信息,利用合适的近似方法来构造较精确的系统。然后对这个近似的系统进行优化,由此获得新的设计方案。整个优化过程循环进行,直到满足收敛条件获得最优的系统设计。

1. 系统分析

在系统分析中,要求解耦的学科分析(CA),也即在给定子空间里进行专业设计评价。设计空间按学科分成若干子空间,每个子空间一般单独进行一个学科分析。设计变量也按子空间数分成互不重叠的子向量,这就使得各子空间都有自己的设计子向量和状态子向量,这些子向量也将用于其后的独立 SSO 中。系统分析过程中,将约束条件作为状态变量来处理。对于图 1.3 所示的三学科非层次系统,系统分析的过程就是对给定系统初始设计变量 X^0,迭代求解学科分析方程组(6.21),得到系统初始状态变量 Y^0 的过程。将系统分析所得的设计状态信息存入设计数据库中。

$$CA_1\big[\,(\boldsymbol{X}_1\,,\,\boldsymbol{Y}_2\,,\,\boldsymbol{Y}_3)\,,\,\boldsymbol{Y}_1\,\big] = 0$$
$$CA_2\big[\,(\boldsymbol{X}_2\,,\,\boldsymbol{Y}_1\,,\,\boldsymbol{Y}_3)\,,\,\boldsymbol{Y}_2\,\big] = 0 \tag{6.21}$$
$$CA_3\big[\,(\boldsymbol{X}_3\,,\,\boldsymbol{Y}_1\,,\,\boldsymbol{Y}_2)\,,\,\boldsymbol{Y}_3\,\big] = 0$$

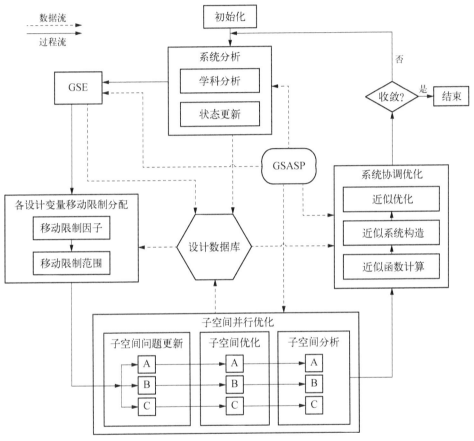

图 6.12　GSBCSO 过程流程图

2. 系统灵敏度分析与解耦

系统分析之后,就利用广义灵敏度分析软件包 GSASP 进行 SSA,也就是利用 GSE 求解 SSD 信息。使用 GSASP,在系统分析完成时就可以获得 LSD 和 GSM,不需要额外的计算过程来计算 LSD 和 GSM。对于离散变量,选用基于正交试验设计的灵敏度分析或神经网络灵敏度分析来计算所需的 LSD 和 GSM,因为使用了基于正交试验设计或神经网络的技术,所以需要进行额外的系统分析才能获得所需的灵敏度信息。然后,通过求解 GSE 即可获得 SSD 信息。根据

SSD 信息进一步可实现对系统的临时解耦,按 SSD 的大小来排列设计向量 X,也即按照各设计变量对各 CA 中约束和目标的影响程度来排列。在本地使用这种信息,就可以指导分配决策,从而使各子空间可以进行独立的分析和优化。对于式(6.11)中的设计参数 P,因为是常量,所以无需进行划分,根据实际意义可出现于任何子空间中。

3. 设计变量的移动限制设置

设计变量的移动限制管理包括各 SSO 过程的移动限制设置和系统近似与协调优化过程的移动限制设置两个步骤。采用 ECBTS 策略来设置 SSO 过程与系统近似与协调优化过程的移动限制。无论是在 SSO 过程中还是在系统协调优化过程中,当设计偏离了构造近似的设计点时,这些近似也会偏离真实系统。通过 ECBTS 策略对设计变量强加移动限制,以限制近似优化在近似精确的设计空间的范围内进行。

4. 子空间并行优化

对于所有约束,都可将它们分配到子空间,作为状态变量来处理。SSO 过程中将不等式约束条件按照独立约束而不是 KS 累积函数来处理,且将所有约束都视为状态变量。子空间 A 的优化问题的数学表述为:

$$\min_{X_A} f\left[(X_1, \bar{X}_2, \bar{X}_3), (Y_1, \tilde{Y}_2, \tilde{Y}_3), P\right] \tag{6.22}$$

$$\text{s.t.} \quad g_1(X_1, \tilde{Y}_2, \tilde{Y}_3) \leqslant 0$$

$$\tilde{g}_2 \leqslant 0$$

$$\tilde{g}_3 \leqslant 0$$

$$| h_1(X_1, \tilde{Y}_2, \tilde{Y}_3) | - \varepsilon \leqslant 0$$

$$| \tilde{h}_2 | - \varepsilon \leqslant 0$$

$$| \tilde{h}_3 | - \varepsilon \leqslant 0$$

$$X_{1L} \leqslant X_1 \leqslant X_{1U}$$

其中,上标"~"表示是近似模型,由 MTPACA 策略计算获得;上标"－"表示是固定参数,由系统级给定;X_{1L} 和 X_{1U} 分别为使用 ECBTS 策略所得该子空间设计变量的移动限制下限和上限;$g_1 \in Y_1$ 为该子空间的局部不等式约束;$g_2 \in Y_2$ 和 $g_3 \in Y_3$ 为其他子空间的非局部不等式约束(对子空间 A 来说),可由式(6.23)

计算：

$$\tilde{g}_m = g_m^0 + \left(\frac{\mathrm{d}g_m}{\mathrm{d}\boldsymbol{X}_1} \right)^{\mathrm{T}} \Delta \boldsymbol{X}_1 \qquad m = 2 \text{ 或 } m = 3 \tag{6.23}$$

其中，灵敏度信息通过求解 GSE 获得。ε 为任意小数；$h_1 \in \boldsymbol{Y}_1$ 为该子空间的局部等式约束；$h_2 \in \boldsymbol{Y}_2$ 和 $h_3 \in \boldsymbol{Y}_3$ 为其他子空间的非局部等式约束（对子空间 A 来说），可由式（6.24）计算：

$$\tilde{h}_k = h_k^0 + \left(\frac{\mathrm{d}h_m}{\mathrm{d}\boldsymbol{X}_1} \right)^{\mathrm{T}} \Delta \boldsymbol{X}_1 \qquad h_k \in \boldsymbol{Y}_2, \boldsymbol{Y}_3 \tag{6.24}$$

其中，灵敏度信息通过求解 GSE 获得。该子空间的状态变量 $\boldsymbol{Y}_1$ 和其他子空间的状态变量 $\boldsymbol{Y}_2$ 和 $\boldsymbol{Y}_3$ 可分别由式（6.25）和式（6.26）计算得到。

$$\boldsymbol{Y}_1 = \boldsymbol{Y}_1 (\boldsymbol{X}_1, \bar{\boldsymbol{X}}_2, \bar{\boldsymbol{X}}_3, \tilde{\boldsymbol{Y}}_2, \tilde{\boldsymbol{Y}}_3) \tag{6.25}$$

$$\tilde{\boldsymbol{Y}}_m = \boldsymbol{Y}_m^0 + \left(\frac{\mathrm{d}\boldsymbol{Y}_m}{\mathrm{d}\boldsymbol{X}_1} \right)^{\mathrm{T}} \Delta \boldsymbol{X}_1 \qquad m = 2 \text{ 或 } m = 3 \tag{6.26}$$

其中，灵敏度信息同样也是通过求解 GSE 获得，因此 GSBCSO 过程在各子空间的优化过程中保留了系统耦合的特征。

各子空间并行优化所得的一些结果，包括当前设计点下的目标函数值、约束函数值、优化后设计向量和状态向量值的信息都直接存入设计数据库中。加上设计数据库中已有的在系统分析中获得的设计状态信息和在 SSA 中所获得的各类灵敏度信息，所有这些信息在设计数据库中逐渐积累下来，用于系统的近似构造。

5. 系统近似与协调优化

在 CSSO 之后，利用设计数据库所存储的信息，可对系统问题构造在当前设计点和状态点下的全局近似系统，然后使用基于广义灵敏度的搜索策略对此全局近似问题进行优化。

系统协调优化问题的数学表述为：

$$
\begin{aligned}
\min \quad & \tilde{f}(\boldsymbol{X}, \boldsymbol{Y}, \boldsymbol{P}) \\
\text{s.t.} \quad & \tilde{g}_i \leqslant 0 & i = 1, 2, \cdots, N_g \\
& |\tilde{h}_k| - \varepsilon = 0 & k = 1, 2, \cdots, N_k \\
& \boldsymbol{X}_{j\mathrm{L}} \leqslant \boldsymbol{X}_j \leqslant \boldsymbol{X}_{j\mathrm{U}} & j = 1, 2, \cdots, n
\end{aligned} \tag{6.27}
$$

构造近似系统就是采用一些合适的近似函数对目标函数和约束函数建模，这些近似函数采用设计数据库中的有效信息，可集中计算目标函数和约束函数，以便用于系统协调优化。GSBCSO 过程采用 MTPACA 策略用于全局近似问题的建模。

$$\tilde{f}_k(\boldsymbol{X}, \boldsymbol{Y}, \boldsymbol{P}) = \frac{\sum_{p=1}^{k} \left[\phi_p(\boldsymbol{X}) L_p(\boldsymbol{X}, \boldsymbol{Y}, \boldsymbol{P}) \right]}{\sum_{p=1}^{k} \phi_p(\boldsymbol{X})} \tag{6.28}$$

建模具体步骤详见第 4 章 4.1.2 节的相关内容。近似函数 $\tilde{f}_k(\boldsymbol{X})$ 的构造过程中用到了前 $(k-1)$ 个点的函数信息和广义灵敏度分析的结果，这些信息都可以由设计数据库中获得，随着优化过程的进行，设计数据库中的信息越来越多，所构建的系统近似模型也就越来越精确。

系统近似与协调优化将获得新的设计变量 $\boldsymbol{X}^*$，若不满足收敛条件，则以 $\boldsymbol{X}^*$ 为初值，开始新一轮的系统分析、SSA 与解耦、设计变量的移动限制设置、子空间并行优化以及系统近似与协调过程以及设计数据库的更新过程。如此反复进行，直到获得满足收敛条件的设计为止。

GSBCSO 过程是在 ICSSO 过程基础上发展而来。从减小计算复杂性的角度出发，采用 GSASP、ECBTS 移动限制策略、MTPACA 策略和基于广义灵敏度的设计空间搜索策略等技术手段可达到预期的效果。

6.2.4 GSBCSO 过程的有效性验证

为验证 GSBCSO 过程的性能，本节选用一个经典数值测试算例[3,186]和一个 NASA Langley 研究中心 MDO 分部（MDOB）提供的用以评估 MDO 优化过程性能的标准算例，应用 GSBCSO 过程对两个算例进行求解，以检验 GSBCSO 过程在减小计算量等方面的有效性。因为第 4 章对近似策略进行了专门研究，而第 5 章对搜索策略进行了专门研究，故本节仅对 ECBTS 移动限制策略在 GSBCSO 过程中的作用进行研究。

1. MDO 经典数值算例

1）原始问题及在 GSBCSO 过程下的数学表述

该数值算例[3]是一个含两个学科（CA）耦合、带连续/离散混合设计变量的 MDO 问题。该问题有三个设计变量和两个状态变量。原始优化问题的数学表述详见 5.2.4 节中的算例 1。

采用 GSBCSO 过程对原始优化问题求解,经过系统分析、SSA 及解耦之后,学科 1(CA$_1$)和学科 2(CA$_2$)的耦合关系如图 6.13 所示:

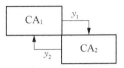

图 6.13　数值算例的两学科耦合关系图

分解后的两个学科由式(6.29)和式(6.30)表示:

学科 1:

$$X_1 = (x_1) \tag{6.29}$$

$$Y_1 = (y_1, g_1)^{\mathrm{T}}$$

学科 2:

$$X_2 = (x_2, x_3)^{\mathrm{T}} \tag{6.30}$$

$$Y_2 = (y_2, g_2)^{\mathrm{T}}$$

根据式(6.22)~式(6.28)所表示的子系统级和系统级优化问题的表述公式,可以给出该问题在 GSBCSO 过程中系统协调优化模型和各学科的优化模型。

(1) 系统协调优化问题的数学表述为

$$\min f = \tilde{f}(X, Y) \tag{6.31}$$

满足:

$$\text{s.t.} \quad \tilde{g}_1(Y) \leqslant 0 \tag{6.32}$$

$$\tilde{g}_2(Y) \leqslant 0 \tag{6.33}$$

$$x_{iL} \leqslant x_i \leqslant x_{iU} \quad i = 1, 2 \tag{6.34}$$

$$x_3 \in \{1, 3, 5, 7, 9\} \tag{6.35}$$

其中,$X = (X_1, X_2)^{\mathrm{T}}$ 为设计变量,x_{iL} 和 $x_{iU}(i = 1, 2)$ 分别为对 x_i 实施 ECBTS 移动限制策略后所得的下限和上限;$Y = (Y_1, Y_2)^{\mathrm{T}}$ 为状态变量;$\tilde{f}$、$\tilde{g}_1$ 和 $\tilde{g}_2$ 均由近似函数式(6.28)计算获得。

(2) 学科 1 优化问题的数学表述为

$$\min f = f(X_1, \bar{X}_2, Y_1, \tilde{Y}_2) \tag{6.36}$$

$$y_1 = y_1(X_1, \bar{X}_2, Y_1, \tilde{Y}_2) \tag{6.37}$$

$$\tilde{y}_2 = y_2^0 + \left(\frac{\mathrm{d}y_2}{\mathrm{d}x_1}\right) \Delta x_1 \tag{6.38}$$

满足:

$$g_1 = g_1(X_1, \bar{X}_2, Y_1, \tilde{Y}_2) \leqslant 0 \tag{6.39}$$

$$\tilde{g}_2 = g_2^0 + \left(\frac{\mathrm{d}g_2}{\mathrm{d}x_1}\right) \Delta x_1 \leqslant 0 \tag{6.40}$$

$$X_{1\mathrm{L}} \leqslant X_1 \leqslant X_{1\mathrm{U}} \tag{6.41}$$

其中, X_1 为局部设计变量, $X_{1\mathrm{L}}$ 和 $X_{1\mathrm{U}}$ 分别为对 X_1 实施 ECBTS 移动限制策略后所得的下限和上限; X_2 为非局部设计变量,在学科 1 中视为常量; Y_1 为局部状态变量; Y_2 为非局部状态变量。式(6.38)和式(6.40)中的灵敏度信息由求解 GSE 获得。

(3) 学科 2 优化问题的数学表述为

$$\min f = (\bar{X}_1, X_2, \tilde{Y}_1, Y_2) \tag{6.42}$$

$$y_2 = y_2(\bar{X}_1, X_2, \tilde{Y}_1, Y_2) \tag{6.43}$$

$$\tilde{y}_1 = y_1^0 + \left(\frac{\mathrm{d}y_1}{\mathrm{d}x_2}\right) \Delta x_2 + \left(\frac{\mathrm{d}y_1}{\mathrm{d}x_3}\right) \Delta x_3 \tag{6.44}$$

满足:

$$g_2 = g_2(\bar{X}_1, X_2, \tilde{Y}_1, Y_2) \leqslant 0 \tag{6.45}$$

$$\tilde{g}_1 = g_1^0 + \left(\frac{\mathrm{d}g_1}{\mathrm{d}x_2}\right) \Delta x_2 + \left(\frac{\mathrm{d}g_1}{\mathrm{d}x_3}\right) \Delta x_3 \leqslant 0 \tag{6.46}$$

$$x_{2\mathrm{L}} \leqslant x_2 \leqslant x_{2\mathrm{U}} \tag{6.47}$$

$$x_3 \in \{1, 3, 5, 7, 9\} \tag{6.48}$$

其中, X_2 为局部设计变量, $x_{2\mathrm{L}}$ 和 $x_{2\mathrm{U}}$ 分别为对 x_2 实施 ECBTS 移动限制策略后所得的下限和上限; X_1 为非局部设计变量,在学科 2 中视为常量; Y_2 为局部状态变量; Y_1 为非局部状态变量。式(6.44)和式(6.46)中的灵敏度信息由求解 GSE 获得。该子系统包含连续/离散混合设计变量。

2) 优化结果与分析

应用单级优化过程和两种不同移动限制策略的 GSBCSO 过程对上述分解后的问题式(6.31)~式(6.48)进行求解,均采用 GSBMVO 算法,则单级优化过程的优化结果即为用 GSBMVO 算法对第 5 章 5.2.4 节中算例 1 进行优化所得的优化结果。在 GSBCSO 过程 1 的实现过程中,设计变量的移动限制由两步法移动限制策略确定。在 GSBCSO 过程 2 的实现过程中,设计变量的移动限制由 ECBTS 移动限制策略来确定。两种移动限制策略中所给定的移动限制上限和下限分别为 90% 和 10%。优化结果列于表 6.7,两种移动限制策略所对应的优化过程迭代收敛过程分别如图 6.14 和图 6.15 所示。

表 6.7 数值算例优化结果

优化过程	x_1^*	x_2^*	x_3^*	$f(X^*)$	系统分析次数
单级优化过程	2.852 5	0.001 1	1	9.004 8	64
GSBCSO 过程 1	2.852 4	0.001 4	1	9.003 8	40
GSBCSO 过程 2	2.852 2	0.001 4	1	9.003 4	24

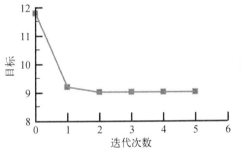

图 6.14 应用两步法移动限制策略的 GSBCSO 迭代收敛过程

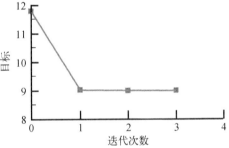

图 6.15 应用 ECBTS 移动限制策略的 GSBCSO 迭代收敛过程

该算例重点测试的是 GSBCSO 过程处理连续/离散混合设计变量的能力。由表 6.7、图 6.14 和图 6.15 可以看出,GSBCSO 过程适合处理连续/离散混合设计变量的问题。对经典数值算例的求解获得了优于单级优化过程的结果,且系统分析次数大大降低,带 ECBTS 移动限制策略 GSBCSO 过程的系统分析次数仅为单级优化过程的 37.5%。在 GSBCSO 过程中,ECBTS 移动限制策略的使用使整个优化过程的迭代次数较两步法移动限制策略的减少了 2 次,系统分析次数减少了 40%,且获得了更好的优化方案,说明移动限制策略在 GSBCSO 过程中的合理使用可以有效降低系统分析次数,加快收敛速度,降低问题的计算复杂性。

2. Electronic Package 问题

1)原始问题及在 GSBCSO 过程下的数学表述

Electronic Package 问题[170,177,296]是一个包含电、热耦合的 MDO 问题,电子

包装部件由电阻和散热片组成,电阻安装在散热片上,电路的电流被两块电阻均匀分开。电阻受到工作温度的影响,而温度又依赖于电阻,即温度和电阻互相耦合。其中热分析用有限元方法,而电路分析需求解代数方程组。问题的目标是在满足相应约束条件下,最大化该电子仪器组件的功率密度。该问题有 8 个设计变量、13 个状态变量和 3 个约束。原始优化问题的数学表述详见 5.1.2 节中的算例 6。

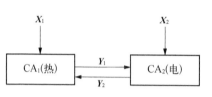

图 6.16　Electronic Package 问题的两学科耦合关系图

采用 GSBCSO 过程对原始优化问题求解,经过系统分析、SSA 及解耦之后,电、热两个学科之间的耦合关系如图 6.16 所示。

分解后的两个学科由式(6.49)和式(6.50)表示:

学科 1:

$$X_1 = (x_1, x_2, x_3, x_4)^T$$
$$Y_1 = (y_{11}, y_{12}, y_{13}, g_1, g_2)^T \tag{6.49}$$

学科 2:

$$X_2 = (x_5, x_6, x_7, x_8)^T$$
$$Y_2 = (y_2, y_3, y_4, y_5, y_6, y_7, y_8, y_9, y_{10}, h_1)^T \tag{6.50}$$

根据式(6.22)~式(6.28)所表示的子系统级和系统级优化问题的表述公式,可以给出该问题在 GSBCSO 过程中系统协调优化模型和各学科的优化模型。

（1）系统协调优化问题的数学表述为

$$\min f = \tilde{f}(X, Y) \tag{6.51}$$

$$Y = \tilde{Y}(X, Y)$$

满足:

$$\tilde{g}_1(Y) \leqslant 0$$

$$\tilde{g}_2(Y) \leqslant 0$$

$$\tilde{h}_1(X, Y) \leqslant 0$$

$$X_L \leqslant X \leqslant X_U$$

其中，$X = (X_1, X_2)^T$ 为设计变量，X_L 和 X_U 分别为对 X 实施 ECBTS 移动限制策略后所得的下限和上限；$Y = (Y_1, Y_2)^T$ 为状态变量；$\tilde{f}$、$\tilde{Y}$、$\tilde{g}_1$、$\tilde{g}_2$ 和 $\tilde{h}_1$ 由近似函数式(6.28)计算获得。

（2）学科 1 优化问题的数学表述为

$$\min f = f(X_1, \bar{X}_2, Y_1, \tilde{Y}_2) \tag{6.52}$$

$$y_i = y_i(X_1, \bar{X}_2, Y_1, \tilde{Y}_2), \ i = 11, \ 12, \ 13 \tag{6.53}$$

$$\tilde{y}_i = y_i^0 + \left(\frac{dy_i}{dX_1}\right)^T \Delta X_1, \ i = 2, \ \cdots, \ 10 \tag{6.54}$$

满足：

$$g_i = g_i(X_1, \bar{X}_2, Y_1, \tilde{Y}_2) \leqslant 0, \ i = 1, \ 2 \tag{6.55}$$

$$\tilde{h}_1 = \left| h_1^0 + \left(\frac{dh_1}{dX_1}\right)^T \Delta X_1 \right| - \varepsilon \leqslant 0 \tag{6.56}$$

$$X_{1L} \leqslant X_1 \leqslant X_{1U} \tag{6.57}$$

其中，X_1 为局部设计变量，X_{1L} 和 X_{1U} 分别为对 X_1 实施 ECBTS 移动限制策略后所得的下限和上限；X_2 为非局部设计变量，在学科 1 中视为常量；Y_1 为局部状态变量；Y_2 为非局部状态变量。式(6.54)和式(6.56)中的灵敏度信息由求解 GSE 获得。

（3）学科 2 优化问题的数学表述为

$$\min f = f(\bar{X}_1, X_2, \tilde{Y}_1, Y_2) \tag{6.58}$$

$$y_i = y_i(\bar{X}_1, X_2, \tilde{Y}_1, Y_2), \ i = 2, \ \cdots, \ 10 \tag{6.59}$$

$$\tilde{y}_i = y_i^0 + \left(\frac{dy_i}{dX_1}\right)^T \Delta X_1, \ i = 11, \ 12, \ 13 \tag{6.60}$$

满足：

$$\tilde{g}_i = g_i^0 + \left(\frac{dg_i}{dX_2}\right)^T \Delta X_2, \ i = 1, \ 2 \tag{6.61}$$

$$h_1 = |\ h_1(\bar{X}_1, X_2, \tilde{Y}_1, Y_2)\ | - \varepsilon \leqslant 0 \tag{6.62}$$

$$X_{2L} \leqslant X_2 \leqslant X_{2U} \tag{6.63}$$

其中，X_2 为局部设计变量，X_{2L} 和 X_{2U} 分别为对 X_2 实施 ECBTS 移动限制策略后所得的下限和上限; X_1 为非局部设计变量,在学科 2 中视为常量; Y_2 为局部状态变量; Y_1 为非局部状态变量。式(6.60)和式(6.61)中的灵敏度信息由求解 GSE 获得。

2) 优化结果与分析

应用单级优化过程和两种不同移动限制策略的 GSBCSO 过程对上述分解后的问题式(6.51)~式(6.63)进行优化,搜索算法均采用 CVMGRG 算法,此时的单级优化过程的优化结果即为用 CVMGRG 算法对第 5 章 5.1.2 节中算例 6 进行优化所得的优化结果。在 GSBCSO 过程 1 的实现过程中,设计变量的移动限制由两步法移动限制策略来确定。在 GSBCSO 过程 2 的实现过程中,设计变量的移动限制由 ECBTS 移动限制策略来确定。两种移动限制策略中所给定的移动限制上限和下限分别为 90% 和 10%。优化结果列于表 6.8,GSBCSO 过程 1 和 GSBCSO 过程 2 的迭代收敛过程分别如图 6.17 和图 6.18 所示。为便于比较,表 6.8 中还列出了文献[177]中使用 ICSSO 过程对该问题优化所得的优化结果。

表 6.8　Electronic Package 问题优化结果

	单级优化过程	GSBCSO 过程 1	GSBCSO 过程 2	ICSSO 过程[177]
目标函数值	−618 077	−636 097	−637 111	−635 961
系统分析次数	192	144	90	216
x_1^*	0.05	0.05	0.05	0.05
x_2^*	0.05	0.05	0.05	0.05
x_3^*	0.01	0.01	0.010 1	0.01
x_4^*	0.008 3	0.005	0.005	0.005
x_5^*	10	10.02	10	10.017
x_6^*	0.004 1	0.004	0.004 3	0.004
x_7^*	10	10.01	10	10
x_8^*	0.004	0.004	0.004	0.004

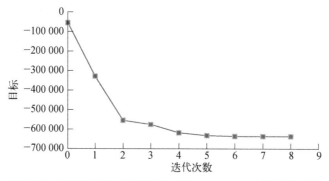

图 6.17　应用两步法移动限制策略的 GSBCSO 迭代收敛过程

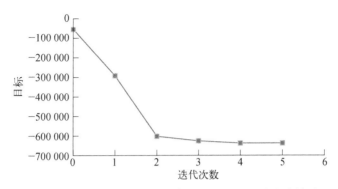

图 6.18　应用 ECBTS 移动限制策略的 GSBCSO 迭代收敛过程

由表 6.8、图 6.17 和图 6.18 可以看出,GSBCSO 过程对 Electronic Package 问题的求解获得了优于单级优化过程和 ICSSO 过程的结果,且系统分析次数明显减少,带 ECBTS 移动限制策略 GSBCSO 过程的系统分析次数为单级优化过程的 46.88%。在 GSBCSO 过程中,ECBTS 移动限制策略的使用使整个优化迭代次数较两步法移动限制策略减少了 3 次,系统分析次数减少了 37.5%,且获得了更好的优化方案,说明移动限制策略在 GSBCSO 过程中的合理使用可以有效降低系统分析次数,加快收敛速度,从而降低问题的计算复杂性。

6.2.5　本节小结

本节的主要工作及主要结论如下。

分析研究了标准 CSSO 过程、ICSSO 过程以及 CSSO-RS 过程。从近似策略、移动限制策略、设计变量类型、协调优化过程以及计算复杂性等多个方面对以上各种过程进行了对比,针对存在的问题提出了 GSBCSO 过程。GSBCSO 过程对传统 CSSO 过程的改进之处体现在以下 4 个方面。

(1) 引入广义灵敏度的概念,使之可以处理离散/连续混合变量的优化问题,这样,拓宽了 CSSO 过程的使用范围,克服了标准 CSSO 过程和 ICSSO 过程只能处理设计变量为连续变量的 MDO 问题。

(2) 应用近似效果好且计算成本较低的 MTPACA 近似策略来对 SSO 及系统协调优化问题构造近似优化模型。

(3) 提出了 ECBTS 移动限制策略。ECBTS 移动限制策略可对子空间中的设计变量进行移动限制分配,达到提高优化效率的目的。

(4) 在 GSBCSO 过程中应用基于 CVMGRG 算法和 GSBMVO 算法的搜索策

略,对连续设计变量和离散/连续混合设计变量分别使用不同的搜索算法,获取系统的最优设计。

最后,通过两个 MDO 经典测试算例验证了 GSBCSO 过程的有效性及高效性。并验证了 GSBCSO 过程对以上四个方面的考虑及具体实现可以达到减少系统分析次数、降低 MDO 问题求解过程中计算复杂性的目的。

6.3 协同优化过程研究

6.3.1 标准协同优化过程

CO 过程于 1994 年由 Kroo 提出[219]。初期的 CO 主要用于单学科、单目标范畴,后期的 CO 已经可以解决多目标、多学科的优化设计。由于简单易行,符合现代工程设计模式,CO 过程已经得到了广泛应用,如飞机初步优化设计[219]、月球上升轨道的计算[313]、中等规模飞行器的设计[314]、单级入轨助推器的设计[220]等。

1. 标准协同优化表述

CO 的基本思路是: 分布式的学科设计优化满足各自学科约束,以使学科相关的信息不用与别的学科分析进行通信;在允许学科设计冲突的情况下使学科设计冲突最小化;系统级在最优化的同时协调这些子系统间的冲突。更确切地说,系统级优化为那些在学科分析间共享的参数提供目标,每个学科的目标是在局部约束许可的范围内达到系统的目标值。

对于一个有 n 个子系统的 MDO 问题:

$$
\begin{aligned}
&\text{Find}: && Z, Y, X, (i, j = 1, \cdots, n, i \neq j)\\
&\text{Min}: && F = f_0(Z, Y_0, Y)\\
&\text{Satisfy}: && E_0(Z, Y_0, Y) = 0, E_i(Z, X_i, Y_{ji}, Y_i) = 0\\
&\text{s.t.} && G_0 \leq 0, G_i \leq 0
\end{aligned}
\tag{6.64}
$$

标准 CO 过程给出的双层优化结构如下:

$$
\text{System}:
\begin{aligned}
&\text{Find}: && Z, Y, (i = 1, \cdots, n)\\
&\text{Min}: && F_0 = f_0(Z, Y_0, Y)\\
&\text{Satisfy}: && E_0(Z, Y_0, Y) = 0\\
&\text{s.t.} && G_0 \leq 0, C_i = 0
\end{aligned}
\tag{6.65}
$$

$$\text{Discipline-}i:\quad\begin{array}{ll}\text{Given:} & \boldsymbol{Z},\ \boldsymbol{Y}_{ji},\ (j=1,\ \cdots,\ n,\ j\neq i)\\[4pt] \text{Find:} & \boldsymbol{X}_i,\ \boldsymbol{Y}_i^*,\ \boldsymbol{Z}_i^*\\[4pt] \text{Min:} & F_i=C_i\\[4pt] \text{Satisfy:} & E_i(\boldsymbol{Z}_i^*,\ \boldsymbol{X}_i,\ \boldsymbol{Y}_{ji},\ \boldsymbol{Y}_i^*)=0\\[4pt] \text{s.t.} & G_i\leqslant 0\end{array}\qquad(6.66)$$

$$C_i=(\boldsymbol{Z}-\boldsymbol{Z}_i^*)^{\mathrm{T}}(\boldsymbol{Z}-\boldsymbol{Z}_i^*)+(\boldsymbol{Y}_i-\boldsymbol{Y}_i^*)^{\mathrm{T}}(\boldsymbol{Y}_i-\boldsymbol{Y}_i^*)\qquad(6.67)$$

函数 C_i 称为相容性约束函数,类似的相容性函数还有若干种,以式(6.67)形式使用最为广泛。

(注:此处给出的 CO 表述与 Kroo 最初给出的表述有些许差异。在 Kroo 的表述中,对系统层设计变量、子系统(耦合)输出未加区分,统一用 $\boldsymbol{Z}$ 表示,且未考虑系统平衡方程与约束,因其在提出时,只注重了耦合协调。但是综合考虑双层表述向多层表述的发展,应当区分这两类变量,加入系统平衡方程与约束。)

2. 标准协同优化流程

标准 CO 过程执行步骤为:

Begin "SO":

　　步骤 0:系统层初始化,执行系统分析 SA,确定 $\boldsymbol{Z}$ 与 $\boldsymbol{Y}$ 的初值;

　　步骤 1:系统层将 $\boldsymbol{Z}$ 与 $\boldsymbol{Y}$ 的值(满足系统平衡方程)传给各子系统;

　　Begin "SSO":

　　　　步骤 2:各子系统调用各自学科分析程序,分析中利用给定的 $\boldsymbol{Z}$ 与 $\boldsymbol{Y}$ 值,获取学科分析输出 $\boldsymbol{Y}_i^*$;

　　　　步骤 3:各子系统计算子系统约束 G_i,与相容性目标 C_i;

　　　　步骤 4:各子系统优化相容性目标确定 $\boldsymbol{X}_i$、$\boldsymbol{Y}_i^*$、$\boldsymbol{Z}_i^*$,并将相容性目标值 C_i 返回给系统层;

　　End

　　步骤 5:系统层计算 F_0,C_i,G_0,若 $\boldsymbol{Z}$ 与 $\boldsymbol{Y}$ 可行且相容,执行步骤 6;反之执行步骤 7;

　　步骤 6:考察总目标值在最新两次优化中的目标函数差值 δ,若 δ 满足要求,End;反之执行步骤 7

　　步骤 7:依据具体的搜索策略,获取新的 $\boldsymbol{Z}$ 与 $\boldsymbol{Y}$,并跳至步骤 1;

End

其中,SO 表示系统优化;SSO 表示子系统优化。

在 CO 执行过程中,各领域的设计变量、约束和灵敏度保持着和领域的联系并且不用在各个学科分析间传送,这使得学科问题能够被有关专家单独解决。SSO 问题的改变不影响系统级问题。系统级优化中消除了单个学科子系统的所有局部变量。学科子系统间的连接通过一个系统级问题的等式约束得到加强。在提高系统级性能目标时,这些等式约束处理了学科间的耦合。通过解决分布式的较低级别的优化子问题,得到约束的值。优化子问题的目标是使学科间的矛盾最小化。CO 方法提供了设计进程分解与并行化的一种普遍方法,且其结构简单,易于实施,学科自治性强,学科间的数据传输量比较少。

6.3.2 基于响应面的协同优化过程

为进一步提高优化效率,可以考虑采用 MDO 中常使用的响应面近似技术,近似技术方面的简要介绍可参见绪论有关内容。基于响应面近似的 CO 过程有两种:一种是以 Z、Y 为变量构造相容约束 C_i 的响应面近似;另一种是以 Z、Y 为变量构造 Z^*、Y^* 的响应面近似,再获取相容约束。因此,前者可称为直接响应面近似,后者可称为间接响应面近似。由于系统与子系统之间只有相容性约束的关联,故在系统级中构造相容性约束的近似,能够减少系统级对子系统优化的依赖,从而减少对子系统优化与分析的调用次数,达到提高效率的目的。

1. 直接响应面近似

对于标准 CO 过程中的系统约束,若从 Z_i^*,Y_i^* 直接获取,有:

$$C_i = (Z - Z_i^*)^{\mathrm{T}}(Z - Z_i^*) + (Y_i - Y_i^*)^{\mathrm{T}}(Y_i - Y_i^*) \tag{6.68}$$

利用隐函数:

$$Z_i^* = Z_i^*(Z, Y), \quad Y_i^* = Y_i^*(Z, Y) \tag{6.69}$$

则

$$C_i = [Z - Z_i^*(Z, Y)]^{\mathrm{T}}[Z - Z_i^*(Z, Y)] + [Y_i - Y_i^*(Z, Y)]^{\mathrm{T}}[Y_i - Y_i^*(Z, Y)] \tag{6.70}$$

即

$$C_i = C_i(\mathbf{Z}, \mathbf{Y}) \tag{6.71}$$

对式(6.71)采用响应面近似:

$$C_i \approx \mathbf{RS}_{C_i}(\mathbf{Z}, \mathbf{Y}) \tag{6.72}$$

常采用 QPRSA, 令 $\mathbf{Z}' = \begin{pmatrix} \mathbf{Z} \\ \mathbf{Y} \end{pmatrix}$, 则有

$$C_i \approx a_0 + \sum_{i=1}^{m\mathbf{Z}'} b_i \mathbf{Z}'_i + \sum_{i,j=1}^{m\mathbf{Z}'} d_{ij} \mathbf{Z}'_i \mathbf{Z}'_j \tag{6.73}$$

其中, $m\mathbf{Z}'$ 为 $\mathbf{Z}'$ 的长度, a_0、b_i、d_{ij} 均是需要确定的未知系数, 一般在获取与未知系数数目相同的取样点之后, 经由最小二乘法确定位置系数值。

从式(6.73)可知, a_0、b_i、d_{ij} 这些未知系数的数目之和与 $m\mathbf{Z}'$ 的二次方成正比, 因此构造 C_i 的响应面近似也还需要大量计算。此外, 虽然依据式(6.68), C_i 是 $\mathbf{Z}$、$\mathbf{Y}$ 的显式二次函数, 但由于隐函数 $\mathbf{Z}_i^*$、$\mathbf{Y}_i^*$ 的存在, 式(6.71)中, C_i 最终将不是 $\mathbf{Z}$、$\mathbf{Y}$ 的二次函数。因此利用二次多项式响应面不一定能取得很好的效果。

2. 间接响应面近似

对式(6.69)中的隐函数构造近似:

$$\mathbf{Z}_i^* \approx \mathbf{RS}_{\mathbf{Z}_i^*}(\mathbf{Z}, \mathbf{Y}), \ \mathbf{Y}_i^* \approx \mathbf{RS}_{\mathbf{Y}_i^*}(\mathbf{Z}, \mathbf{Y}) \tag{6.74}$$

则

$$C_i = (\mathbf{Z} - \mathbf{RS}_{\mathbf{Z}_i^*})^{\mathrm{T}}(\mathbf{Z} - \mathbf{RS}_{\mathbf{Z}_i^*}) + (\mathbf{Y}_i - \mathbf{RS}_{\mathbf{Y}_i^*})^{\mathrm{T}}(\mathbf{Y}_i - \mathbf{RS}_{\mathbf{Y}_i^*}) \tag{6.75}$$

若采用二次响应面近似:

$$\mathbf{Z}_i^* \approx a_0 + \sum_{i=1}^{m\mathbf{Z}'} b_i \mathbf{Z}'_i + \sum_{i,j=1}^{m\mathbf{Z}'} d_{ij} \mathbf{Z}'_i \mathbf{Z}'_j \tag{6.76}$$

$$\mathbf{Y}_i^* \approx a_0 + \sum_{i=1}^{m\mathbf{Z}'} b_i \mathbf{Z}'_i + \sum_{i,j=1}^{m\mathbf{Z}'} d_{ij} \mathbf{Z}'_i \mathbf{Z}'_j \tag{6.77}$$

这种近似调用子系统优化的次数与直接方法是一样的, 但是由于 $\mathbf{Z}'$ 的长度大大超过了 C_i 的长度, 所以近似本身的计算次数大大超过直接方法。但间接近似的效果优于直接近似, 因为间接近似的非线性程度要比直接近似低。

6.4 BLISS 优化过程及其改进研究

6.4.1 BLISS 优化过程简介

1. 问题表述

Sobieszczanski-Sobieski 等开发了最初的两级集成系统合成 BLISS 过程,采用 GSE[124] 进行灵敏度分析,子系统内的优化自治使各模块在局部约束下最小化系统目标,而协调问题则只涉及相对少量的各模块公有的设计变量。协调问题的解由系统目标关于子系统状态变量与子系统设计变量的导数来控制。这些导数可以用两种不同的方法计算,由此产生两种版本的 BLISS。

对于一个有 n 个子系统的 MDO 问题,有

$$
\begin{aligned}
\text{Find：} \quad & \boldsymbol{Z}, \boldsymbol{Y}, \boldsymbol{X}, (i, j = 1, \cdots, n, i \neq j) \\
\text{Min：} \quad & \boldsymbol{F} = f_0(\boldsymbol{Z}, \boldsymbol{Y}_0, \boldsymbol{Y}) \\
\text{Satisfy：} \quad & E_0(\boldsymbol{Z}, \boldsymbol{Y}_0, \boldsymbol{Y}) = 0, E_i(\boldsymbol{Z}, \boldsymbol{X}_i, \boldsymbol{Y}_{ji}, \boldsymbol{Y}_i) = 0 \\
\text{s.t.} \quad & G_0 \leqslant 0, G_i \leqslant 0
\end{aligned}
\tag{6.78}
$$

其对应的标准 BLISS 过程表述为

$$
\text{System：}
\begin{cases}
\text{Find：} \quad \boldsymbol{Z}, (i = 1, \cdots, n) \\
\text{Min：} \quad \boldsymbol{F}_0 = y_{1,j} = (y_{1,j})_0 + \boldsymbol{D}^{\mathrm{T}} (y_{1,j}, \boldsymbol{Z})_0 \Delta \boldsymbol{Z} \\
\text{Satisfy：} \quad E_0(\boldsymbol{Z}, \boldsymbol{Y}_0, \boldsymbol{Y}) = 0 \\
\text{s.t.} \quad G_0 \leqslant 0, \boldsymbol{Z}_{\mathrm{L}} \leqslant \boldsymbol{Z} + \Delta \boldsymbol{Z} \leqslant \boldsymbol{Z}_{\mathrm{U}}, \Delta \boldsymbol{Z}_{\mathrm{L}} \leqslant \Delta \boldsymbol{Z} \leqslant \Delta \boldsymbol{Z}_{\mathrm{U}}, G_{yz} \leqslant 0
\end{cases}
\tag{6.79}
$$

$$
\text{Discipline-i：}
\begin{cases}
\text{Given：} \quad \boldsymbol{Z}, \boldsymbol{Y}_{ji}, (j = 1, \cdots, n, j \neq i) \\
\text{Find：} \quad \boldsymbol{X}_i \\
\text{Min：} \quad \boldsymbol{F}_i = D (y_{1,j}, \boldsymbol{X}_i)^{\mathrm{T}} \Delta \boldsymbol{X}_i \\
\text{Satisfy：} \quad E_i(\boldsymbol{Z}, \boldsymbol{X}_i, \boldsymbol{Y}_{ji}, \boldsymbol{Y}_i) = 0 \\
\text{s.t.} \quad G_i \leqslant 0, \Delta \boldsymbol{X}_{i\mathrm{L}} \leqslant \Delta \boldsymbol{X}_i \leqslant \Delta \boldsymbol{X}_{i\mathrm{U}}
\end{cases}
$$

其中,子学科优化目标中的 $D(y_{1,j}, \boldsymbol{X}_i)$ 满足 GSE 方程:

$$
\begin{pmatrix}
\boldsymbol{I} & \cdots & -\dfrac{\partial Y_1}{\partial Y_i} & \cdots & -\dfrac{\partial Y_1}{\partial Y_n} \\
\vdots & \boldsymbol{I} & \vdots & \ddots & \vdots \\
-\dfrac{\partial Y_i}{\partial Y_1} & \cdots & \boldsymbol{I} & \cdots & -\dfrac{\partial Y_i}{\partial Y_n} \\
\vdots & \ddots & \vdots & \boldsymbol{I} & \vdots \\
-\dfrac{\partial Y_n}{\partial Y_1} & \cdots & -\dfrac{\partial Y_n}{\partial Y_i} & \cdots & \boldsymbol{I}
\end{pmatrix}
\begin{pmatrix}
\dfrac{dY_1}{dX_k} \\ \vdots \\ \dfrac{dY_i}{dX_k} \\ \vdots \\ \dfrac{dY_n}{dX_k}
\end{pmatrix}
=
\begin{pmatrix}
\dfrac{\partial Y_1}{\partial X_k} \\ \vdots \\ \dfrac{\partial Y_{i1}}{\partial X_k} \\ \vdots \\ \dfrac{\partial Y_n}{\partial X_k}
\end{pmatrix}
\tag{6.80}
$$

在 BLISS/A 过程中,系统优化目标中的 $\boldsymbol{D}(y_{1,j}, \boldsymbol{Z})$ 满足 GSE/OS 方程:

$$
\begin{pmatrix}
\boldsymbol{M}_{yy} & \boldsymbol{M}_{yx} \\
\boldsymbol{M}_{xy} & \boldsymbol{M}_{xx}
\end{pmatrix}
\begin{pmatrix}
\dfrac{\mathrm{d}\boldsymbol{Y}}{\mathrm{d}z_k} \\
\dfrac{\mathrm{d}\boldsymbol{X}}{\mathrm{d}z_k}
\end{pmatrix}
=
\begin{pmatrix}
\dfrac{\partial \boldsymbol{Y}}{\partial z_k} \\
\dfrac{\partial \boldsymbol{X}}{\partial z_k}
\end{pmatrix}
\tag{6.81}
$$

$$
\boldsymbol{M}_{yy} =
\begin{pmatrix}
\boldsymbol{I} & \cdots & -\dfrac{\partial Y_1}{\partial Y_i} & \cdots & -\dfrac{\partial Y_1}{\partial Y_n} \\
\vdots & \boldsymbol{I} & \vdots & & \vdots \\
-\dfrac{\partial Y_i}{\partial Y_1} & \cdots & \boldsymbol{I} & \cdots & -\dfrac{\partial Y_i}{\partial Y_n} \\
\vdots & & \vdots & \boldsymbol{I} & \vdots \\
-\dfrac{\partial Y_n}{\partial Y_1} & \cdots & -\dfrac{\partial Y_n}{\partial Y_i} & \cdots & \boldsymbol{I}
\end{pmatrix},
\boldsymbol{M}_{yx} =
\begin{pmatrix}
-\dfrac{\partial Y_1}{\partial X_1} & \cdots & 0 & \cdots & 0 \\
\vdots & & \vdots & & \vdots \\
0 & \cdots & -\dfrac{\partial Y_i}{\partial X_i} & \cdots & 0 \\
\vdots & & \vdots & & \vdots \\
0 & \cdots & 0 & \cdots & -\dfrac{\partial Y_n}{\partial X_n}
\end{pmatrix}
$$

$$
\boldsymbol{M}_{xy} =
\begin{pmatrix}
0 & \cdots & -\dfrac{\partial X_1}{\partial Y_i} & \cdots & -\dfrac{\partial X_1}{\partial Y_n} \\
\vdots & 0 & \vdots & & \vdots \\
-\dfrac{\partial X_i}{\partial Y_1} & \cdots & 0 & \cdots & -\dfrac{\partial X_i}{\partial Y_n} \\
\vdots & & \vdots & 0 & \vdots \\
-\dfrac{\partial X_n}{\partial Y_1} & \cdots & -\dfrac{\partial X_n}{\partial Y_i} & \cdots & 0
\end{pmatrix},
\boldsymbol{M}_{xx} =
\begin{pmatrix}
\boldsymbol{I} & \cdots & 0 & \cdots & 0 \\
\vdots & \boldsymbol{I} & \vdots & & \vdots \\
0 & \cdots & \boldsymbol{I} & \cdots & 0 \\
\vdots & & \vdots & \boldsymbol{I} & \vdots \\
0 & \cdots & 0 & \cdots & \boldsymbol{I}
\end{pmatrix}
$$

BLISS/B 过程采用拉格朗日条件对 $D(y_{1,j}, \boldsymbol{Z})$ 进行了简化:

$$D\left(y_{1,i}, \boldsymbol{Z}\right)_0^{\mathrm{T}} = \sum_{r=1}^{n} \left(\boldsymbol{L}^{\mathrm{T}} \frac{\partial \boldsymbol{G}_i}{\partial \boldsymbol{Z}}\right)_r + \sum_{r=1}^{n} \left[\left(\boldsymbol{L}^{\mathrm{T}} \frac{\partial \boldsymbol{G}_i}{\partial \boldsymbol{Y}}\right)_r \cdot \frac{\mathrm{d}\boldsymbol{Y}}{\mathrm{d}\boldsymbol{Z}}\right] + D\left(y_{1,i}, \boldsymbol{Z}\right)^{\mathrm{T}}$$

$$(6.82)$$

其中，$\dfrac{\partial \boldsymbol{G}_i}{\partial \boldsymbol{Z}}$、$\dfrac{\partial \boldsymbol{G}_i}{\partial \boldsymbol{Y}}$ 由 CA 获得，$\dfrac{\mathrm{d}\boldsymbol{Y}}{\mathrm{d}\boldsymbol{Z}}$ 由子系统 GSE 获得，拉格朗日乘子 $\boldsymbol{L}$ 由子系统最优化条件获得，$D\left(y_{1,i}, \boldsymbol{Z}\right)^{\mathrm{T}}$ 为矩阵 $\dfrac{\mathrm{d}\boldsymbol{Y}}{\mathrm{d}\boldsymbol{Z}}$ 中对应 $y_{1,i}$ 的列向量。$\boldsymbol{L}$ 可用 Haftka、Gürdal 所述的方法[315] 产生，不会带来额外的计算负担。

2. 迭代过程

图 6.19 给出了 BLISS/B 的流程，BLISS/A 的流程与 BLISS/B 相似，不同之处有说明：

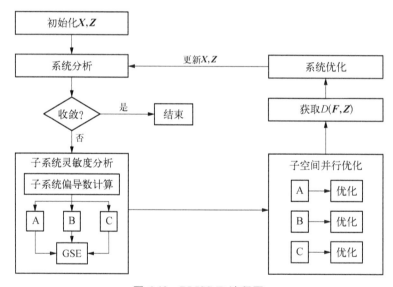

图 6.19 BLISS/B 流程图

Begin "SO"

步骤 0：初始化 $\boldsymbol{X}$ 与 $\boldsymbol{Z}$；

步骤 1：执行系统分析获得 $\boldsymbol{Y}$ 和 $\boldsymbol{G}$，系统分析中包括各子系统的学科分析；

步骤 2：检测收敛准则，若满足收敛条件，则终止程序获得系统目标；否则重载结果、修改问题表述，继续执行；

步骤 3：执行 SSSA，获得 $\dfrac{\partial Y}{\partial X}$、$\dfrac{\partial Y_i}{\partial Y_j}$、$\dfrac{\partial G}{\partial Z}$ 与 $\dfrac{\partial G}{\partial Y}$；执行 SSA，获得

$$\dfrac{\mathrm{d}Y}{\mathrm{d}X}\left(\text{在 BLISS/A 中为 } \dfrac{\mathrm{d}Y}{\mathrm{d}Z}\right);$$

Begin "SSO"

步骤 4：表述各子系统的目标函数 F_i，执行子系统局部最优化，获得 F_{iopt} 和 ΔX_{opt}；获得 G 的拉格朗日乘子（在 BLISS/A 中跳过 L）；

End

步骤 5：计算得到 $D(F, Z)$ $\bigg($ 在 BLISS/A 中执行子系统 OSA，获得

$$\dfrac{\mathrm{d}X}{\mathrm{d}Z} \text{ 和 } \dfrac{\mathrm{d}X}{\mathrm{d}Y}，\text{构造并求解 GSE/OS 以产生 } \dfrac{\mathrm{d}Y}{\mathrm{d}Z}\bigg);$$

步骤 6：执行 SOPT 获得 ΔZ_{opt}；

步骤 7：更新各变量 $X = X_0 + \Delta X_{opt}$，$Z = Z_0 + \Delta Z_{opt}$，转到步骤 1。

End

3. 基于响应面的改进

对前文的两种 BLISS 过程——BLISS/A 和 BLISS/B 进行修改，可得到采用 RS 的 BLISS 过程——BLISS/RS_1 和 BLISS/RS_2。这两种算法的主要区别是：BLISS/RS_1 中 RS 由系统分析所得数据构造和更新，而 BLISS/RS_2 中 RS 则用子系统最优化所得数据对变量 Y 进行线性插值来构造。

BLISS/RS 方法与原始 BLISS 方法基本一致，只是 BLISS/RS 方法运用响应面来近似系统目标函数和系统约束关于系统级设计变量的关系，较原始的 BLISS 方法简便，且 BLISS/RS_2 方法进一步近似子系统级输出，减少了系统级分析次数和整个 BLISS 计算的时间。BLISS/RS 方法流程如图 6.20 所示。

在 BLISS 中引入响应面来求解系统级优化问题，可减少总计算量。在系统级优化问题中运用响应面，可不必对系统优化问题进行表述；也不须求解最优灵敏度导数；并消除了对有效约束拉格朗日乘子的依赖。而且，用 RS 产生的平滑操作可改进数值优化方法的收敛特性，从而减少了陷入局部最优的可能性。

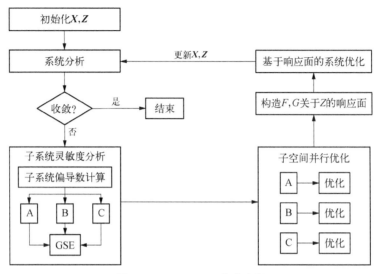

图 6.20　BLISS/RS 方法流程

6.4.2　BLISS 2000 优化过程简介

Sobieszczanski-Sobieski 等进一步改进了 BLISS 过程,重新表述了优化问题,使其更适应并行分布式计算。这种改进的 BLISS 过程称为 BLISS 2000,BLISS 2000 将子系统优化中的目标函数用各子系统输出的加权和来表述,以此控制子系统的输出、改进系统目标,且权值系数在系统级优化中作为设计变量。其表述不需计算系统灵敏度,也不必进行 OSA,并能运用响应面在系统级近似子系统的局部最优值。

BLISS 2000 主要分为三部分:子系统优化、子系统响应面构造和系统级优化。

1. 子系统优化

子系统优化问题为

$$
\begin{aligned}
\text{Given：} & \quad \boldsymbol{Z},\ \boldsymbol{Y}_{ji},\ (j = 1,\ \cdots,\ n,\ j \neq i) \\
\text{Find：} & \quad \boldsymbol{X}_i \\
\text{Discipline-i：Min：} & \quad \boldsymbol{F}_i = \boldsymbol{W}_i \boldsymbol{Y}_i \\
\text{Satisfy：} & \quad E_i(\boldsymbol{Z},\ \boldsymbol{X}_i,\ \boldsymbol{Y}_{ji},\ \boldsymbol{Y}_i) = 0 \\
\text{s.t.} & \quad \boldsymbol{G}_i \leqslant 0,\ \Delta \boldsymbol{X}_{iL} \leqslant \Delta \boldsymbol{X}_i \leqslant \Delta \boldsymbol{X}_{iU}
\end{aligned}
\tag{6.83}
$$

其中,$\boldsymbol{W}$ 为权值系数向量,$\boldsymbol{W}$ 作为系统级变量用以连接子系统优化和系统级优化。

子系统优化获得 $\boldsymbol{Y}_{iopt}$,并将其传递给系统优化,而不必将最优的 $\boldsymbol{F}_i$ 传给系统优化。子系统优化在空间 $\{\boldsymbol{Z} \mid \boldsymbol{Y}_{ji} \mid \boldsymbol{W}_i\} \equiv \boldsymbol{Q}_i$ 某些分散点上进行,可以利用实

验设计技术构造点的分布模式来加快优化收敛。从系统角度看,各子系统可自主确定其优化求解方法。

2. 子系统响应面构造

为了降低总的计算量,对子系统的优化结果构造响应面近似,以便用于系统级优化中。将各响应面构成响应面族(SRS)。SRS 即为子系统最优化的近似模型,具体如下:

$$Y_{opt}^a = Y_{opt}^a [\,SRS(\boldsymbol{Q})\,] \tag{6.84}$$

$$\boldsymbol{U}_{opt}^a = \boldsymbol{U}_{opt}^a [\,SRS(\boldsymbol{Q})\,],\ \boldsymbol{U}_{opt} \equiv \{\boldsymbol{X}_{opt} \mid \boldsymbol{Y}_{opt}\}$$

$$Q_L \leqslant Q \leqslant Q_U$$

其中,上标 a 表示近似值,Y_{opt}^a 表示从早先计算的 SRS 获得的近似值。Q 的边界值根据各边界约束、内部迭代所需的移动限制进行最佳估算获得。SRS 可称为域近似,因为它在上述边界内包含了整个 Q 空间。在子系统最优化后,通过上式构造各子系统的响应面,然后可进行系统级优化。

3. 系统级优化

采用各个子系统的响应面近似,可以方便地进行系统级优化:

$$\begin{aligned} &\text{Given:} && \boldsymbol{Y}_{opt}^a \\ &\text{Find:} && Q \\ \text{System:}\ &\text{Min:} && F_0 = y_{1,j} \approx (y_{1,j})_{opt}^a \\ &\text{Satisfy:} && E_0(\boldsymbol{Z},\ Y_0,\ \boldsymbol{Y}) = 0 \\ &\text{s.t.} && \boldsymbol{Y} - \boldsymbol{Y}_{opt}^a = 0,\ G_0 \leqslant 0,\ Q_L \leqslant Q \leqslant Q_U \end{aligned} \tag{6.85}$$

在非线性系统中,从 SRS 获得的数据误差为 $\varepsilon = Y_{opt} - Y_{opt}^a$,对 ε 的控制需要通过子系统优化和系统优化迭代来实现,在系统优化中,还需要考虑 Q 的移动限制 Q_L、Q_U。这些移动限制在每次迭代中都需要调整,有时其可能与 SRS 的边界条件冲突。如此则需要在子系统优化中增加新的点以重新拟合 SRS。

4. 迭代过程

BLISS 2000 算法可用下列步骤表述:

Begin "SO"

　　步骤 0:初始化 Z、W,以及边界 U、L;

　　步骤 1:执行初始的系统分析以获得 Y 的初始值,及构造响应面边界;

步骤 2：构造或更新各子系统的近似模型，可并行进行；

(1) 采用数据压缩技术减少各子系统 Q 空间的维数；

(2) 在 Q 空间中用 DOE 技术处理确定响应面近似所需的最少点；

(3) 进行各子系统的最优化，可并行实现；

(4) 根据(2)和(3)的结果拟合一组响应面；

(5) 用随机取样检验 SRS 质量，若有必要，可增加新的点或抛弃旧的点，改进 SRS 的质量；

(6) 各系统优化后，通过转换、扩展或收缩 Q 空间，避免偏离 SRS 边界，并保持近似质量；

步骤 3：采用 SRS 数据在空间 Q 中进行系统优化；

步骤 4：检查终止准则，End 或继续；

步骤 5：采用步骤 3 中更新的 Q，转到步骤 2；

End

标准 BLISS 过程采用灵敏度导数连接子系统优化和系统级优化，BLISS 2000 过程则采用响应面或者权值系数来连接两极优化，提高了计算效率，更具有实用性。

6.4.3 EBLISS 2000 优化过程

1. 设计思路

1) 线性分解方程

从实际应用效果来看，BLISS 2000 在目前所有的优化过程中占据优势。但是，BLISS 2000 中，权值矢量 $\boldsymbol{W}$ 的长度与 Y 相同，一方面系统层优化的规模较大，失去了标准 BLISS 的优点；而另一方面对 $\boldsymbol{W}$ 的调整，将引起新的优化迭代，造成较大的计算开销。因此，对 $\boldsymbol{W}$ 的数值进行优化，将进一步提升 BLISS 2000 的性能。

对于原始优化问题，遵照 BLISS 的约定，去掉 G_0、Y_0、E_0：

$$
\begin{aligned}
&\text{Find:} \quad &&\boldsymbol{Z},\ \boldsymbol{Y},\ \boldsymbol{X},\ (i,\,j=1,\,\cdots,\,n,\,i\neq j)\\
&\text{Min:} \quad &&\boldsymbol{F}=f_0(\boldsymbol{Z},\ \boldsymbol{Y})\\
&\text{Satisfy:} \quad &&E_i(\boldsymbol{Z},\ \boldsymbol{X}_i,\ \boldsymbol{Y}_{ji},\ \boldsymbol{Y}_i)=0\\
&\text{s.t.} \quad &&G_i\leqslant 0
\end{aligned}
\tag{6.86}
$$

在某点 $(\boldsymbol{Z}^*,\ \boldsymbol{Y}^*)$ 附近，目标函数满足：

$$F = F^* + \mathrm{d}F \tag{6.87}$$

$$\mathrm{d}F = \frac{\partial f_0}{\partial Z}\mathrm{d}Z + \frac{\partial f_0}{\partial Y}\mathrm{d}Y + O(\parallel \mathrm{d}Z \parallel) + O(\parallel \mathrm{d}Y \parallel)$$

由于在子系统优化中，Z 固定，则 $\mathrm{d}Z = 0$：

$$\mathrm{d}F \approx \frac{\partial f_0}{\partial Y}\mathrm{d}Y \tag{6.88}$$

对于子系统 i，其优化中 Y_j ($j \neq i, j = 1, \cdots, n$) 不变，则：

$$\mathrm{d}F \approx \frac{\partial f_0}{\partial Y_i}\mathrm{d}Y_i = \frac{\partial f_0}{\partial Y_i}\bigg|_{Y_i^*}(Y_i - Y_i^*) \tag{6.89}$$

由于 $\dfrac{\partial f_0}{\partial Y_i}\bigg|_{Y_i^*}$ 对于给定的 Y_i^* 为常数，其与 Y_i^* 的乘积也为常数，因此对子系统 i，当 Y_i 改变时，有：

$$F \approx F^* + \frac{\partial f_0}{\partial Y_i}\bigg|_{Y_i^*}(Y_i - Y_i^*) = \left(F^* + \frac{\partial f_0}{\partial Y_i}\bigg|_{Y_i^*}Y_i^*\right) + \frac{\partial f_0}{\partial Y_i}\bigg|_{Y_i^*}Y_i$$
$$\tag{6.90}$$

上式说明采用并行子系统优化在一定的移动限制范围内与目标函数的优化是一致的，不妨称上式为线性分解方程（linear decomposition equation, LDE）。由于 F 分裂为常变量之和的形式，忽略常分量，对 F 的优化转化为下式的优化：

$$\frac{\partial f_0}{\partial Y_i}\bigg|_{Y_i^*}Y_i = \sum_{j=1}^{NY_i} y_{ij}\frac{\partial f_0}{\partial y_{ij}}\bigg|_{y_{ij}^*} \tag{6.91}$$

对比 BLISS 2000 的子系统优化目标 $F_i = W_i Y_i$，可知：

$$w_{ij} = \frac{\partial f_0}{\partial y_{ij}}\bigg|_{y_{ij}^*} \tag{6.92}$$

由于 w_{ij} 在子系统优化中固定，而 $\dfrac{\partial f_0}{\partial y_{ij}}\bigg|_{y_{ij}^*}$ 通常在子系统优化中随 y_{ij} 变化，故通常只有在一个小的范围内，才能用 w_{ij} 代替 $\dfrac{\partial f_0}{\partial y_{ij}}\bigg|_{y_{ij}^*}$，否则，这种误差几乎是必然的。进一步，该误差将导致最优解 Y_{opt} 的偏差，从而 $Y_{\mathrm{opt}}^{\mathrm{a}} = Y_{\mathrm{opt}}^{\mathrm{a}}[\mathrm{SRS}(Q)]$ 中必然

隐含这种偏差,那么系统优化也必然面临这种误差处理的问题。

虽然可以通过加大最优试验设计取点,逐步缩小步长,提高响应面精度等方法观察 $\boldsymbol{F}_i$ 对 $\boldsymbol{W}$ 的反应来缩小误差,考虑到 $\boldsymbol{W}$ 的长度,这种调整策略必然引起较大的计算耗费,影响 BLISS 2000 在大型应用中的效果。因此,应当废弃权值矢量的调整方式,转而寻求其他方法。

2) 学科优化

(1) 学科分析。

与 CO 和 BLISS 类似,BLISS 2000 保证了学科内部的可行性,即

$$E_i(\boldsymbol{X}_i,\ \boldsymbol{Z},\ \boldsymbol{Y}_i,\ \boldsymbol{Y}_{ji}) = 0 \tag{6.93}$$

这种 IDF 策略而不是多个学科状态方程联立的策略是正确的,除了考虑到实施的复杂度与现有工业模式外,其隐含的模块化机制将有助于大型多学科问题的求解。在单学科内部还可以有 SAND 与 NAND 模式的选择,SAND 的效率优于 NAND,但组织成本高于 NAND,可以视情况灵活选择。SAND 与 NAND 优化最终获取的是子系统的最优平衡解:

$$\boldsymbol{Y}_{i\mathrm{opt}} = \boldsymbol{Y}_{i\mathrm{opt}}(\boldsymbol{Z},\ \boldsymbol{X}_{i\mathrm{opt}},\ \boldsymbol{Y}_{ji}),\ E_{i\mathrm{opt}}(\boldsymbol{X}_{i\mathrm{opt}},\ \boldsymbol{Z},\ \boldsymbol{Y}_{i\mathrm{opt}},\ \boldsymbol{Y}_{ji}) = 0 \tag{6.94}$$

在子系统外部看来:

$$\boldsymbol{Y}_{i\mathrm{opt}} = \boldsymbol{Y}_{i\mathrm{opt}}(\boldsymbol{Z},\ \boldsymbol{Y}_{ji}) \tag{6.95}$$

进一步,获取该最优解之后,在 BLISS 中,主要采用 $\boldsymbol{Y}_{i\mathrm{opt}}$ 的灵敏度方程进行系统优化,而在 BLISS 2000 中,主要采用 $\boldsymbol{Y}_{i\mathrm{opt}}$ 的响应面近似来进行系统优化,这两种途径没有太大的实质性区别,但就目前的灵敏度分析技术和响应面技术而言,虽然前者数值精度高于后者,但计算量比后者大很多,因此实际应用以后者居多,本章也将沿用 BLISS 2000 的思路。

(2) 学科约束。

在学科优化中,学科约束为

$$G_i = G_i(\boldsymbol{X}_i,\ \boldsymbol{Y}_i,\ \boldsymbol{Z},\ \boldsymbol{Y}_{ji}) \tag{6.96}$$

在子学科最优条件下:

$$G_{i\mathrm{opt}} = G_{i\mathrm{opt}}(\boldsymbol{X}_{i\mathrm{opt}},\ \boldsymbol{Y}_{i\mathrm{opt}},\ \boldsymbol{Z},\ \boldsymbol{Y}_{ji}) \tag{6.97}$$

在系统外部看来:

$$G_{iopt} = G_{iopt}(\boldsymbol{Z}, \boldsymbol{Y}_{ji}) \tag{6.98}$$

与 $\boldsymbol{Y}_{iopt}$ 类似,最优学科约束是系统设计变量与耦合状态变量的函数。在 BLISS 与 BLISS 2000 过程中均只注重 $\boldsymbol{Y}_{iopt}$ 的作用,而完全忽略了 G_{iopt} 的作用,导致系统优化产生子系统不可行的设计点,从而造成不必要的迭代。因此,系统优化中引入 G_{iopt} 有望进一步降低计算成本。而 G_{iopt} 的计算只是学科优化的附带产物,不会引起额外的计算耗费。综合 Sobieszczanski-Sobieski 先生的大规模应用建议,G_{iopt} 应当考虑 G_i 长度过大的情况,故借鉴递阶优化过程,引入 K-S 函数进行约束累积[145]:

$$KS(G_{iopt}) = \frac{1}{p} \ln \sum_{j=1}^{NG_i} \exp[p \cdot g_{ijopt}] \ (p \geqslant 1) \tag{6.99}$$

简记为 KSG_{iopt},该函数是学科 i 所有约束的包络函数,对于有限的 p,K-S 函数是连续可微的,且是学科最大约束的保守光滑逼近。

在多个试验设计点进行学科优化之后,可以获得累积约束的响应面 $KSG_{iopt}^a[SRS(Q)]$,供系统优化使用。

(3) 优化目标。

在子系统优化中,如果考虑 dF 的二阶近似,则可进一步加快优化,近似如下:

$$\begin{aligned}
d\boldsymbol{F} \approx &\left(\frac{\partial f_0}{\partial \boldsymbol{Z}}\right)^T d\boldsymbol{Z} + \left(\frac{\partial f_0}{\partial \boldsymbol{Y}}\right)^T d\boldsymbol{Y} \\
&+ d\boldsymbol{Z}^T \frac{\partial}{\partial \boldsymbol{Z}}\left(\frac{\partial f_0}{\partial \boldsymbol{Z}}\right)^T d\boldsymbol{Z} + d\boldsymbol{Y}^T\left(\frac{\partial}{\partial \boldsymbol{Y}}\frac{\partial f_0}{\partial \boldsymbol{Y}}\right) d\boldsymbol{Y} \\
&+ d\boldsymbol{Z}^T \frac{\partial}{\partial \boldsymbol{Y}}\left(\frac{\partial f_0}{\partial \boldsymbol{Z}}\right)^T d\boldsymbol{Y} + d\boldsymbol{Y}^T\left(\frac{\partial}{\partial \boldsymbol{Z}}\frac{\partial f_0}{\partial \boldsymbol{Y}}\right) d\boldsymbol{Z}
\end{aligned} \tag{6.100}$$

对子学科 i,化简为

$$d\boldsymbol{F} \approx \left(\frac{\partial f_0}{\partial \boldsymbol{Y}_i}\right)^T d\boldsymbol{Y}_i + d\boldsymbol{Y}_i^T \frac{\partial}{\partial \boldsymbol{Y}_i}\left(\frac{\partial f_0}{\partial \boldsymbol{Y}_i}\right)^T d\boldsymbol{Y}_i \tag{6.101}$$

展开为

$$d\boldsymbol{F} \approx \left(\frac{\partial f_0}{\partial \boldsymbol{Y}_i}\bigg|_{Y_i^*}\right)^T (\boldsymbol{Y}_i - \boldsymbol{Y}_i^*) + (\boldsymbol{Y}_i - \boldsymbol{Y}_i^*)^T\left(\frac{\partial}{\partial \boldsymbol{Y}_i}\frac{\partial f_0}{\partial \boldsymbol{Y}_i}\bigg|_{Y_i^*}\right)(\boldsymbol{Y}_i - \boldsymbol{Y}_i^*)$$

$$\tag{6.102}$$

由此,子系统在试验设计点进行最优化时,需要先计算该点的一阶和二阶导数信息,分别记为:

$$D_1(Y_i^*) = \frac{\partial f_0}{\partial Y_i}\bigg|_{Y_i^*}, \quad D_2(Y_i^*) = \frac{\partial}{\partial Y_i}\frac{\partial f_0}{\partial Y_i}\bigg|_{Y_i^*} \tag{6.103}$$

上式右边第一项有 NY_i 次运算,第二项则有 $NY_i^2/2$ 次运算,为进一步降低计算量,在 Y_i 偏离 Y_i^* 较远处可以采用 BFGS 方法中对二阶导数的近似计算。

BFGS 方法是无约束最优化中最有效的一种方法[316-319],该方法给出了二阶导数近似迭代公式,可供子系统优化使用:

$$H_{k+1} = H_k + \Delta H_k \tag{6.104}$$

$$\Delta H_k = \left(1 + \frac{y_k^{\mathrm{T}} H_k y_k}{y_k^{\mathrm{T}}\Delta x_k}\right)\frac{\Delta x_k \Delta x_k^{\mathrm{T}}}{y_k^{\mathrm{T}}\Delta x_k} - \frac{y_k \Delta x_k^{\mathrm{T}} H_k^{\mathrm{T}}}{y_k^{\mathrm{T}}\Delta x_k} - \frac{H_k \Delta x_k y_k^{\mathrm{T}}}{y_k^{\mathrm{T}}\Delta x_k} \tag{6.105}$$

$$\Delta x_k = x_{k+1} - x_k \tag{6.106}$$

$$y_k = \nabla f(x_{k+1}) - \nabla f(x_k) \tag{6.107}$$

将 $D_1(Y_i^*)$ 与 $D_2(Y_i^*)$ 代入,可得扩展点依据初始点的计算公式:

$$D_2(Y_i^*) = D_2(Y_i^*)_0 + \Delta D_2(Y_i^*)_0 \tag{6.108}$$

$$\Delta D_2(Y_i^*)_0 = \left(1 + \frac{y_k^{\mathrm{T}} D_2(Y_i^*)_0 (D_1^*)_0}{(D_1^{*\mathrm{T}})_0 \Delta(Y_i^*)_0}\right)\frac{\Delta(Y_i^*)_0 \Delta(Y_i^{*\mathrm{T}})_0}{(D_1^{*\mathrm{T}})_0 \Delta(Y_i^*)_0}$$
$$- \frac{(D_1^*)_0 \Delta(Y_i^{*\mathrm{T}})_0 D_2(Y_i^*)_0^{\mathrm{T}}}{(D_1^{*\mathrm{T}})_0 \Delta(Y_i^*)_0} - \frac{D_2(Y_i^*)_0 \Delta(Y_i^*)_0 (D_1^{*\mathrm{T}})_0}{(D_1^{*\mathrm{T}})_0 \Delta(Y_i^*)_0} \tag{6.109}$$

$$\Delta(Y_i^*)_0 = Y_i^* - (Y_i^*)_0 \tag{6.110}$$

$$(D_1^*)_0 = D_1(Y_i^*) - D_1(Y_i^*)_0 \tag{6.111}$$

下标“0”代表初始点,初始点及初始点的一、二阶导数信息由系统优化提供,扩展点处的一、二阶导数由各学科自行计算。

（4）学科优化表述。

至此,子系统优化的主要部分均得到了讨论,可以将子系统优化问题归纳表述为如下形式:

$$\text{Given：} \quad Z,\ Y_j,\ D_1(Y_i^*),\ D_2(Y_i^*)\ (j=1,\ \cdots,\ n,\ j \neq i)$$

$$\text{Find：} \quad X_i$$

$$\text{Discipline-i：Min：} \quad F_i = D_1(Y_i^*)^{\mathrm{T}} \Delta Y_i + \Delta Y_i^{\mathrm{T}} D_2(Y_i^*) \Delta Y_i$$

$$\text{Satisfy：} \quad E_i(Z,\ X_i,\ Y_j,\ Y_i) = 0$$

$$\text{s.t.} \quad G_i \leqslant 0,\ \Delta Y_{iL} \leqslant \Delta Y_i \leqslant \Delta Y_{iU},\ Y_{iL} \leqslant Y_i + \Delta Y_i \leqslant Y_{iU}$$

$$(6.112)$$

（5）最优响应面。

在各个试验点 Z^*、Y^* 完成学科优化后,可以对 Y_{iopt} 与 $\mathrm{KS}G_{iopt}$ 构造响应面,该响应面作为学科优化的近似模型为系统优化所用:

$$Y_{iopt}^{\mathrm{a}} = Y_{iopt}^{\mathrm{a}}[\mathrm{SRS}(Z^*,\ Y^*)] \tag{6.113}$$

$$\mathrm{KS}G_{iopt} = \mathrm{KS}G_{iopt}[\mathrm{SRS}(Z^*,\ Y^*)] \tag{6.114}$$

$$X_{iopt}^{\mathrm{a}} = X_{iopt}^{\mathrm{a}}[\mathrm{SRS}(Z^*,\ Y^*)] \tag{6.115}$$

$$Z_{\mathrm{L}} < Z^* < Z_{\mathrm{U}},\ Y_{\mathrm{L}} < Y^* < Y_{\mathrm{U}} \tag{6.116}$$

其中,累积约束 $\mathrm{KS}G_{iopt}$ 由学科优化获取,计算量不大,且便于系统优化。由于 X_{iopt} 的长度较长,对其的近似 $X_{iopt}^{\mathrm{a}} = X_{iopt}^{\mathrm{a}}[\mathrm{SRS}(Z^*,\ Y^*)]$ 计算量较大,当系统优化确定好最优解 Z_{optimal}、Y_{optimal} 后,可以利用 X_{iopt}^{a} 获得 X_{optimal} 的初值,便于进一步确定 X_{optimal},故建议构造 X_{iopt}^{a}。

3）系统优化

（1）系统灵敏度。

考虑到基于梯度的优化具有很高的效率,且系统层计算并不复杂,故在系统层优化中不采用 BLISS/RS 的响应面近似系统目标函数和系统约束关于系统级设计变量的关系,而坚持使用基于梯度的优化方法。使用该类方法的一个重要基础是灵敏度计算。

BLISS 2000 中采用学科状态变量最优响应面来表现 Y_{iopt} 与 Z、Y 之间的关系,相对 BLISS 的灵敏度计算来说,效率上提高了不少。但对于学科状态变量最优响应面,在 BLISS 2000 中直接将其作为约束处理,没有考虑到其内在的相容性。其实采用最优响应面之间的内在相容性,也可以求取系统优化中所需的灵敏度。

对于系统优化目标有:

$$\mathrm{d}f_0 = \left(\frac{\partial f_0}{\partial \mathbf{Z}}\right)^{\mathrm{T}} \mathrm{d}\mathbf{Z} + \left(\frac{\partial f_0}{\partial \mathbf{Y}_{\mathrm{opt}}}\right)^{\mathrm{T}} \mathrm{d}\mathbf{Y}_{\mathrm{opt}} \tag{6.117}$$

上式给出了 $\mathrm{d}\mathbf{Z}$、$\mathrm{d}\mathbf{Y}_{\mathrm{opt}}$ 对目标函数的影响,其计算代价不大。

在子系统优化后,有

$$\mathbf{Y}_{i\mathrm{opt}}^{\mathrm{a}} = \mathbf{Y}_{i\mathrm{opt}}^{\mathrm{a}}(\mathbf{Z}, \mathbf{Y}_{i\mathrm{opt}}) \tag{6.118}$$

考虑到子系统最优状态变量相容关系,将这组相容性方程联立,则可以得到系统层分析的方程组(忽略 E_0 的条件下):

$$\mathbf{Y}_{\mathrm{opt}} - \mathbf{Y}_{\mathrm{opt}}^{\mathrm{a}}(\mathbf{Z}, \mathbf{Y}_{\mathrm{opt}}) = 0 \tag{6.119}$$

此处依然存在 NAND 与 SAND 模式的选择问题,采用 NAND 模式,则先求出相容区域,如对于多场耦合问题,每次优化迭代均求出多场耦合问题的迭代收敛解,若采用 SAND 模式,则直接将上式作为约束处理。基于优化效率的考虑,采用 SAND 模式,这也是 BLISS 2000 在系统层采用的模式。进一步,由于采用 SAND 模式,可采用耦合灵敏度分析获得灵敏度,改写上式:

$$\mathbf{E}_Y = \mathbf{Y}_{\mathrm{opt}} - \mathbf{Y}_{\mathrm{opt}}^{\mathrm{a}}(\mathbf{Z}, \mathbf{Y}_{\mathrm{opt}}) = \mathbf{R} \tag{6.120}$$

其中,R 为耦合残差矢量,有

$$\mathrm{d}\mathbf{R} = \left(\frac{\partial \mathbf{R}}{\partial \mathbf{Y}_{\mathrm{opt}}}\right) \mathrm{d}\mathbf{Y}_{\mathrm{opt}} + \left(\frac{\partial \mathbf{R}}{\partial \mathbf{Y}_{\mathrm{opt}}^{\mathrm{a}}} \frac{\partial \mathbf{Y}_{\mathrm{opt}}^{\mathrm{a}}}{\partial \mathbf{Z}}\right) \mathrm{d}\mathbf{Z} + \left(\frac{\partial \mathbf{R}}{\partial \mathbf{Y}_{\mathrm{opt}}^{\mathrm{a}}} \frac{\partial \mathbf{Y}_{\mathrm{opt}}^{\mathrm{a}}}{\partial \mathbf{Y}_{\mathrm{opt}}}\right) \mathrm{d}\mathbf{Y}_{\mathrm{opt}} \tag{6.121}$$

$$\mathrm{d}\mathbf{R} = \mathrm{d}\mathbf{Y}_{\mathrm{opt}} - \left(\frac{\partial \mathbf{Y}_{\mathrm{opt}}^{\mathrm{a}}}{\partial \mathbf{Z}}\right) \mathrm{d}\mathbf{Z} - \left(\frac{\partial \mathbf{Y}_{\mathrm{opt}}^{\mathrm{a}}}{\partial \mathbf{Y}_{\mathrm{opt}}}\right) \mathrm{d}\mathbf{Y}_{\mathrm{opt}} \tag{6.122}$$

上式给出了 $\mathrm{d}\mathbf{Z}$、$\mathrm{d}\mathbf{Y}_{\mathrm{opt}}$ 对相容性约束的影响,其计算代价也不大。进一步可得

$$\frac{\mathrm{d}\mathbf{R}}{\mathrm{d}\mathbf{Z}} = \frac{\mathrm{d}\mathbf{Y}_{\mathrm{opt}}}{\mathrm{d}\mathbf{Z}} - \left(\frac{\partial \mathbf{Y}_{\mathrm{opt}}^{\mathrm{a}}}{\partial \mathbf{Z}}\right) - \left(\frac{\partial \mathbf{Y}_{\mathrm{opt}}^{\mathrm{a}}}{\partial \mathbf{Y}_{\mathrm{opt}}}\right) \frac{\mathrm{d}\mathbf{Y}_{\mathrm{opt}}}{\mathrm{d}\mathbf{Z}} \tag{6.123}$$

$$\frac{\mathrm{d}\mathbf{Y}_{\mathrm{opt}}}{\mathrm{d}\mathbf{Z}} = \left(\mathbf{I} - \frac{\partial \mathbf{Y}_{\mathrm{opt}}^{\mathrm{a}}}{\partial \mathbf{Y}_{\mathrm{opt}}}\right)^{-1} \left(\frac{\mathrm{d}\mathbf{R}}{\mathrm{d}\mathbf{Z}} + \frac{\partial \mathbf{Y}_{\mathrm{opt}}^{\mathrm{a}}}{\partial \mathbf{Z}}\right) \tag{6.124}$$

则有

$$\mathrm{d}f_0 = \left(\frac{\partial f_0}{\partial \mathbf{Z}}\right)^{\mathrm{T}} \mathrm{d}\mathbf{Z} + \frac{\partial f_0}{\partial \mathbf{Y}_{\mathrm{opt}}} \left(\mathbf{I} - \frac{\partial \mathbf{Y}_{\mathrm{opt}}^{\mathrm{a}}}{\partial \mathbf{Y}_{\mathrm{opt}}}\right)^{-1} \left(\frac{\mathrm{d}\mathbf{R}}{\mathrm{d}\mathbf{Z}} + \frac{\partial \mathbf{Y}_{\mathrm{opt}}^{\mathrm{a}}}{\partial \mathbf{Z}}\right) \mathrm{d}\mathbf{Z} \tag{6.125}$$

上式中消去了 $\mathrm{d}\boldsymbol{Y}_{\mathrm{opt}}$，虽然较为烦琐，但是对 $\boldsymbol{Y}_{\mathrm{opt}}$ 的调整转化为对 R 的调整，即转化为 $\boldsymbol{Z}$、$\boldsymbol{R}$ 的优化问题，而 R 只能有平凡解，即 $\boldsymbol{R}=\boldsymbol{0}$，优化变量的数目实际上大幅度减少了。对于每次系统优化，只能调整 $\mathrm{d}\boldsymbol{R}$，使得 $\boldsymbol{R}+\mathrm{d}\boldsymbol{R}\to\boldsymbol{0}$，故 $\mathrm{d}\boldsymbol{R}$ 可以先依据 R 假定，再利用上式获得所需灵敏度 $\dfrac{\mathrm{d}f_0}{\mathrm{d}\boldsymbol{Z}}$，根据具体的优化算法确定 $\mathrm{d}\boldsymbol{Z}$，然后利用 $\dfrac{\mathrm{d}\boldsymbol{Y}_{\mathrm{opt}}}{\mathrm{d}\boldsymbol{Z}}$ 获取 $\mathrm{d}\boldsymbol{Y}_{\mathrm{opt}}$。

若采用 NAND 模式，或 SAND 模式在相容解附近：

$$\begin{cases} \boldsymbol{Y}_{\mathrm{opt}} - \boldsymbol{Y}_{\mathrm{opt}}^{\mathrm{a}}(\boldsymbol{Z},\ \boldsymbol{Y}_{\mathrm{opt}}) = \boldsymbol{R} \\ \boldsymbol{R} = \boldsymbol{0} \end{cases} \tag{6.126}$$

恒成立，故有

$$\mathrm{d}\boldsymbol{R} = \mathrm{d}\boldsymbol{Y}_{\mathrm{opt}} - \left(\frac{\partial \boldsymbol{Y}_{\mathrm{opt}}^{\mathrm{a}}}{\partial \boldsymbol{Z}}\right)\mathrm{d}\boldsymbol{Z} - \left(\frac{\partial \boldsymbol{Y}_{\mathrm{opt}}^{\mathrm{a}}}{\partial \boldsymbol{Y}_{\mathrm{opt}}}\right)\mathrm{d}\boldsymbol{Y}_{\mathrm{opt}} = 0 \tag{6.127}$$

$$\left(\boldsymbol{I} - \frac{\partial \boldsymbol{Y}_{\mathrm{opt}}^{\mathrm{a}}}{\partial \boldsymbol{Y}_{\mathrm{opt}}}\right)\mathrm{d}\boldsymbol{Y}_{\mathrm{opt}} = \frac{\partial \boldsymbol{Y}_{\mathrm{opt}}^{\mathrm{a}}}{\partial \boldsymbol{Z}}\mathrm{d}\boldsymbol{Z} \tag{6.128}$$

$$\frac{\mathrm{d}\boldsymbol{Y}_{\mathrm{opt}}}{\mathrm{d}\boldsymbol{Z}} = \left(\boldsymbol{I} - \frac{\partial \boldsymbol{Y}_{\mathrm{opt}}^{\mathrm{a}}}{\partial \boldsymbol{Y}_{\mathrm{opt}}}\right)^{-1} \frac{\partial \boldsymbol{Y}_{\mathrm{opt}}^{\mathrm{a}}}{\partial \boldsymbol{Z}} \tag{6.129}$$

且

$$\mathrm{d}f_0 = \left(\frac{\partial f_0}{\partial \boldsymbol{Z}}\right)^{\mathrm{T}}\mathrm{d}\boldsymbol{Z} + \frac{\partial f_0}{\partial \boldsymbol{Y}_{\mathrm{opt}}}\left(\boldsymbol{I} - \frac{\partial \boldsymbol{Y}_{\mathrm{opt}}^{\mathrm{a}}}{\partial \boldsymbol{Y}_{\mathrm{opt}}}\right)^{-1} \frac{\partial \boldsymbol{Y}_{\mathrm{opt}}^{\mathrm{a}}}{\partial \boldsymbol{Z}}\mathrm{d}\boldsymbol{Z} \tag{6.130}$$

对优化变量的调整与 SAND 模式中一样，由于 $\mathrm{d}\boldsymbol{R}=0$，故可用上式结合具体的优化方法获得所需灵敏度 $\dfrac{\mathrm{d}f_0}{\mathrm{d}\boldsymbol{Z}}$，确定 $\mathrm{d}\boldsymbol{Z}$，然后利用 $\dfrac{\mathrm{d}\boldsymbol{Y}_{\mathrm{opt}}}{\mathrm{d}\boldsymbol{Z}}$ 获取 $\mathrm{d}\boldsymbol{Y}_{\mathrm{opt}}$。

若直接将相容性作为等式约束处理，则无疑加大了优化的难度，因为 $\boldsymbol{Y}_{\mathrm{opt}}$ 的长度过长，在大规模应用中，优化调整难度较大。而上述推导利用相容约束的特殊性质，在提高学科相容性的同时，间接消除了 $\boldsymbol{Y}_{\mathrm{opt}}$ 的影响，大幅降低了系统优化的维数，相比直接将相容性作为约束处理，该方法无疑更具有优势。

（2）移动限制。

采用 SRS 近似之后，系统级优化问题可以表述为

$$
\begin{aligned}
&\text{Given:} \quad &&\boldsymbol{Y}_{\mathrm{opt}}^{\mathrm{a}}, \ \mathrm{KS}G_{i\mathrm{opt}}^{\mathrm{a}} \\
&\text{Find:} \quad &&\boldsymbol{Z}, \ \boldsymbol{Y}_{\mathrm{opt}}(i = 1, \cdots, n) \\
\text{System:} \quad &\text{Min:} \quad &&\boldsymbol{F} = f_0(\boldsymbol{Z}, \ \boldsymbol{Y}_{\mathrm{opt}}) \\
&\text{Satisfy:} \quad &&\boldsymbol{E}_Y = \boldsymbol{Y}_{\mathrm{opt}} - \boldsymbol{Y}_{\mathrm{opt}}^{\mathrm{a}} = \boldsymbol{R} \\
&\text{s.t.} \quad &&\boldsymbol{R} = 0, \ \boldsymbol{Z}_{\mathrm{L}} \leqslant \boldsymbol{Z} \leqslant \boldsymbol{Z}_{\mathrm{U}}, \ \mathrm{KS}G_{i\mathrm{opt}}^{\mathrm{a}} \leqslant 0
\end{aligned}
\tag{6.131}
$$

由于系统级优化基于近似展开,需要控制步长,对近似优化进行评估与管理,因此在基于最优响应面的系统层优化中,引入移动限制管理。这里采用基于信赖域的移动限制管理方法[320],该方法主要基于改进的增广拉格朗日方程,其收敛性已经获得证明。

对于系统级优化来说,其改进的增广拉格朗日方程为

$$
\Phi(\boldsymbol{Z}, \ \boldsymbol{Y}_{\mathrm{opt}}, \ \lambda, \ r) = f_0 + \sum_{i=1}^{n} (\mid \lambda_i \boldsymbol{R}_i \mid + r\boldsymbol{R}_i^2) + \sum_{j=1}^{n} (\mid \lambda_{n+j} \mathrm{KS}G_{j\mathrm{opt}}^{\mathrm{a}} \mid + r\psi_j^2)
\tag{6.132}
$$

这里 λ 为拉格朗日乘子估计矢量,r 为罚参数:

$$
\lambda = -\left[\boldsymbol{J}^{\mathrm{T}}\boldsymbol{J}\right]^{-1}\boldsymbol{J}^{\mathrm{T}}\nabla f_0, \ \psi_j(\boldsymbol{Z}, \ \boldsymbol{Y}_{\mathrm{opt}}) = \min\{\mathrm{KS}G_{j\mathrm{opt}}^{\mathrm{a}}, \ -\varepsilon_R\}
\tag{6.133}
$$

这里 ε_R 为残差 R 的收敛判断参数:

$$
R_i \leqslant \varepsilon_R
\tag{6.134}
$$

系统层近似模型也有基于累积近似约束改进的增广拉格朗日函数:

$$
\Phi(\boldsymbol{Z}, \ \boldsymbol{Y}_{\mathrm{opt}}, \ \lambda, \ r) = \tilde{f}_0 + \sum_{i=1}^{n} (\mid \lambda_i \tilde{\boldsymbol{R}}_i \mid + r\tilde{\boldsymbol{R}}_i^2) + \sum_{j=1}^{n} (\mid \lambda_{n+j} \mathrm{K}\tilde{\mathrm{S}}G_{\mathrm{opt}}^{\mathrm{a}} \mid + r\tilde{\psi}_j^2)
\tag{6.135}
$$

其中,

$$
\tilde{\psi}_j(\boldsymbol{Z}, \ \boldsymbol{Y}_{\mathrm{opt}}) = \min\{\mathrm{K}\tilde{\mathrm{S}}G_{\mathrm{opt}}^{\mathrm{a}}, \ -\varepsilon_R\}
\tag{6.136}
$$

$\tilde{f}_0$、$\tilde{R}$ 与 $\tilde{\psi}$ 是当前系统设计的二阶近似,其近似质量可以用下式衡量:

$$
\rho = \frac{\Phi(\boldsymbol{Z}^k, \ \boldsymbol{Y}_{\mathrm{opt}}^k, \ \lambda^k, \ r) - \Phi(\boldsymbol{Z}^{k+1}, \ \boldsymbol{Y}_{\mathrm{opt}}^{k+1}, \ \lambda^{k+1}, \ r)}{\Phi(\boldsymbol{Z}^k, \ \boldsymbol{Y}_{\mathrm{opt}}^k, \ \lambda^k, \ r) - \tilde{\Phi}(\boldsymbol{Z}^{k+1}, \ \boldsymbol{Y}_{\mathrm{opt}}^{k+1}, \ \lambda^{k+1}, \ r)}
\tag{6.137}
$$

如果 $\rho < 0$ 或者 $\rho > 1$,则说明近似效果不理想,其信赖域半径需要调整。调整

方法为

$$\Delta = \gamma_0 \Delta \quad if \quad \rho < 0$$

$$\Delta = \gamma_1 \Delta \quad if \quad 0 < \rho \leqslant 0.25$$

$$\Delta = \Delta \qquad if \quad 0.25 < \rho \leqslant 0.75$$

$$\Delta = \gamma_2 \Delta \quad if \quad \rho > 0.75 \& \parallel \boldsymbol{Z}_i^{k+1} - \boldsymbol{Z}_i^k \parallel \ = \Delta \boldsymbol{Z}_i^k, \ \parallel \boldsymbol{Y}_{iopt}^{k+1} - \boldsymbol{Y}_{iopt}^k \parallel \ = \Delta \boldsymbol{Y}_{iopt}^k$$

$$\Delta = \Delta_{\max} \quad if \quad \Delta \geqslant \Delta_{\max} \tag{6.138}$$

此处 Δ 为百分比移动限制。γ_i 可由系统优化设定。$\rho < 0$ 时，Δ 应当减小；$\rho > 1$ 时，Δ 应当加大。$\Delta_{\max}$ 为固定的最大 Δ，因此，可以得到移动限制为

$$\parallel \boldsymbol{Z}_i^{k+1} - \boldsymbol{Z}_i^k \parallel \ \leqslant \Delta \boldsymbol{Z}_i^k, \ \parallel \boldsymbol{Y}_{iopt}^{k+1} - \boldsymbol{Y}_{iopt}^k \parallel \ \leqslant \Delta \boldsymbol{Y}_{iopt}^k \tag{6.139}$$

在最优点处：

$$\frac{\mid f_0(\boldsymbol{Z}^{k-1}, \ \boldsymbol{Y}_{iopt}^{k-1}) - f_0(\boldsymbol{Z}^k, \ \boldsymbol{Y}_{iopt}^k) \mid}{f_0(\boldsymbol{Z}^k)} \leqslant \varepsilon_{f_0}, \quad \frac{\mid \boldsymbol{Z}_i^{k-1} - \boldsymbol{Z}_i^k \mid}{\boldsymbol{Z}_i^k} \leqslant \varepsilon_Z,$$

$$\frac{\mid \boldsymbol{Y}_{iopt}^{k-1} - \boldsymbol{Y}_{iopt}^k \mid}{\boldsymbol{Y}_i^k} \leqslant \varepsilon_Y \tag{6.140}$$

$$\boldsymbol{R}_i \leqslant \varepsilon_R, \ \mathrm{KSG}_{iopt}^{\mathrm{a}} \leqslant -\varepsilon_{\mathrm{KSG}} \tag{6.141}$$

移动限制应该与搜索策略、系统灵敏度结合使用，先给定 $\mathrm{d}\boldsymbol{R}$，经过搜索算法与 SSA 后获取 $\mathrm{d}\boldsymbol{Z}$、$\mathrm{d}\boldsymbol{Y}_{\mathrm{opt}}$，若超过信赖域则对 $\mathrm{d}\boldsymbol{Z}$、$\mathrm{d}\boldsymbol{Y}_{\mathrm{opt}}$ 进行调整。该移动限制算法同样可以用于基于近似的子系统优化，这里不再重复推导。

2. EBLISS 2000 表述与流程

1) EBLISS 2000 表述

综合以上改进因素，可以获得 EBLISS 2000 表述如下：

$$\begin{array}{ll} \mathrm{Given}： & \boldsymbol{Y}_{\mathrm{opt}}^{\mathrm{a}}, \ \mathrm{KSG}_{iopt}^{\mathrm{a}} \\[4pt] \mathrm{Find}： & \boldsymbol{Z}, \ \boldsymbol{Y}_{\mathrm{opt}}(i = 1, \ \cdots, \ n) \\[4pt] \mathrm{System}：\mathrm{Min}： & \boldsymbol{F} = f_0(\boldsymbol{Z}, \ \boldsymbol{Y}_{\mathrm{opt}}) \\[4pt] \mathrm{Satisfy}： & \boldsymbol{E}_Y = \boldsymbol{Y}_{\mathrm{opt}} - \boldsymbol{Y}_{\mathrm{opt}}^{\mathrm{a}} = \boldsymbol{R} \\[4pt] \mathrm{s.t.} & \boldsymbol{R} = \boldsymbol{0}, \ \boldsymbol{Z}_{\mathrm{L}} \leqslant \boldsymbol{Z} \leqslant \boldsymbol{Z}_{\mathrm{U}}, \ Y_{\mathrm{optL}} \leqslant Y_{\mathrm{opt}} \leqslant Y_{\mathrm{optU}}, \ \mathrm{KSG}_{iopt}^{\mathrm{a}} \leqslant 0 \end{array} \tag{6.142}$$

$$\text{Given：}\quad \boldsymbol{Z},\ \boldsymbol{Y}_{ji},\ \boldsymbol{D}_1(Y_i^*),\ \boldsymbol{D}_2(Y_i^*)\ (j=1\cdots n,\ j\neq i)$$

$$\text{Find：}\quad \boldsymbol{X}_i$$

$$\text{Discipline-}i\text{：Min：}\quad \boldsymbol{F}_i = \boldsymbol{D}_1\left(Y_i^*\right)^{\mathrm{T}}\Delta\boldsymbol{Y}_i + \left[\Delta\boldsymbol{Y}_i^{\mathrm{T}}\boldsymbol{D}_2(Y_i^*)\Delta\boldsymbol{Y}_i\right]$$

$$\text{Satisfy：}\quad E_i(\boldsymbol{Z},\ \boldsymbol{X}_i,\ \boldsymbol{Y}_j,\ \boldsymbol{Y}_i)=0\quad or\quad \boldsymbol{Y}_i=\boldsymbol{Y}_i(\boldsymbol{Z},\ \boldsymbol{X}_i,\ \boldsymbol{Y}_j)$$

$$\text{s.t.}\quad G_i\leqslant 0,\ \Delta\boldsymbol{Y}_{i\mathrm{L}}\leqslant\Delta\boldsymbol{Y}_i\leqslant\Delta\boldsymbol{Y}_{i\mathrm{U}},\ \boldsymbol{Y}_{i\mathrm{L}}\leqslant\boldsymbol{Y}_i+\Delta\boldsymbol{Y}_i\leqslant\boldsymbol{Y}_{i\mathrm{U}}$$

$$\text{(6.143)}$$

依据该表述,子系统在系统设计变量和子系统状态变量给定的条件下,对学科设计变量进行优化,其目标在于满足子系统状态方程、约束与移动限制的条件下使系统目标二阶(或一阶,视情况而定,若采用一阶展开,则需要考虑类似最速下降法的锯齿问题,采用共轭梯度可以消除该问题)展开式的可变部分最小化,该展开式中的二阶(或一阶)初始信息由系统层提供。在系统给定的设计点进行学科优化之后获取 $\boldsymbol{Y}_i$ 与 $\mathrm{KS}G_i$ 的最优响应面信息并回馈给系统级。

系统级则依据响应面信息优化系统设计变量,其灵敏度的计算采用了学科状态变量的相容性方程 $\boldsymbol{E}_Y$,此外系统层还需要提供设计点处的二阶(或一阶)信息。

相比 BLISS 2000,该表述的主要改进为:

(1) 采用 LDE 方程,在系统层优化去除 $\boldsymbol{W}$ 的干扰,不需要过多调整 $\boldsymbol{W}$,很大程度上减少了整个系统迭代的次数;

(2) 引入最优学科约束的 K-S 包络反馈,减少不必要的学科优化迭代;

(3) 在学科优化中考虑对系统目标函数的二阶(或一阶)优化,实际上是运用了高效的 BFGS(或共轭梯度法)方法;

(4) 在系统层灵敏度计算中采用相容性方程 $\boldsymbol{E}_Y$ 的信息,在提高学科相容性的同时,大幅降低了系统的优化维数,并能够方便地获取系统目标对系统设计变量的灵敏度,便于与高效的梯度优化组合;

(5) 在基于最优响应面的系统层优化中使用信赖域的移动限制管理,减小使用大型梯度优化时优化解与实际解的偏差。

以上几个方面均能带来优化与计算上的大幅收益,并能适应大型工程的实际需求。

2) EBLISS 2000 流程

该表述的流程如图 6.21 所示:

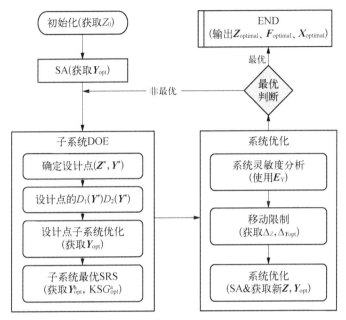

图 6.21　EBLISS2000 流程

图中的试验设计部分包括了一、二阶偏导数的计算,学科响应面则包括 Y_{opti}^a 与 KSG_{iopt}^a,与BLISS 2000类似,在迭代程序中也可包括子系统最优解 X_{opt} 的响应面,或者重新进行子系统优化来生成 X_{opt},同时更新 Z、Y 的最优值,并在该点处经过迭代收敛获得最终解 $\{X_{optimal}, Y_{optimal}, Z_{optimal}\}$。

EBLISS 2000 算法可用下列步骤表述:

Begin "EBLISS 2000"

步骤 0:初始化 Z,以及边界 U、L;

步骤 1:执行初始的系统分析以获得 Y_{opt} 的初始值,及构造响应面边界;

步骤 2:构造或更新各子系统的近似模型,可并行进行;

(1) 采用数据压缩技术减少各子系统在空间 Z, Y_{ji} 上的维数;

(2) 用 DOE 技术处理确定响应面近似所需的最少点;

(3) 获取计算点的目标函数一、二阶导数;

(4) 进行各子系统的最优化,可并行实现;

(5) 根据(2)、(3)、(4)的结果拟合一组响应面 Y_{opti}^a 与 KSG_{iopt}^a;

(6) 用随机取样检验 SRS 质量,若有必要,可增加新的点或抛弃旧

的点,改进 SRS 的质量;

  （7）各系统优化后,通过转换、扩展或收缩 $\boldsymbol{Z}$, $\boldsymbol{Y}_{ji}$ 空间,避免偏离 SRS 边界,并保持近似质量;

步骤 3:采用 SRS 数据对 $\boldsymbol{Z}$、$\boldsymbol{Y}_{\text{opt}}$ 进行系统优化;

步骤 4:检查终止准则,End 或继续;

步骤 5:更新 $\boldsymbol{Z}$;

  （1）采用 $\boldsymbol{E}_Y$ 计算系统层灵敏度方程有关偏导矩阵,并确定 $\mathrm{d}R$;

  （2）计算信赖域半径;

  （3）结合灵敏度与信赖域半径,调用大型梯度算法确定 $\mathrm{d}\boldsymbol{Z}$、$\mathrm{d}\boldsymbol{Y}_{\text{opt}}$;

步骤 6:采用步骤 5 中新的 $\boldsymbol{Z}$、$\boldsymbol{Y}_{\text{opt}}$,并确定试验设计边界,转到步骤 2;

End

EBLISS 2000 与 BLISS 2000 流程上大致相同,保留 BLISS 2000 优点的同时,多处提高了优化效率。

3. 测试算例

选用的算例为

$$\text{Find}: \quad \boldsymbol{X} = (x_1, x_2, x_3)^{\mathrm{T}}$$

$$\text{Min}: \quad F = x_2^2 + x_3 + y_1 + \mathrm{e}^{(-y_2)}$$

$$\text{Satisfy}: \quad \begin{cases} y_1 = x_1^2 + x_2 + x_3 - 0.2y_2 \\ y_2 = \sqrt{y_1} + x_1 + x_2 \end{cases}$$

$$\text{s.t.} \quad \begin{cases} g_1 = 1 - \dfrac{y_1}{8} \leqslant 0 \\ g_2 = \dfrac{y_2}{10} - 10 \leqslant 0 \\ -10 \leqslant x_1 \leqslant 10, \ 0 \leqslant x_2 \leqslant 10, \ 1 \leqslant x_3 \leqslant 9 \end{cases}$$

$$(6.144)$$

对应的 EBLISS 2000 表述为

学科 1:

$$\text{Given}: \quad x_2, \ y_{11}^*, \ y_{12}^*, \ y_{21}^*, \ D_1(\boldsymbol{Y}_1^*)$$

$$\text{Find}: \quad x_1$$

$$\text{Min}: \quad F_1 = \frac{\partial F}{\partial y_{11}}\bigg|_{y_{11}^*} y_{11} + \frac{\partial F}{\partial y_{12}}\bigg|_{y_{12}^*} y_{12}$$

$$\text{Satisfy:} \begin{cases} y_{11} = x_1^2 + y_{21}^* + x_2 \\ y_{12} = x_1 + x_2 + \sqrt{y_{11} - x_2} \end{cases}$$

$$\text{s.t.} \begin{cases} G_{11} = x_2 + 8 - y_{11} \leqslant 0 \\ G_{12} = \dfrac{y_{12}}{10} - 10 \leqslant 0 \\ G_{13} = -10 - x_1 \leqslant 0 \\ G_{14} = x_1 - 10 \leqslant 0 \\ \Delta Y_{1L} \leqslant \Delta Y_1 \leqslant \Delta Y_{1U} \\ Y_{1L} \leqslant Y_1 + \Delta Y_1 \leqslant Y_{1U} \end{cases}$$

$$\text{Output:} \quad y_{11\text{opt}}^a, \ y_{12\text{opt}}^a, \ \text{KS}G_{1\text{opt}}^a \tag{6.145}$$

学科 2:

$$\text{Given:} \quad x_2, \ y_{11}^*, \ y_{12}^*, \ y_{21}^*, \ y_{22}^*, \ D_1(\boldsymbol{Y}_2^*)$$

$$\text{Find:} \quad x_3$$

$$\text{Min:} \quad F_2 = \dfrac{\partial F}{\partial y_{21}} \bigg|_{y_{21}^*} y_{21} + \dfrac{\partial F}{\partial y_{22}} \bigg|_{y_{22}^*} y_{22}$$

$$\text{Satisfy:} \begin{cases} y_{21} = x_2 + x_3 - 0.2 y_{12}^* \\ y_{22} = x_2^2 + x_3 + y_{11}^* + e^{(-y_{12}^*)} - x_2 \end{cases} \tag{6.146}$$

$$\text{s.t.} \begin{cases} G_{21} = 1 - x_3 \leqslant 0 \\ G_{22} = x_3 - 9 \leqslant 0 \\ \Delta Y_{2L} \leqslant \Delta Y_2 \leqslant \Delta Y_{2U} \\ Y_{2L} \leqslant Y_2 + \Delta Y_2 \leqslant Y_{2U} \end{cases}$$

$$\text{Output:} \quad y_{21\text{opt}}^a, \ y_{22\text{opt}}^a, \ \text{KS}G_{2\text{opt}}^a$$

系统:

$$\text{Given:} \quad y_{11\text{opt}}^a, \ y_{12\text{opt}}^a, \ \text{KS}G_{1\text{opt}}^a; \ y_{21\text{opt}}^a, \ y_{22\text{opt}}^a, \ \text{KS}G_{2\text{opt}}^a$$

$$\text{Find:} \quad x_2, \ y_{11\text{opt}}, \ y_{12\text{opt}}, \ y_{21\text{opt}}, \ y_{22\text{opt}}$$

$$\text{Min:} \quad F = y_{22\text{opt}}^a \tag{6.147}$$

$$\text{Satisfy:} \quad E_Y = Y_{\text{opt}} - Y_{\text{opt}}^a = R$$

$$\text{s.t.} \quad R = 0, \ 0 \leqslant x_2 \leqslant 10, \ \text{KS}G_{i\text{opt}}^a \leqslant 0$$

$$\text{Output:} \quad x_{2\text{opt}}, \ F_{\text{opt}}$$

对应的导数项为：

$$D_1(Y_1) = \begin{pmatrix} \dfrac{\partial F}{\partial y_{11}} \\ \dfrac{\partial F}{\partial y_{12}} \end{pmatrix} = \begin{pmatrix} \dfrac{\partial F}{\partial y_{22}} \dfrac{\partial y_{22}}{\partial y_{11}} \\ \dfrac{\partial F}{\partial y_{12}} \end{pmatrix} = \begin{pmatrix} 1 + (e^{(-y_{12})} y_{11}^{-0.5}/2) \\ e^{(-y_{12})} \end{pmatrix} \quad (6.148)$$

$$D_1(Y_2) = \begin{pmatrix} \dfrac{\partial F}{\partial y_{21}} \\ \dfrac{\partial F}{\partial y_{22}} \end{pmatrix} = \begin{pmatrix} 1 \\ 1 \end{pmatrix}$$

问题的结构如图 6.22 所示：

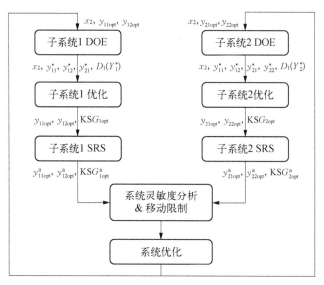

图 6.22　测试问题结构

使用 BLISS 2000 与 EBLISS 2000 对上述问题进行对比研究,均采用二阶响应面近似和相同的收敛准则,获得结果如表 6.9 所示：

表 **6.9　优化结果对比**

对比项	F	x_1	x_2	x_3
初　值	44.803 522 685	1.274 232 995 75	5.417 625 823 01	1.0
BLISS 2000 终值	9.048 841 602 3	2.829 128 140 90	0.039 920 179 81	1.099 709 119 6

（续表）

对　比　项	F	x_1	x_2	x_3
EBLISS 2000 终值	9.004 700 906 1	2.828 427 124 70	0	1
理想值	9	2.85	0	1

从表 6.9 知, EBLISS 2000 的结果
要比 BLISS 2000 的结果精确, 说明权
值系数矢量 **W** 确实引入了误差。

目标函数的优化历史如图 6.23
所示, 经过 9 次优化迭代, EBLISS
2000 所获目标值已经足够接近真实
最优值(且未违反约束), 其优化效率
接近 BLISS 2000 的两倍, 显示了对
BLISS 2000 改进的有效性(两种过程
在各个优化点附近的响应面近似取样
次数相同)。在大型应用中, Y 的长度
很长, EBLISS 2000 会更有效。

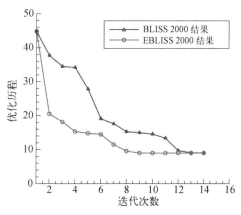

图 6.23　目标函数迭代过程

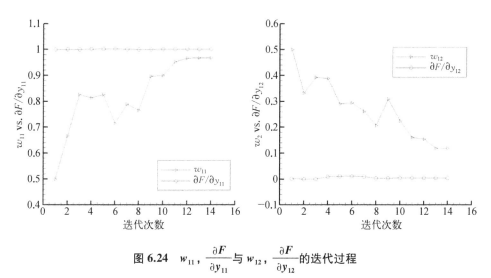

图 6.24 w_{11}, $\dfrac{\partial F}{\partial y_{11}}$ 与 w_{12}, $\dfrac{\partial F}{\partial y_{12}}$ 的迭代过程

图 6.24 给出了 w_{11}、$\dfrac{\partial F}{\partial y_{11}}$ 与 w_{12}、$\dfrac{\partial F}{\partial y_{12}}$ 的迭代过程, 随着优化迭代的收敛,

w_{11}、w_{12} 将会分别靠近 $\dfrac{\partial F}{\partial y_{11}}$、$\dfrac{\partial F}{\partial y_{12}}$，这显示出 LDE 方程的正确性，但是由于最

优响应面中存在误差，w_{11}、w_{12} 将很难与 $\dfrac{\partial F}{\partial y_{11}}$、$\dfrac{\partial F}{\partial y_{12}}$ 一致，同时对于 w_{11}、w_{12}

等的调整会使 BLISS 2000 经历较长的迭代调整。

4. 基于 EBLISS 2000 的 ISSS 过程

由于实际工程应用对多级优化过程的需求，Sobieszczanski-Sobieski 在 2006 年对其 BLISS 2000 进行了扩展，研究了一体化系统的系统方法（integrated system of systems synthesis，ISSS），并提出了三级一体化系统方法（tri-level integrated system synthesis，TLISS）。该方法实际上是将 BLISS 2000 分别使用于顶层与中层系统、中层与底层系统。

由于只对学科输出进行协调（与 BLISS 2000 类似），EBLISS 2000 也可以方便地纵向扩展为三级优化（采用 CO、CSSO、BLISS 等过程进行纵向扩展，将在各子系统协调问题上遭遇一定难度，不如 BLISS 2000 与 EBLISS 2000 方便），不妨称为（enhanced tri-level integrated system synthesis，ETLISS）。若存在 m 个系统，ETLISS 的表述如下：

$$
\begin{aligned}
&\text{Given:} && Y^{\mathrm{a}}_{\mathrm{sosopt}}, \mathrm{KSG}^{\mathrm{a}}_{k\mathrm{sosopt}}, \ (k=1,\cdots,m)\\
&\text{Find:} && Z_{\mathrm{sos}}, Y_{\mathrm{sosopt}}\\
\text{Sos:}\ &\text{Min:} && F = f_{\mathrm{sos}}(Z_{\mathrm{sos}}, Y_{\mathrm{sosopt}})\\
&\text{Satisfy:} && E_{Y\mathrm{sos}} = Y_{\mathrm{sosopt}} - Y^{\mathrm{a}}_{\mathrm{sosopt}} = R_{\mathrm{sos}}\\
&\text{s.t.} && R_{\mathrm{sos}}=0, Z_{\mathrm{sosL}} \leqslant Z_{\mathrm{sos}} \leqslant Z_{\mathrm{sosU}}, Y_{\mathrm{sosoptL}} \leqslant Y_{\mathrm{sosopt}} \leqslant Y_{\mathrm{sosoptU}}, \mathrm{KSG}^{\mathrm{a}}_{k\mathrm{sosopt}} \leqslant 0
\end{aligned}
$$

$$\tag{6.149}$$

$$
\begin{aligned}
&\text{Given:} && Y^{\mathrm{a}}_{k\mathrm{opt}}, \mathrm{KSG}^{\mathrm{a}}_{ki\mathrm{opt}}, Z_{\mathrm{sos}}, Y_l, D_1(\boldsymbol{Y}^{*}_k), D_2(\boldsymbol{Y}^{*}_k), \ (l=1,\cdots,m, l\neq k)\\
&\text{Find:} && Z_k, Y_{k\mathrm{opt}}\\
&\text{Min:} && F_k = D_1(\boldsymbol{Y}^{*}_k)^{\mathrm{T}}\Delta Y_k + \left[\Delta\boldsymbol{Y}^{\mathrm{T}}_k D_2(\boldsymbol{Y}^{*}_k)\Delta Y_k\right]\\
\text{System-}k:\ &\text{Satisfy:} && E_{Yk} = Y_{k\mathrm{opt}} - Y^{\mathrm{a}}_{k\mathrm{opt}} = R_k\\
&\text{s.t.} && \left\{
\begin{array}{l}
R_k=0, Z_{kL} \leqslant Z_k \leqslant Z_{kU}, \mathrm{KSG}^{\mathrm{a}}_{ki\mathrm{opt}} \leqslant 0\\
\Delta Y_{k\mathrm{optL}} \leqslant \Delta Y_{k\mathrm{opt}} \leqslant \Delta Y_{k\mathrm{optU}},\\
Y_{ks\mathrm{osL}} \leqslant Y_{k\mathrm{opt}} + \Delta Y_{k\mathrm{opt}} \leqslant Y_{ks\mathrm{osU}}
\end{array}
\right.
\end{aligned}
$$

$$\tag{6.150}$$

$$
\begin{aligned}
&\text{Given:}\quad Z_k,\ Y_{kji},\ D_1(Y_{ki}^*),\ D_2(Y_{ki}^*)\ (i,j=1,\cdots,n_k;\ j\neq i)\\
&\text{Find:}\quad X_{ki}\\
\text{Discipline-}i:\ &\text{Min:}\quad F_{ki}=D_1(Y_{ki}^*)^{\mathrm{T}}\Delta Y_{ki}+\left[\Delta Y_{ki}^{\mathrm{T}}D_2(Y_{ki}^*)\Delta Y_{ki}\right]\\
&\text{Satisfy:}\quad E_{ki}(Z_k,X_{ki},Y_{kj},Y_{ki})=0\quad\text{or}\quad Y_{ki}=Y_{ki}(Z_k,X_{ki},Y_{kj})\\
&\text{s.t.}\quad G_{ki}\leqslant 0,\ \Delta Y_{kiL}\leqslant\Delta Y_{ki}\leqslant\Delta Y_{kiU},\ Y_{kiL}\leqslant Y_{ki}+\Delta Y_{ki}\leqslant Y_{kiU}
\end{aligned}
$$

$$(6.151)$$

式中, Z_{sos} 代表顶层的设计变量; Y_{sosopt} 代表中间层的最优输出, $\mathrm{KSG}_{k\mathrm{sosopt}}^{\mathrm{a}}$ 代表第 k 个中间系统的累积约束; Y_l 代表第 l 个中间系统的输出; R_{sos} 代表顶层耦合残差, $D_1(Y_k^*)$、$D_2(Y_k^*)$ 分别代表(顶层给中间系统的)目标函数一、二阶导数在中间层试验设计点上的值,依据该值,可以进一步获取(中间层给底层子系统的)目标函数一、二阶导数试验设计值 $D_1(Y_{ki}^*)$, $D_2(Y_{ki}^*)$, 在中间层执行试验设计后,需要给顶层传递响应面 $Y_{\mathrm{sosopt}}^{\mathrm{a}}$、$\mathrm{KSG}_{k\mathrm{sosopt}}^{\mathrm{a}}$。在底层执行试验设计后,需要给中间层传递响应面 $Y_{k\mathrm{opt}}^{\mathrm{a}}$、$\mathrm{KSG}_{ki\mathrm{opt}}^{\mathrm{a}}$。

至于三级以上的优化过程,也完全可以采用二级优化过程来构建,但是需要考虑实际情况,因为三级以上的优化过程会对数据交换、管理等提出较高的要求,详细的讨论可以参考 Sobieszczanski-Sobieski 的相关文献[321]。

6.5　本章小结

本章的主要工作及主要结论如下。

（1）提出了一种新的全局优化算法——两极优化算法。算法采用局部优化算法搜索局部最优值,搜索最优解周围的最劣解跳出局部最优,并通过 Householder 正交变换和一维搜索寻找新的搜索方向。在函数测试中,两极优化算法找到最优点的概率大于遗传算法和粒子群算法。

（2）分析研究了标准 CSSO 过程、ICSSO 过程以及 CSSO－RS 过程。从近似策略、移动限制策略、设计变量类型、协调优化过程以及计算复杂性等多个方面对各种 CSSO 过程进行了对比,针对存在的问题提出了 GSBCSO 过程,并通过两个 MDO 经典测试算例验证了 GSBCSO 过程的有效性及高效性。

（3）开展了 BLISS 过程的研究与改进。系统研究了多种 BLISS 过程,并在 BLISS 2000 过程基础上,发展了 EBLISS 2000 过程,该过程在优化目标、灵敏度分析、约束处理、移动限制等方面均有改进,算例测试表明,EBLISS 2000 优化效率明显优于 BLISS 2000 过程;基于 EBLISS 2000 过程,还给出了三级系统的 ETLISS 过程。

第 7 章

基于 GBLISS 2000 的
机翼气动弹性问题研究

在常规飞行器设计中,通常将机翼作为刚体处理,但是真实的机翼是弹性结构,特别在现代飞行器设计中,对于性能的追求,使机翼的弹性效应更加明显。由于弹性效应的存在,机翼的气动压力分布将随着机翼结构变形发生变化,同时变化后的气动压力分布也将使机翼结构发生进一步变形,二者之间耦合紧密,是典型的多学科问题。同时,气动弹性问题还广泛存在于其他飞行器设计问题中,并与其他学科形成更复杂的耦合。因此,采用 MDO 过程开展气动弹性研究既有助于验证 MDO 过程的效果也有助于降低高性能高复杂度飞行器的设计难度。

本章以近空间亚声速飞行器机翼[322]为研究对象,首先介绍机翼的静气动弹性原理与求解方法,进而给出基于 CFDRC 的机翼气动模型与基于 Patran 的机翼结构模型。然后给出了机翼静气动弹性问题的 GBLISS 2000 表述与求解流程,优化效果验证了 GBLISS 2000 的有效性,最后对结果进行了分析与讨论。

7.1 机翼静气动弹性

7.1.1 原理与方法

气动弹性问题一般采用图 7.1 所示的气动弹性力三角形进行归类[323],该三角形直观地表达了各气动弹性问题与各个力之间的联系。图 7.1 中,力三角形的顶点表示气动弹性问题中存在的作用力,包括空气动力、弹性力与惯性力。这些力之间的相互影响产生了各种各样的气动弹性问题。力三角形的内部是气动弹性动力学问题,表示气动弹性动力学问题是空气动力、弹性力与惯性力共同作用的结果。三角形外部左侧是气动弹性静力学问题,表示其只考虑弹性力与空气动力的作用。

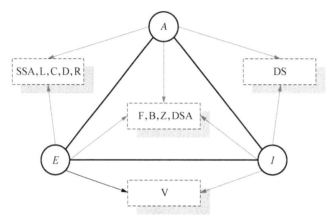

A:气动力	SSA:静稳定性	D:发散	B:抖振	V:机械振动
E:弹性力	L:载荷分布	R:操纵反效	Z:动力响应	DS:动稳定性
I:惯性力	C:操纵效率	F:颤振	DSA:气弹动稳定

图 7.1 气动弹性的力三角

图 7.1 仅仅给出了气动力、弹性力和惯性力之间的耦合,若进一步考虑热力学、自动控制、材料等学科耦合,则将加大问题的复杂程度与设计难度。冯元桢给出了更为具体的气动弹性原理描述,其定义的机翼气动弹性方框图如图 7.2 所示。

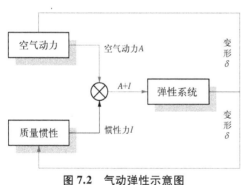

图 7.2 气动弹性示意图

在图 7.2 所示的气动弹性问题中,弹性机翼引发三类力学现象,将产生:① 空气动力;② 惯性力;③ 弹性变形。依照空气动力学原理,机翼产生阻力、升力以及气动力矩;而机翼振动引起惯性力与力矩。在空气动力与惯性力共同作用下,机翼产生弹性变形,该弹性变形将导致空气动力与惯性力进一步发生变化,从而与弹性变形构成一条闭合回路。在静气动弹性问题中,由于不考虑弹性振动,惯性力为零,则问题退化为空气动力与弹性变形的相互作用问题。

在早期的气动弹性研究中,采用线性化的小扰动位势流理论与结构模态方程耦合求解的方法,但这种方法不适用于非线性气动弹性计算,更无法满足当前复杂多样的飞行器设计需求。随着计算流体动力学与计算结构动力学的发展,以及计算能力的提高,高精度计算气动弹性方法成为气动弹性的主要研究手段。计算气动弹性主要结合计算流体动力学与计算结构动力学两种方法来分别研究复杂弹性系统的气动弹性,包含紧耦合与松耦合两种方式,本章主要研究松耦合方式的 MDO,松耦合气动弹性计算主要流程如图 7.3 所示:

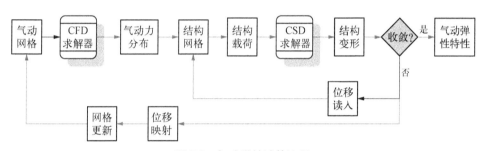

图 7.3　气动弹性计算流程

在该流程中,先由准备好的气动网格与气动计算条件,数值求解 N-S 方程或者 Euler 方程获取气动力的分布,将该分布映射到结构网格之上,成为结构载荷,并与结构网格一并输入到计算结构力学求解器中,获取结构变形,并判断计算是否收敛,若不收敛,则对结构位移进行读入或者映射,生成新的结构网格与气动网格,进入下一轮气动弹性计算;若计算收敛,则输出气动弹性特性。

基于松耦合的气动弹性计算方式,本章分别建立了机翼气动计算模型与机翼结构计算模型,下面介绍这两个模型。

7.1.2　机翼气动计算模型

1. 控制方程

在本算例气动计算中,选用精确度较高的 Euler 方程作为 CFD 控制方程,该方程主要用于描述三维无黏流体运动规律。忽略重力与辐射传热,守恒型 Euler 方程为[106]

$$\frac{\partial \boldsymbol{u}}{\partial t} + \frac{\partial \boldsymbol{f}}{\partial x} + \frac{\partial \boldsymbol{g}}{\partial y} + \frac{\partial \boldsymbol{h}}{\partial z} = 0 \qquad (7.1)$$

其中, $\boldsymbol{u}$ 为守恒变量,其表达式为

$$\boldsymbol{u} = \begin{bmatrix} \rho \\ \rho u \\ \rho v \\ \rho w \\ \rho E \end{bmatrix} \tag{7.2}$$

$\boldsymbol{f}$、$\boldsymbol{g}$、$\boldsymbol{h}$ 为对流通量,表达式为

$$\boldsymbol{f} = \begin{bmatrix} \rho u \\ \rho u^2 + p \\ \rho v u \\ \rho w u \\ \rho u H \end{bmatrix}, \quad \boldsymbol{g} = \begin{bmatrix} \rho v \\ \rho u v \\ \rho v^2 + p \\ \rho w v \\ \rho v H \end{bmatrix}, \quad \boldsymbol{h} = \begin{bmatrix} \rho w \\ \rho u w \\ \rho v w \\ \rho w^2 + p \\ \rho w H \end{bmatrix} \tag{7.3}$$

在这些公式中,t 为时间;x、y、z 为直角空间坐标;ρ 为密度;u, v, w 为 x, y, z 三个坐标方向的速度分量;E 为单位质量气体的总能量;p 为压强;T 为温度;H 为单位质量气体的总焓;k 为气体热传导系数。

对于量热完全气体,满足气体状态方程为

$$p = (\gamma - 1)\rho \left[E - \frac{1}{2}(u^2 + v^2 + w^2) \right] \tag{7.4}$$

其中,γ 为气体比热容比。总焓与总能和压强有关:

$$H = E + \frac{p}{\rho} = \frac{c^2}{\gamma - 1} + \frac{(u^2 + v^2 + w^2)}{2} \tag{7.5}$$

其中,c 为声速:

$$c^2 = \frac{\gamma p}{\rho} \tag{7.6}$$

至此,获得封闭的 Euler 方程组,可以采用边界条件,求取流动参数。

但在实际计算中,仍需要将物理域离散为计算域,涉及坐标的变换:

$$\xi = \xi(x, y, z) \tag{7.7}$$

$$\eta = \eta(x, y, z) \tag{7.8}$$

$$\zeta = \zeta(x, y, z) \tag{7.9}$$

$$t = t \tag{7.10}$$

变换后的 Euler 方程为

$$\frac{\partial U}{\partial t} + \frac{\partial F}{\partial \xi} + \frac{\partial G}{\partial \eta} + \frac{\partial H}{\partial \zeta} = 0 \tag{7.11}$$

其中，

$$U = \frac{1}{J}u = \begin{bmatrix} \rho \\ \rho u \\ \rho v \\ \rho w \\ \rho E \end{bmatrix} \tag{7.12}$$

$$F = \frac{1}{J}(f\xi_x + g\xi_y + h\xi_z) = \frac{1}{J}\begin{bmatrix} \rho\tilde{U} \\ \rho u\tilde{U} + p\xi_x \\ \rho v\tilde{U} + p\xi_x \\ \rho H\tilde{U} \end{bmatrix} \tag{7.13}$$

$$G = \frac{1}{J}(f\eta_x + g\eta_y + h\eta_z) = \frac{1}{J}\begin{bmatrix} \rho\tilde{V} \\ \rho v\tilde{V} + p\eta_x \\ \rho v\tilde{V} + p\eta_y \\ \rho w\tilde{V} + p\eta_z \\ \rho H\tilde{V} \end{bmatrix} \tag{7.14}$$

$$H = \frac{1}{J}(f\zeta_x + g\zeta_y + h\zeta_z) = \frac{1}{J}\begin{bmatrix} \rho\tilde{W} \\ \rho v\tilde{W} + p\zeta_x \\ \rho v\tilde{W} + p\zeta_y \\ \rho w\tilde{W} + p\zeta_z \\ \rho H\tilde{W} \end{bmatrix} \tag{7.15}$$

$$\begin{aligned} \tilde{U} &= u\xi_x + v\xi_y + w\xi_z \\ \tilde{V} &= u\eta_x + v\eta_y + w\eta_z \\ \tilde{W} &= u\zeta_x + v\zeta_y + w\zeta_z \end{aligned} \tag{7.16}$$

J 为雅可比行列式：

$$J = \left| \frac{\partial(\xi, \eta, \zeta)}{\partial(x, y, z)} \right| \tag{7.17}$$

变换后,各等 ξ、等 η、等 ζ 面将计算区域划分为许多六面体单元组成的计算网格,在每个计算网格上均能够应用封闭的 Euler 方程进行各物理量的求解。

2. 网格与计算

本章采用计算流体力学软件 CFD-FASTRAN 求解 Euler 方程,获取机翼的升力、阻力与压强分布。为了提高计算效率与鲁棒性,并适应机翼在气动弹性下的变形需要,利用 CFD-GEOM 与 Python 建立了机翼参数化与结构化的气动网格。计算采用体坐标系(X 轴沿弦向;Y 轴沿展向;Z 轴依右手系)而定。对于亚声速流场,需要网格边界距机翼表面足够远。本章选用的计算区域为:X 方向长 2.5L;Y 方向长 5L;Z 方向长 2.25L。其中,L 为半展长。计算网格采用多区六面体结构网格,共分 23 个区域,网格数共约 163 万,近壁面局部加密,整体网格与局部网格分别如图 7.4 和图 7.5 所示。

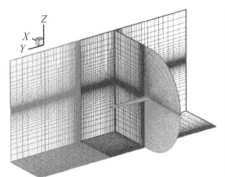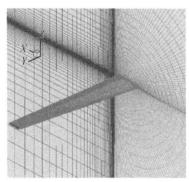

图 7.4　整体计算网格　　　　　　图 7.5　局部计算网格

多块结构网格的流场计算对解算器的鲁棒性和计算精度要求较高,本章选择 Roe 通量差分分裂格式进行对流项求解,采用 Minmod 限制器使空间具有二阶精度。边界条件为:远场采用速度入口条件,机翼表面采用绝热壁面边界条件。算例的 CFL 数为 1,计算约 4 000 步后收敛。

三维机翼可由二维翼型放样产生,机翼的变形也可由放样进行控制。本章采用上下对称翼型,在翼型生成时,采用 5 点 Bezier 曲线,其中:第 1 点与第 5 点分别为翼弦的起点与终点;第 2、3、4 点的横坐标分别为 0.2C、0.4C、0.6C,C 为弦长;第 2、3、4 点的纵坐标为优化变量。在网格变形时,主要利用挠度与扭角控制变形,由于涉及弯扭组合变形,翼型上各点的空间位置需要经过弯曲与扭转的坐标变换方能确定,详细的计算公式可参考文献[324]。在各处翼型确定之后,能够获取变形机翼,并进一步划分网格。

7.1.3　机翼结构计算模型

为了对机翼结构的应力应变进行分析,采用了有限元方法[325],下面简要介绍机翼结构的有限元模型。

1. 控制方程

对于三维弹性力学问题,其控制方程包括平衡微分方程、几何方程、物理方程、位移边界条件与载荷边界条件。平衡方程为

$$\frac{\partial \sigma_{xx}}{\partial x} + \frac{\partial \sigma_{xy}}{\partial y} + \frac{\partial \sigma_{xz}}{\partial z} + b_x = 0$$

$$\frac{\partial \sigma_{yx}}{\partial x} + \frac{\partial \sigma_{yy}}{\partial y} + \frac{\partial \sigma_{yz}}{\partial z} + b_y = 0 \tag{7.18}$$

$$\frac{\partial \sigma_{zx}}{\partial x} + \frac{\partial \sigma_{zy}}{\partial y} + \frac{\partial \sigma_{zz}}{\partial z} + b_z = 0$$

其中, σ_{xx}、σ_{xy}、σ_{yz}、σ_{zx}、σ_{yy}、σ_{zz} 为弹性体内任一点应力状态的六个应力分量; σ_{xx}、σ_{yy}、σ_{zz} 为正应力; σ_{xy}、σ_{yz}、σ_{zx} 为剪应力,且有

$$\sigma_{xy} = \sigma_{yx}, \ \sigma_{yz} = \sigma_{zy}, \ \sigma_{zx} = \sigma_{xz} \tag{7.19}$$

b_x、b_y、b_z 为弹性体体积力向量沿直角坐标轴方向的 3 个分量。其微分算子矩阵形式为

$$\boldsymbol{L}^{\mathrm{T}}\boldsymbol{\sigma} + \boldsymbol{b} = 0$$

$$\boldsymbol{L} = \begin{bmatrix} \dfrac{\partial}{\partial x} & 0 & 0 & \dfrac{\partial}{\partial y} & 0 & \dfrac{\partial}{\partial z} \\ 0 & \dfrac{\partial}{\partial y} & 0 & \dfrac{\partial}{\partial x} & \dfrac{\partial}{\partial z} & 0 \\ 0 & 0 & \dfrac{\partial}{\partial z} & 0 & \dfrac{\partial}{\partial y} & \dfrac{\partial}{\partial x} \end{bmatrix}^{\mathrm{T}} \tag{7.20}$$

几何方程为

$$\boldsymbol{\varepsilon} = \boldsymbol{L}\boldsymbol{d} \tag{7.21}$$

其中, $\boldsymbol{\varepsilon}$ 为弹性体内任意一点应变矢量:

$$\boldsymbol{\varepsilon} = (\varepsilon_{xx}, \ \varepsilon_{yy}, \ \varepsilon_{zz}, \ \varepsilon_{xy}, \ \varepsilon_{xz}, \ \varepsilon_{zx})^{\mathrm{T}} \tag{7.22}$$

ε_{xx}、ε_{yy}、ε_{zz} 为正应变; ε_{xy}、ε_{xz}、ε_{zx} 为剪应变,且有 $\varepsilon_{xy} = \varepsilon_{yx}$、$\varepsilon_{xz} = \varepsilon_{zx}$、$\varepsilon_{yz} =$

ε_{zy}。$\boldsymbol{d}$ 为弹性体中一点的位移矢量:

$$\boldsymbol{d} = (\, \boldsymbol{u}, \, \boldsymbol{v}, \, \boldsymbol{w}\,)^{\mathrm{T}} \tag{7.23}$$

物理方程为

$$\boldsymbol{\sigma} = \boldsymbol{D}\boldsymbol{\varepsilon} \tag{7.24}$$

$$\boldsymbol{D} = \begin{bmatrix} 2\mu + \lambda & \lambda & \lambda & 0 & 0 & 0 \\ \lambda & 2\mu + \lambda & \lambda & 0 & 0 & 0 \\ \lambda & \lambda & 2\mu + \lambda & 0 & 0 & 0 \\ 0 & 0 & 0 & \mu & 0 & 0 \\ 0 & 0 & 0 & 0 & \mu & 0 \\ 0 & 0 & 0 & 0 & 0 & \mu \end{bmatrix} \tag{7.25}$$

其中 $\boldsymbol{D}$ 为弹性矩阵,由弹性模量 E 与泊松比 ν 确定:

$$\lambda = \frac{E\nu}{(1 + \nu)(1 - 2\nu)}, \, \mu = \frac{E}{2(1 + \nu)} \tag{7.26}$$

故,

$$2\mu + \lambda = \frac{E(1 - \nu)}{(1 + \nu)(1 - 2\nu)} \tag{7.27}$$

边界条件由力边界条件与位移边界条件组成:

$$S = S_{\sigma} + S_{u} \tag{7.28}$$

在力边界条件 S_{σ} 上,存在表面力 $\boldsymbol{q} = (\, q_x, \, q_y, \, q_z\,)^{\mathrm{T}}$,由弹性力学理论,有

$$\begin{aligned} q_x &= \sigma_{xx}l + \sigma_{xy}m + \sigma_{xz}n \\ q_y &= \sigma_{yx}l + \sigma_{yy}m + \sigma_{yz}n \\ q_z &= \sigma_{zx}l + \sigma_{zy}m + \sigma_{zz}n \end{aligned} \tag{7.29}$$

其中 l、m、n 为弹性体边界外法线与 3 个坐标轴夹角的方向余弦。

在位移边界条件 S_{u} 上,位移 $\bar{u}$、$\bar{v}$、$\bar{w}$ 已知,表示为

$$\boldsymbol{u} = \bar{u}, \, \boldsymbol{v} = \bar{v}, \, \boldsymbol{w} = \bar{w} \tag{7.30}$$

至此,应力 $\boldsymbol{\sigma}$ 的 6 个分量、应变 $\boldsymbol{\varepsilon}$ 的 6 个分量、以及位移 $\boldsymbol{d}$ 的 3 个分量满足 3 个平衡方程、6 个几何方程、6 个物理方程以及位移与力的边界条件,方程组封闭

可解。

2. 网格与计算

本章采用计算结构力学软件 MSC-NASTRAN 求解结构控制方程,获取结构位移与应力。在其前处理环境 MSC-PATRAN 中采用 PCL 语言建立参数化与结构化的机翼结构网格。

本章使用的机翼结构几何模型如图 7.6 所示。其中,机翼截面的外形采用 Bezier 函数近似,支撑结构由结构板与支撑梁两部分组成。9 个结构板沿翼展方向等间距分布,2 个支撑梁作为主要承力部件支撑结构板与蒙皮。简化计算,机翼与机身形成的前后两个夹角中,后夹角固定为 90° 直角。

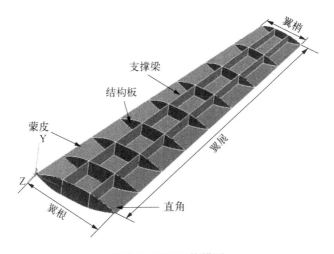

图 7.6　机翼结构模型

在划分网格时采用较精确的四边形网格,结构网格的单元个数为 8 650,节点个数为 10 460,采用 PCL 划分的网格如图 7.7 所示。

机翼的材料按机翼结构组成分为蒙皮材料与骨架材料。其中,蒙皮使用铝,骨架使用钢。两种材料的属性如表 7.1 所示。

结构有限元分析调用 NASTRAN 的 SOL101 计算模块完成,所使用的计算条件主要包括翼根处的零位移边界条件、重力加速度载荷与气流压力条件。根据机翼气动分析的结果,可以将机翼上下表面对称分成 48 个区,在每个区域内,近似认为受到的压强是相等的。上表面 24 个区域的分布如图 7.8 所示,其中 1 区处于根弦最前端,8 区处于梢弦最前端(下表面区域划分与之对称)。

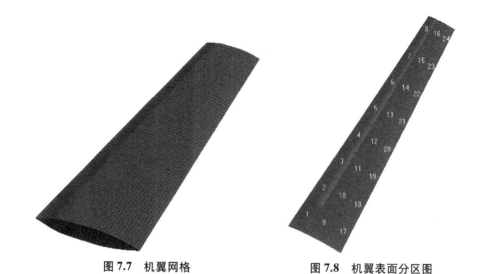

图 7.7　机翼网格　　　　　　　　图 7.8　机翼表面分区图

表 7.1　机翼主要材料属性

材　　料	弹性模量/ GPa	泊松比	密度/ (kg/m³)	屈服强度/ MP	抗拉强度/ MP
铝合金	7	0.3	2 700	274	412
合金钢(20Cr)	10	0.3	9 000	540	835

7.1.4　静气动弹性试算

为考证静气动弹性对于机翼性能的影响,采用两组气动外形条件进行对比试算,设计变量与设计参数值如表 7.2 所示:

表 7.2　机翼对比试算设计变量、设计参数表

机　　翼	半展长/m	根弦长/m	梢弦长/m	高度 1	高度 2	高度 3
刚性翼	6	2	1	0.005 712	0.005 794	0.004 583
弹性翼	6	2	1	0.005 712	0.005 794	0.004 583

机　　翼	挠度/m	扭角/(°)	攻角/(°)	压强/Pa	速度/(m/s)	温度/K
刚性翼	0	0	2	5 529.3	177.06	216.7
弹性翼	0.2	5	2	5 529.3	177.06	216.7

其中的高度是指翼型截面贝赛尔曲线控制点的相对无量纲高度,控制点共计 5 个,分别位于 0、0.2、0.4、0.6、1 倍弦长处,由于 0、1 倍弦长处高度为 0,故可只计中间三处控制点的高度。计算所得压强分布如图 7.9~图 7.14 所示:

图 **7.9**　刚性翼整体压强分布

图 **7.10**　弹性翼整体压力分布

图 **7.11**　刚性翼上翼面压强分布

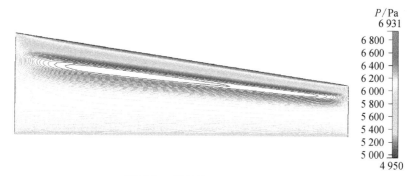

图 7.12　刚性翼下翼面压强分布

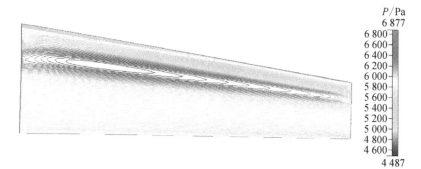

图 7.13　弹性翼上翼面压强分布

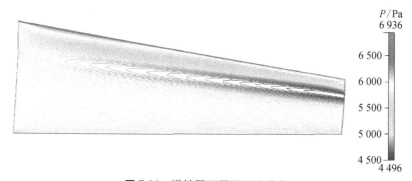

图 7.14　弹性翼下翼面压强分布

对比可知,相对于刚性翼,弹性翼的上翼面压强有所增强;下翼面压强有所下降。上下翼面之间的压差减小了,这将引起气动性能的下降。进一步,通过积分求解,获得刚性翼的升力、阻力和升阻比分别为 4 095.28 N、120.56 N 与 33.97;弹性翼的升力、阻力和升阻比分别为 864.48 N、150.81 N 与 5.73,弹性翼的升阻比远小于刚性翼的升阻比。两种机翼的试算结果表明由于弹性翼的结构弹性引起的弯扭变形对机翼的气动性能存在着较强的削弱作用,必须在设计中引起足够重视。

7.2　基于 GBLISS 2000 的机翼静气弹优化

7.2.1　机翼静气弹 GBLISS 2000 表述与流程

基于机翼的气动模型与结构模型,以 20 km 高度马赫数 0.6 巡航为近空间亚声速飞行器机翼的主要设计参数,建立近空间亚声速飞行器机翼的 GBLISS 2000 表述。

$$\text{Given:}\quad Y_{\text{opt}}^{\text{MQ}},\ \text{KSG}_{i\text{opt}}^{\text{MQ}},\ (i=1,\,2)$$

$$\text{Find:}\quad \boldsymbol{Z}=(L_1,\,L_2,\,L_3,\,h_1,\,h_2,\,h_3)^{\text{T}},\ Y_{\text{opt}}$$

$$\text{GRGFF:}\quad F=-\frac{C_L}{C_D}\ln\frac{m_0}{m_1}$$

$$\text{系统层:System:Satisfy:}\quad E_{\text{Y}}=Y_{\text{opt}}-Y_{\text{opt}}^{\text{MQ}}=R$$

$$\text{s.t.}\quad
\begin{cases}
R=0\\
(2,\,1,\,0.5,\,0.02,\,0.02,\,0.02)^{\text{T}}\leqslant \boldsymbol{Z}\\
\qquad \leqslant (6,\,2,\,1.5,\,0.1,\,0.1,\,0.1)^{\text{T}}\\
Y_{\text{optL}}\leqslant Y_{\text{opt}}\leqslant Y_{\text{optU}},\ \text{KSG}_{i\text{opt}}^{\text{MQ}}\leqslant 0
\end{cases}$$

$$\tag{7.31}$$

其中,$\boldsymbol{Z}$ 为具体的设计变量;Y_{opt} 为系统层目标最佳值;$Y_{\text{opt}}^{\text{MQ}}$ 为系统层目标初始值;L_1、L_2、L_3 分别为半展长、翼根长与翼梢长,单位为米;h_1、h_2、h_3 为贝塞尔曲线控制点的相对无量纲厚度。目标函数来自螺旋桨型活塞发动机驱动的 Breguet 航程公式:

$$R=\frac{\eta}{c}\frac{C_L}{C_D}\ln\frac{m_0}{m_1}\tag{7.32}$$

式 (7.32) 中 η 为螺旋桨效率;c 为单位燃料的消耗率;C_L 为升力系数;C_D 为阻力系数;对于 m_0、m_1 分别有

$$m_0=m_2+\overline{m}_{02},\ m_1=m_2+\overline{m}_{12}\tag{7.33}$$

其中, m_0 为总质量; m_1 为不计燃料的飞行器重量; m_2 为双翼的重量; $\overline{m}_{02}$ 为总重减去 m_2, $\overline{m}_{12}$ 为 m_1 减去 m_2; 计算中取 $\overline{m}_{02}$ 为 300 kg; $\overline{m}_{12}$ 为 200 kg。

$$
\begin{aligned}
&\text{Given:} \quad \boldsymbol{Z}, Y_{21} = (\delta, \theta)^{\mathrm{T}}, \boldsymbol{D}_1(\boldsymbol{Y}_1^*) \\
&\text{Find:} \quad X_1 = \alpha, \boldsymbol{Y}_1 = (C_L, C_D, P_1, P_2, \cdots, P_{48})^{\mathrm{T}} \\
&\text{QSNTO:} \quad \boldsymbol{F}_1 = \boldsymbol{D}_1(\boldsymbol{Y}_1^*)^{\mathrm{T}}\Delta Y_1 \\
&\text{Satisfy:} \quad E_{\text{Euler}}(\boldsymbol{Z}, \boldsymbol{X}_1, Y_{21}, \boldsymbol{Y}_1) = 0
\end{aligned}
$$

气动 1 - A:

$$
\text{s.t.} \quad
\begin{cases}
m_0 g - L - L_b - T\sin\alpha \leqslant 0 \\
D + D_b - T\cos\alpha \leqslant 0 \\
0 \leqslant \alpha \leqslant 5 \\
(0, 0, 1\,000, \cdots, 1\,000)^{\mathrm{T}} \leqslant Y_1 + \Delta Y_1 \\
\qquad\qquad\qquad \leqslant (1, 1, 12\,000, \cdots, 12\,000)^{\mathrm{T}} \\
\Delta Y_{1\mathrm{L}} \leqslant \Delta Y_1 \leqslant \Delta Y_{1\mathrm{U}}
\end{cases}
$$

$$(7.34)$$

其中, δ、θ 分别为翼梢处的挠度与转角; α 为攻角, 单位为度; P_1, P_2, $\cdots$, P_{48} 分别为 48 个面的平均压强, 单位为帕; L、D 分别为机翼产生的升力和阻力, L_b、D_b 分别为机体产生的升力和阻力; T 为推力; 计算取 L_b 为 2 000 N; D_b 为 1 000 N; T 为 2 000 N。

$$
\begin{aligned}
&\text{Given:} \quad Z, Y_{12} = (P_1, \cdots, P_{48}), D_1(Y_2^*) \\
&\text{Find:} \quad X_2 = (t_1, t_2, t_3)^{\mathrm{T}}, Y_2 = (\delta, \theta, m_2)^{\mathrm{T}} \\
&\text{QSNTO:} \quad F_2 = D_1(Y_2^*)^{\mathrm{T}}\Delta Y_2 \\
&\text{Satisfy:} \quad E_{\text{FEM}}(Z, X_2, Y_{12}, Y_2) = 0
\end{aligned}
$$

结构学科 2 - S:

$$
\text{s.t.} \quad
\begin{cases}
\sigma_1 \leqslant \sigma_{1\max}, \sigma_2 \leqslant \sigma_{2\max} \\
(0.002, 0.002, 0.002)^{\mathrm{T}} \leqslant X_2 \\
\qquad\qquad\qquad \leqslant (0.006, 0.01, 0.01)^{\mathrm{T}} \\
(-0.2, -5, 10)^{\mathrm{T}} \leqslant Y_2 + \Delta Y_2 \leqslant (0.2, 5, 400)^{\mathrm{T}} \\
\Delta Y_{2\mathrm{L}} \leqslant \Delta Y_2 \leqslant \Delta Y_{2\mathrm{U}},
\end{cases}
$$

$$(7.35)$$

其中，t_1、t_2、t_3 分别为蒙皮、支板与梁的厚度，单位为米；σ_1、σ_{1max} 分别为蒙皮应力与其最大应力；σ_2、σ_{2max} 分别为支板与梁的应力与最大应力；δ、θ、m_2 的单位分别为米、度和千克。

导数项为

$$
D_1(Y_1) = \begin{pmatrix} \dfrac{\partial F}{\partial C_L} \\ \dfrac{\partial F}{\partial C_D} \\ \dfrac{\partial F}{\partial P_1} \\ \vdots \\ \dfrac{\partial F}{\partial P_{48}} \end{pmatrix} = \begin{pmatrix} \dfrac{-1}{C_D}\ln\dfrac{m_0}{m_1} \\ \dfrac{C_L}{C_D^2}\ln\dfrac{m_0}{m_1} \\ 0 \\ \vdots \\ 0 \end{pmatrix}
\qquad
D_1(Y_2) = \begin{pmatrix} \dfrac{\partial F}{\partial \delta} \\ \dfrac{\partial F}{\partial \theta} \\ \dfrac{\partial F}{\partial m_2} \end{pmatrix} = \begin{pmatrix} 0 \\ 0 \\ \dfrac{\overline{m}_{02} - \overline{m}_{12}}{(m_2 + \overline{m}_{02})^2} \end{pmatrix}
$$

$$(7.36)$$

问题求解流程如图 7.15 所示：

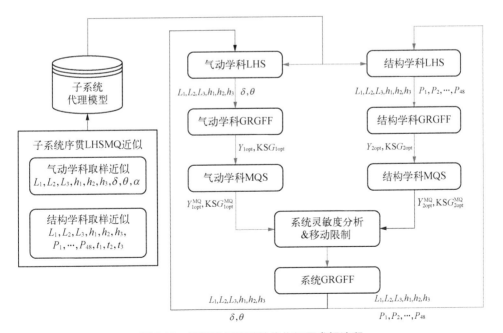

图 7.15　机翼静气动弹性优化问题求解流程

7.2.2　机翼静气弹 GBLISS 2000 求解

由于采用数值计算模型,计算量较大,故离线构造气动与结构学科的全局 MQ 响应面替代模型,以降低计算量。采用 LHS-MQ 序贯近似方法,最大相对交叉验证误差为 0.01, β 取值 0.5,气动学科每次取样个数为 12,最大 LHS 取样次数为 7,实际共取样 84 次,所得交叉验证误差满足要求。结构学科每次取样个数为 58,最大 LHS 取样次数为 10,实际共取样 580 次(含调用失败 3 次,网格过度畸形导致),所得交叉验证误差满足要求。取样点值与交叉预测值散点图如图 7.16~图 7.23 所示,从这些图可以直观看出,近似值与实际计算值之间的误差很小。

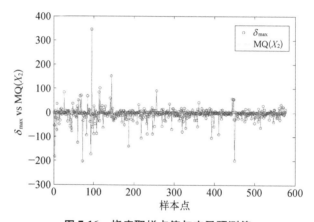

图 7.16　挠度取样点值与交叉预测值

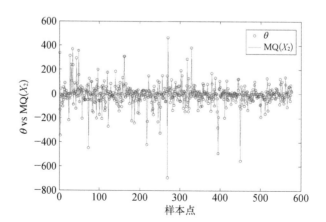

图 7.17　扭角取样点值与交叉预测值

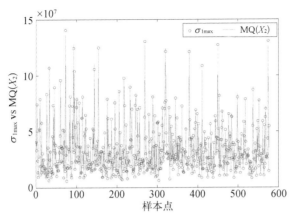

图 **7.18**　蒙皮最大应力取样点值与交叉预测值

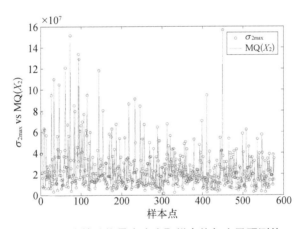

图 **7.19**　支撑结构最大应力取样点值与交叉预测值

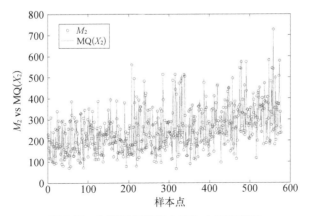
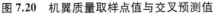

图 **7.20**　机翼质量取样点值与交叉预测值

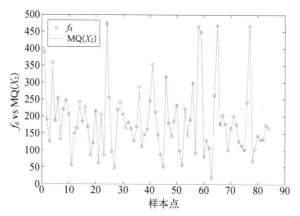

图 7.21　阻力取样点值与交叉预测值

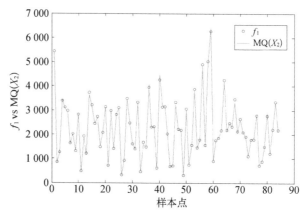

图 7.22　升力取样点值与交叉预测值

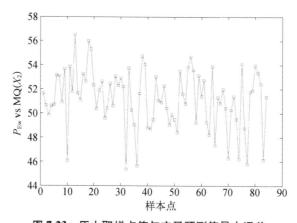

图 7.23　压力取样点值与交叉预测值最大误差

获取了机翼结构与气动学科的全局近似模型后,基于全局近似模型开展优化。系统与学科优化均采用基于广义简约梯度法的填充函数法(generalized reduced gradient method based filled function,GRGFF),经过 53 次优化迭代,使得目标函数的结果从 -1.529 1 优化至 -4.859 8,优化效果较为明显。由于数值计算耗时较长,且近似效果较好,故直接接受粗略优化阶段的结果为最终结果,省去了粗略优化最优解附近的加密近似与再优化过程。

系统层目标函数优化历史如图 7.24 所示。

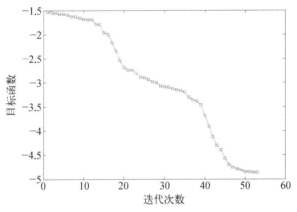

图 7.24　目标函数优化过程

最优解与初始值对照如表 7.3 所示。

表 7.3　最优解与初始值对照表

变　量	L_1 /m	L_2 /m	L_3 /m	h_1	h_2	h_3
初始值	2.000 0	1.000 0	0.500 0	0.020 0	0.020 0	0.020 0
最优解	4.504 4	1.016 3	0.504 7	0.055 3	0.068 1	0.069 7

变　量	α /(°)	t_1 /m	t_2 /m	t_3 /m	F	
初始值	0.000 0	0.002 0	0.002 0	0.002 0	-1.529 1	
最优解	2.053 2	0.002 9	0.002 1	0.009 0	-4.859 8	

通过表 7.3 可知,气动学科主要优化了半展长、机翼截面厚度与攻角。其中,半展长增加了 1 倍多;机翼截面厚度增加了 3 倍左右;攻角由 0 度增加到 2 度。结构学科主要优化了蒙皮厚度与刚梁厚度,其中蒙皮厚度增加了 0.9 mm;支撑梁厚度增加了 7 mm。刚梁与蒙皮厚的增加将提高整个机翼的结构刚度,有

助于减小弹性效应,但是还需要综合考虑机翼质量增加的效应,而 GBLISS 2000 过程在二者之间保持了平衡。

进一步对最优解进行数值分析验证的结果如图 7.25~图 7.28 所示。

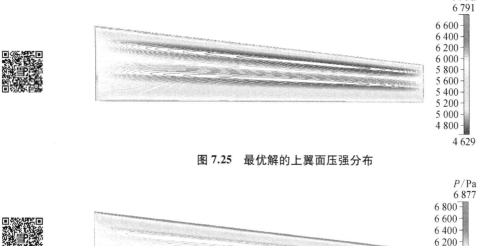

图 7.25   最优解的上翼面压强分布

图 7.26   最优解的下翼面压强分布

从最优解的气动压强分布可知,上翼面中间存在着大片低压区域,下翼面大部分区域的压强较高,上下翼面之间的压强差较为明显。从最优解的结构应力分布可知,在机翼根部,特别是翼梁附近存在较大的结构应力,翼梢附近的应力很小,机翼总的最大应力远小于极限应力,说明机翼结构强度是非常安全的(不考虑疲劳等其他因素)。从最优解的结构位移分布可知,翼梢附近的位移较大且最大位移位于翼梢后部,为 0.016 m,翼根附近的位移不明显,机翼总的位移较小。由于整体位移较小,机翼的扭角也将很小。该位移分布表明机翼结构刚度较大。结合支撑梁与蒙皮厚度增加的变化趋势可知,在该机翼的给定设计空间内,通过结构刚度的增强减轻机翼弹性带来的气动性能损失是可行的。同时也再次说明结构弹性对机翼的气动性能有较大影响。

各学科最优输出的主要验证结果如表 7.4 所示,其中各物理量使用国际单位制,角度单位为度,$P[i]$ 表示翼面第 i 个区域的压强。

结构应力/Pa

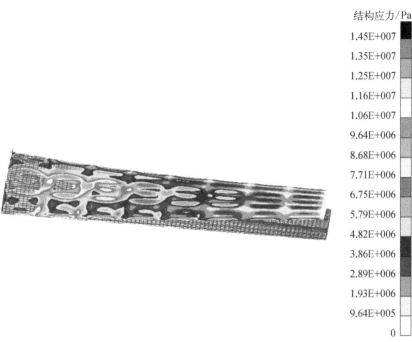

图 7.27　最优解的机翼结构应力(von Mises) 分布

结构位移/m

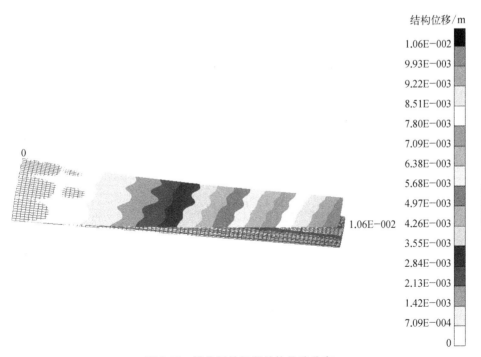

图 7.28　最优解的机翼结构位移分布

表 7.4 学科最优输出表

变 量	蒙皮应力/Pa	板梁应力/Pa	质量/kg	挠度/(°)	扭角/(°)
最优值	16 408 728	10 249 066	115.592 93	0.010 39	−0.065 81
验证值	16 394 821	10 236 724	115.582 58	0.010 35	−0.065 69

变 量	升力/N	阻力/N	$P[1]$/Pa	$P[2]$/Pa	$P[3]$/Pa
最优值	1 552.20	66.62	5 692.9	5 591.4	5 604.6
验证值	1 546.94	65.70	5 694.3	5 593.7	5 609.0

变 量	$P[4]$/Pa	$P[5]$/Pa	$P[6]$/Pa	$P[7]$/Pa	$P[8]$/Pa
最优值	5 602.4	5 600.2	5 593.6	5 591.4	5 609.0
验证值	5 610.1	5 608.9	5 599.4	5 597.2	5 618.3

变 量	$P[9]$/Pa	$P[10]$/Pa	$P[11]$/Pa	$P[12]$/Pa	$P[13]$/Pa
最优值	5 022.7	5 006.4	4 965.5	4 954.5	4 952.3
验证值	5 020.6	5 001.1	4 959.0	4 944.7	4 941.2

变 量	$P[14]$/Pa	$P[15]$/Pa	$P[16]$/Pa	$P[17]$/Pa	$P[18]$/Pa
最优值	4 990.0	4 966.6	4 963.3	5 007.3	5 078.5
验证值	4 972.3	4 946.2	4 937.8	5 001.7	5 071.5

变 量	$P[19]$/Pa	$P[20]$/Pa	$P[21]$/Pa	$P[22]$/Pa	$P[23]$/Pa
最优值	5 068.5	5 099.2	5 045.3	5 007.9	5 095.8
验证值	5 058.9	5 079.5	5 037.4	4 992.8	5 073.6

变 量	$P[24]$/Pa	$P[25]$/Pa	$P[26]$/Pa	$P[27]$/Pa	$P[28]$/Pa
最优值	5 148.6	5 937.5	5 912.2	5 979.2	5 952.8
验证值	5 133.2	5 940.8	5 937.5	5 992.0	5 970.3

变 量	$P[29]$/Pa	$P[30]$/Pa	$P[31]$/Pa	$P[32]$/Pa	$P[33]$/Pa
最优值	5 946.2	5 916.5	5 911.0	5 930.8	5 524.3
验证值	5 967.7	5 949.0	5 932.4	5 955.7	5 531.1

变 量	$P[34]$/Pa	$P[35]$/Pa	$P[36]$/Pa	$P[37]$/Pa	$P[38]$/Pa
最优值	5 401.1	5 369.2	5 371.4	5 364.8	5 363.7
验证值	5 396.6	5 361.3	5 363.9	5 342.1	5 341.5

（续表）

变　量	$P[39]/Pa$	$P[40]/Pa$	$P[41]/Pa$	$P[42]/Pa$	$P[43]/Pa$
最优值	5 418.7	5 516.6	5 800.4	5 825.7	5 848.8
验证值	5 401.1	5 510.8	5 821.6	5 847.3	5 877.5

变　量	$P[44]/Pa$	$P[45]/Pa$	$P[46]/Pa$	$P[47]/Pa$	$P[48]/Pa$
最优值	5 995.1	5 868.6	6 024.6	5 879.6	5 950.0
验证值	6 021.6	5 897.3	6 055.0	5 894.7	5 976.1

验证结果表明,学科近似的误差较小,粗略优化最优解已经可以满足设计需要。此外,扭角为负,说明机翼前半部分压差小于后半部分压差分布,使得从翼梢往翼根看去时,存在一个顺时针的扭转气动力矩,该力矩使机翼出现轻微的低头现象。

7.3　本章小结

气动弹性分析是现代先进飞行器设计的重要技术,具有较高的研究应用价值,同时气动弹性问题也是典型的多学科问题。本章选取近空间亚声速飞行器静气动弹性问题为对象,进行 GBLISS 2000 过程应用。本章研究内容小结如下。

（1）对气动弹性问题进行了研究,包括气动弹性基本作用力与作用过程、非线性气动弹性的基本计算方法、松耦合气动弹性计算主要流程、气动弹性计算中涉及的气动控制方程与结构控制方程等。

（2）使用商业软件的二次开发技术建立了近空间亚声速飞行器气动弹性分析所需的数值模型,包括基于 CFD－GEOM 与 Python 语言的参数化与结构化机翼气动网格和气动分析模型,基于 MSC－PATRAN 与 PCL 语言的参数化与结构化机翼结构网格和结构分析模型。

（3）在设计工况下,对近空间亚声速飞行器机翼的静气动弹性进行了对比试算,试算结果表明由于结构弹性引起的弯扭变形对机翼的气动性能存在着较强的削弱作用,使弹性机翼的气动性能远远低于刚性机翼的气动性能。

（4）使用 LHS－MQ 序贯近似技术建立了精度较高的近空间亚声速飞行器机翼气动与结构替代模型,并以航程为目标,基于 GBLISS 2000 过程进行了优化求解,最优设计的机翼性能相对于初始设计的机翼性能有了大幅度的提升。同时,结果表明在该机翼的给定设计空间内,通过适度增强结构的刚度来减轻机翼弹性、减少气动性能损失是可行的。

第 8 章

天对地再入飞行器总体多学科设计优化

天对地再入飞行器作为军事领域的一种新概念武器,它独特作战形式存在着颠覆未来战争军事对抗态势的潜力,因其突出的打击速度、突防能力、毁伤效果,将突破现有战场的时空制约、防御技术体系和作战空间维度。天对地再入飞行器外形的参数化设计及 MDO 是再入飞行器研究发展的关键环节,本章基于高超声速条件下的流动理论,采用 FFD 三维参数化技术、NSGA-Ⅱ 多目标优化、高斯过程回归等方法,开展了关于再入飞行器外形多目标设计优化的研究工作。

8.1 EXPERT 构型

8.1.1 概述

天对地再入飞行器外形优化的关键在于其大气再入阶段的气动性能,气动性能将主要决定再入飞行器的射程、打击效果和机动响应能力,该阶段的马赫数能达到 10 以上。参数化设计过程往往需要借助一个基准三维模型作为原始构型,但目前尚未有公开资料提供此类再入飞行器的详细外形参数。为此,本章选取用于再入试验研究、飞行条件相似的 EXPERT 系列构型开展优化研究工作。

欧洲航天局对飞行器大气再入问题进行了多项研究,欧洲再入飞行试验平台(the European Experimental Re-entry Testbed,EXPERT)便是其中之一。如图 8.1 所示,在该项目中诞生的飞行器系列构型也被命名为 EXPERT,构型经历了多次演变。

EXPERT 构型 4.4B 如图 8.2 所示,该构型由钝头体和锥形机体组成,长度为 1.550 m,直径为 1.319 m。采用过渡曲线,保证头部与机体间的平滑连接。机身为半顶角 12.7° 的锥体,并由 4 个主轴对称的 9.2° 倾斜平面进行切割,其中的 2 个切割平面上固定有 2 个开口的襟翼,用来研究由高速流动温度引起的拐角气

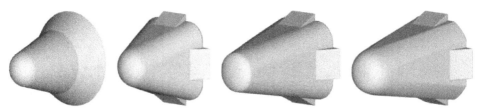

图 8.1 依次为 EXPERT 构型由 1.1 版本至 4.1 版本的演变外形[326]

体效应。其对应的另外 2 个切割平面上固定有 2 个封闭的襟翼,使敏感仪器设备能够正常工作用以测量高温气体。

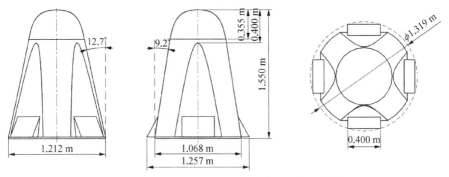

图 8.2 EXPERT 构型 4.4B 的参数示意图[327]

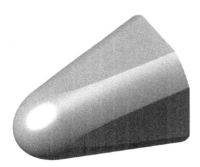

图 8.3 所用不含襟翼的 EXPERT 原始构型

本研究借鉴 EXPERT 构型 4.4B 进行参考,但因为体襟翼的设置往往需要基于特定的科学测量需求,所以在建模过程中将其去除,另外还缺少该构型过渡区与头部连接处的详细参数,故将构型头部简化为球体的一部分,具体用于优化的原始构型见图 8.3。

根据 EXPERT 预期的参考任务[327],飞行环境设定的来流马赫数为 16.28;来流速度大小为 5 km/s;飞行高度为 37.18 km。

8.1.2 约束需求

EXPERT 试验包含有多个测量项目,其中一个测量对象是大气再入时体襟翼上游的压力、温度和热流等气体参数,用以研究此处在高超声速条件下的激波/边界层相互干扰现象与黏性效应,测量装置的分布情况如图 8.4 所示,其中,

PT 为压力传感器;TC 为热电偶元件。

鉴于给出的测量目的,图 8.5 给出了 EXPERT 构型的约束设计需求,具体的约束要求为外形的 4 个侧体斜面(图 8.5 中浅色区域)与底部的平面特征予以保留。尽管该约束在 EXPERT 构型设计中的目的是便于进行科学测量,但是对于天对地再入飞行器外形设计而言,基于搭载各类载荷的需要,同样存在着对此类约束进行研究的重要价值。

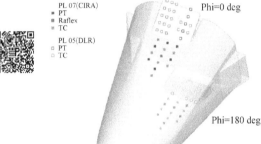

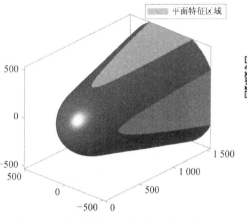

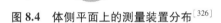

图 8.4 体侧平面上的测量装置分布[326]   图 8.5 EXPERT 构型的约束设计需求

以俄罗斯研发的白杨-M 洲际弹道导弹为例(如图 8.6 所示),其外形在弹头侧边位置同样保留了部分平面外形,安装了辅助机动末制导的探测雷达,用于地图匹配精确制导体系。

图 8.6 白杨-M 洲际弹道导弹的探测雷达天线

8.2 非规则六面体 FFD 参数化技术

8.2.1 Bernstein 基函数边界特征

对于控制晶格内任何一点,其沿 S、T、U 之中任一轴向的 Bernstein 基函数的数值求和结果均为 1,见公式(8.1),此处以沿 S 轴向为示例。

$$\sum_{i=0}^{l} B_{i,l}(s) = 1 \tag{8.1}$$

以 $l=5$ 为例,式(8.1)的等式左侧展开共有 6 项,分别表示晶格内该点受各层控制点影响的敏感度,图 8.7 展示了其对应的基函数图形。

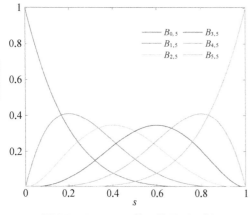

图 8.7 Bernstein 基函数图形示例

由图 8.7 可见不同的局部坐标位置 s 的受控情况差异,其中,当局部坐标 s 接近 0 或 1 时,$B_{0,5}$ 或 $B_{5,5}$ 的权重急剧增大。局部坐标 s 在两端边界上,满足式(8.2)所示的情形。

$$\begin{cases} B_{0,l}(0) = 1, & \sum_{i=1}^{l} B_{i,l}(0) = 0 \\ B_{l,l}(1) = 1, & \sum_{i=0}^{l-1} B_{i,l}(0) = 0 \end{cases} \tag{8.2}$$

从式(8.2)可以看出,该方法在边界上具有显著特征:位于控制晶格内部的外形会受到每个控制点的影响,但位于晶格边界上的外形只会受到来自同样位于边界上的控制点影响。

鉴于 Bernstein 基函数的边界特征,若将某一面控制晶格边界上的控制点全部铺设在欲进行控制的外形区域上,使该区域局部坐标的某一维度逼近于 0 或 1,便能够使该区域变形只依赖于小部分的控制点。降低设置约束所需操纵的维度,会极大地减小了约束的设计难度,同时又能够保证控制晶格以内的其他变形区域不会因此受到过多限制,仍然具备较大设计空间。

8.2.2　EXPERT 构型的非规则形态 FFD 参数化设计

按照此前说明的外形约束降维设计的观点,采用 FFD 方法对该外形进行参数化设计,会产生如图 8.8 所示的控制晶格布置方式,将欲进行控制的四个侧体斜平面与底座平面分别置于控制晶格的边界面上,此时晶格框架结构不再是通常的平行六面体晶格。

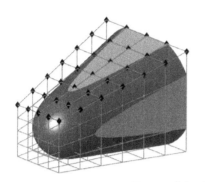
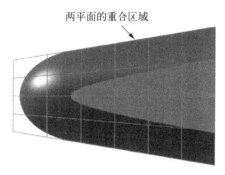

两平面的重合区域

图 8.8　非规则形态 FFD 晶格设计

该变形过程中的点云位置是控制点与 Bernstein 基函数的简单线性组合,在此种变形模式中,如果图 8.8 左侧通过菱形标记示意的控制点在晶格变形前后始终保持多点的共面性,那么外形中浅色区域所示的平面特征将不会被破坏,即实现了通过对少数控制点的共面约束设计来维持整机优化过程中外形的平面约束。

如图 8.9(a)所示,为确保外形的对称性,在过程中仅截取外形绕机身轴的 1/8 部分外形进行参数化设计,涉及的 42 个控制点分布情况如图 8.9(b)所示。此外,本研究共产生了 58 个设计变量,对前文所述的侧体斜平面边界可进行整体的上下平移,这将引起机身外形沿轴向的收缩或膨胀,见图 8.9(b)中的红色区域,该变量称为 a^{I}。

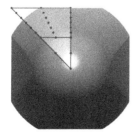
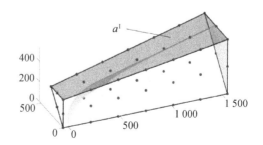

(a) 提取 1/8 外形用于参数化设计　　　(b) 42 个控制点分布及第一类设计变量 a^{I}

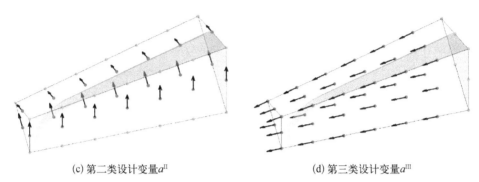

(c) 第二类设计变量a^{II} (d) 第三类设计变量a^{III}

图 8.9   本章参数化设计说明

图 8.9 还表现了其余 57 个自由度的设计细节。在此之中的控制点变量(自由度)分为两类,图 8.9(c)展示了变量 a^{II},其矢量方向垂直于机身主轴;剩余的控制点变量称为 a^{III},其矢量方向如图 8.9(d)所示,均接近于机身主轴方向。以上变量在指定范围内变化将不会改变侧体边界上控制点的共面特征。该优化算例的设计变量信息在表 8.1 中具体给出。

表 8.1   设计变量分类说明及搜索域

变量类型	数　量	搜索域/mm
a^{I}	1	$[-60, 60]$
a^{II}	21	$[-80, 80]$
a^{III}	36	$[-120, 120]$

8.2.3   局部坐标反算方法

完整的变形过程除了需要掌握控制点的位置外,还必须计算 Bernstein 基函数,而求取基函数需要点云的局部坐标,但由于前文中局部坐标的测量方法是建立在规则控制晶格的基础上,对于图 8.8 的非平行六面体控制晶格(non-parallel epipedical lattice),无法以简单的测量手段获取点云的局部坐标。此节通过局部坐标反向计算的思路获取非规则晶格下的局部坐标,Hsu 等[328]对非规则晶格局部坐标的计算提供了类似的思路。

变形思路如图 8.10 所示,本研究将非规则控制晶格视作由规则控制晶格经变形得到的结果,两个框架内的点云之间存在因变形模式而建立的双射关系

（bijection），凭此特性，尽管局部坐标在非规则控制晶格下无法直接测量，但可以通过回溯变形至平行六面体控制晶格进行计算。

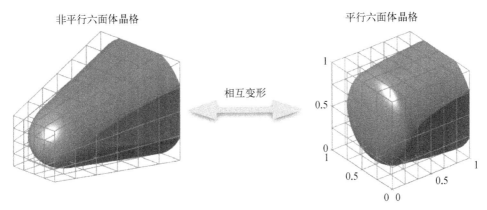

非平行六面体晶格　　　　　　　　　　平行六面体晶格

相互变形

图 8.10　通过向规则晶格变形实现局部坐标计算

令回溯变形后的晶格为平行六面体，内部控制点均匀分层，并使全局坐标轴和局部坐标轴重合，此情形下点云的全局坐标与局部坐标在数值上存在简单线性关系，公式（2.24）中的基函数可通过调用全局坐标实现运算，同时结合公式（2.25）可联立得到如式（8.3）的方程组

$$
\begin{cases}
x - s \mid \boldsymbol{S} \mid^0 = \displaystyle\sum_{i=0}^{l} \sum_{j=0}^{m} \sum_{k=0}^{n} k_{i,j,k}(x_{i,j,k} - x_{i,j,k}^0) \\[2mm]
y - t \mid \boldsymbol{T} \mid^0 = \displaystyle\sum_{i=0}^{l} \sum_{j=0}^{m} \sum_{k=0}^{n} k_{i,j,k}(y_{i,j,k} - y_{i,j,k}^0) \\[2mm]
z - u \mid \boldsymbol{U} \mid^0 = \displaystyle\sum_{i=0}^{l} \sum_{j=0}^{m} \sum_{k=0}^{n} k_{i,j,k}(z_{i,j,k} - z_{i,j,k}^0) \\[2mm]
k_{i,j,k} = \dfrac{l!\ m!\ n!\ s^i t^j u^k\ (1-s)^{l-i}\ (1-t)^{m-j}\ (1-u)^{n-k}}{i!\ j!\ k!\ (l-i)!\ (m-j)!\ (n-k)!}
\end{cases}
\tag{8.3}
$$

其中，$(x_{i,j,k}, y_{i,j,k}, z_{i,j,k})$ 即为控制点 $P_{i,j,k}$ 的坐标，$(x_{i,j,k}^0, y_{i,j,k}^0, z_{i,j,k}^0)$ 是 $P_{i,j,k}$ 回溯变形至平行六面体晶格时的坐标，$\mid \boldsymbol{S} \mid^0$、$\mid \boldsymbol{T} \mid^0$、$\mid \boldsymbol{U} \mid^0$ 分别代表该情形下 3 个标准坐标轴矢量的长度，该方程组是可解的，但实际上还能够进一步地简化，若进行回溯变形阶段选择的平行六面体晶格为棱长为 1 的单元立方体，则方程组（8.3）会退化为式（8.4）所示的形式。

$$
\begin{cases}
x = \displaystyle\sum_{i=0}^{l} \sum_{j=0}^{m} \sum_{k=0}^{n} k_{i,j,k} x_{i,j,k} \\[2mm]
y = \displaystyle\sum_{i=0}^{l} \sum_{j=0}^{m} \sum_{k=0}^{n} k_{i,j,k} y_{i,j,k} \\[2mm]
z = \displaystyle\sum_{i=0}^{l} \sum_{j=0}^{m} \sum_{k=0}^{n} k_{i,j,k} z_{i,j,k} \\[2mm]
k_{i,j,k} = \dfrac{l!\; m!\; n!\; s^{i} t^{j} u^{k} (1-s)^{l-i} (1-t)^{m-j} (1-u)^{n-k}}{i!\; j!\; k!\; (l-i)!\; (m-j)!\; (n-k)!}
\end{cases}
\tag{8.4}
$$

该退化方程组实际上就是公式(2.25)的标量形式,其中仅有局部坐标 s、t、u 三个变量未知,数学形式并不复杂,可以通过如牛顿迭代法的数值解法对以上方程组进行求解,以获取单位化立方体规则晶格框架下的全局坐标。该求解结果同时也是整个计算流程的局部坐标。

根据得到的局部坐标结果,利用公式(2.24)进行计算,进而能够获取对应的 Bernstein 基函数,需要注意的是,即便是在此类非平行六面体 FFD 控制晶格下,该计算过程只需要在设计前期进行一次即可,Bernstein 基函数与局部坐标同样都是全局通用的。

8.3　代理模型核函数测试

采用不同的核函数将会获得截然不同的代理模型预测效果,一般需针对实际问题的函数形态进行选择。针对表 8.2 中的 4 种核函数,本节对它们逐一进行了性能测试。此处用于测试的样本集是通过拉丁超立方抽样获取的 500 个样本数据,基于 10 个交叉验证的预测误差评价策略,让所有的样本都在自身未参加训练的模型中进行精度评估,能更加真实地反映预测性能。以最大升阻比的预测为例,各个核函数对应的响应预测值与工程方法实际值直观比较情况如图 8.11 所示。

表 8.2　本研究选用的核函数[329]

函　数　名　称	$k(\boldsymbol{x}_i, \boldsymbol{x}_j)$ 的计算形式
二次有理核函数	$\sigma_f^2 \left(1 + \dfrac{\boldsymbol{x}_i - \boldsymbol{x}_j^2}{2\alpha\sigma_l^2} \right)^{-\alpha}$

（续表）

函　数　名　称	$k(\pmb{x}_i, \pmb{x}_j)$ 的计算形式
指数核函数	$\sigma_f^2 \exp\left(-\dfrac{\pmb{x}_i - \pmb{x}_j}{\sigma_l}\right)$
5/2 马顿核函数	$\sigma_f^2 \left(1 + \dfrac{\sqrt{5}\pmb{x}_i - \pmb{x}_j}{\sigma_l} + \dfrac{5\pmb{x}_i - \pmb{x}_j^2}{3\sigma_l^2}\right) \exp\left(-\dfrac{\sqrt{5}\pmb{x}_i - \pmb{x}_j}{\sigma_l}\right)$
高斯核函数	$\sigma_f^2 \exp\left(-\dfrac{1}{2}\dfrac{\pmb{x}_i - \pmb{x}_j^2}{\sigma_l}\right)$

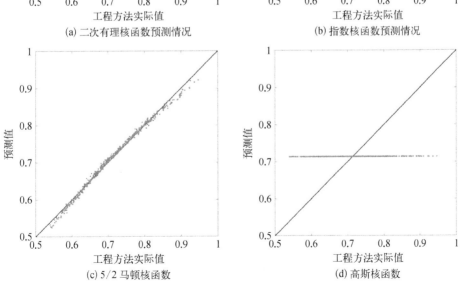

图 **8.11**　不同核函数预测值与工程方法实际值的比较情况

在图 8.11 中,纵坐标为代理模型预测值,横坐标是原函数的计算值,预测散点位置越靠近图中斜线则表明拟合效果越好,从直观上可以看出,二次有理核函数、指数核函数、5/2 马顿核函数均体现出一定的预测效果,而高斯核函数则停留在高斯过程的均值,训练未能成功。各个核函数对应代理模型的均方根误差(root-mean-square error,RMSE)指标统计如表 8.3 所示。

表 8.3　不同核函数代理模型的 RMSE

核 函 数 类 型	RMSE
二次有理核函数	7.205E−03
指数核函数	1.431E−02
5/2 马顿核函数	7.192E−03
高斯核函数	8.738E−02(预测失效)

结果表明,针对最大升阻比这一目标函数,从直观上实现较好拟合的代理模型中,5/2 马顿核函数和二次有理核函数建立的代理模型预测精度明显好于指数核函数结果,前两者的表现非常相近,但 5/2 马顿核函数略微占优,在后续研究中采用此核函数。考虑到高斯过程回归核函数计算存在样本数量三次方量级的时间复杂度和二次方量级的空间复杂度[330],设定升阻比的 RMSE 标准为 2.5E−03,通过不断增加采样用于训练,直至预测精度满足该标准,最终采用 2 700 个样本点成功训练出达到该要求的代理模型,图 8.12 给出了模型训练预测性能的发展过程。

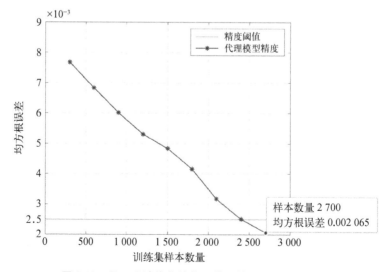

图 8.12　用于设计优化的代理模型性能及其发展历史

8.4 天对地再入飞行器多目标设计优化研究

8.4.1 初始多目标设计优化结果分析

采用 NSGA-Ⅱ方法进行多目标设计优化,由于已建立了代理模型,对单个外形的性能评估耗时由十余秒改进至约 0.02 秒,经过提升的计算能力允许将种群的规模设置为 600 个个体,并且进行 800 代的搜索寻优。表 8.4 对本章的设计优化问题进行说明,而且给出了目标函数的限制,目的是防止种群在 Pareto 前沿上过于分散。

表 8.4 设计优化问题说明

	函　　数	描　　述
最大化	$(L/D)_{max}$	最大升阻比
	η_V	容积率
最小化	q_s	驻点热流密度
设计变量	a^{I}、a^{II}、a^{III}	搜索域见表 8.1
目标函数约束	$(L/D)_{max} \geqslant 0.75$	排斥升阻比较差的解
	$\eta_V \geqslant 0.77$	排斥容积率较差的解
	$q_s \leqslant 4.5E+06 \ \mathrm{W/m^2}$	防止构型头部过热

图 8.13 所示为基于代理模型优化得到的 Pareto 解集结果,其中对原始外形的性能用星形加以标记并给出了具体数值,同时对优化解集 3 个优化目标对应的最优个体分别加以标记并提供了详细信息。

3 个优化目标对应的优秀个体分别标记为构型 A、构型 B 和构型 C,针对所选的 3 个典型优化构型,表 8.5 提供了它们在代理模型中的预测值与工程方法实际值以及相应计算得到的相对误差,其中对验证结果超出表 8.4 约束要求的数据加粗并以"*"标记。统计结果表明,研究的 3 个优化目标中,对驻点热流密度的预测结果普遍相对较差。提取的 3 个典型构型中,构型 A 由于代理模型的精度缺陷而超出了本研究设置的目标函数约束(容积率、驻点热流密度),另外,选择构型 A 作为典型构型是基于其升阻比最优的特征,但构型 A 的升阻比预测结果在 3 个构型中却是误差最大的,构型 B 和构型 C 分别在各自的最优特征上也都存在着与之类似的预测缺陷。

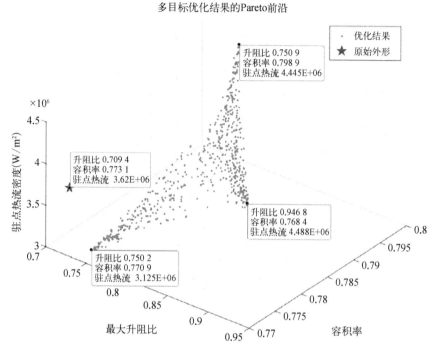

图 8.13　多目标优化 **Pareto** 解集结果

表 8.5　所选的 3 个典型优化构型性能

构 型 特 征		$(L/D)_{\max}$	η_V	$q_s/(\text{W}/\text{m}^2)$
构型 A 最大化：$(L/D)_{\max}$	预测结果	0.946 8	0.770 0	4.488E+06
	原函数结果	0.942 7	0.768 4 *	4.713E+06 *
	相对误差	0.435%	0.208%	4.774%
构型 B 最大化：η_V	预测结果	0.750 9	0.798 9	4.445E+06
	原函数结果	0.751 1	0.795 7	4.325E+06
	相对误差	0.027%	0.402%	2.775%
构型 C 最小化：q_s	预测结果	0.750 2	0.770 9	3.125E+06
	原函数结果	0.750 8	0.772 4	3.360E+06
	相对误差	0.080%	0.194%	6.994%

＊：数值超出目标函数约束，表明该构型不符合约束要求。

　　将设计变量导入至参数化设计程序中，对 3 个典型构型分别进行外形重建，以建立直观上的比较，图 8.14 提供了原型及 3 个典型构型的重建外形，尽管在变量设计的环节给出了许多约束限制,但通过 FFD 技术,它们的外形差异十分显著:升阻比增强的构型 A 出现了变细变窄的头部,能够减小对应攻角飞行时的阻力;构型 B 增强了容积率之后较原构型机体呈现出膨胀感;而构型 C 则是通过将头部驻点区进一步钝化,以减少热流密度。另外,3 个优化构型约束需求的平面特征均得到了保留。

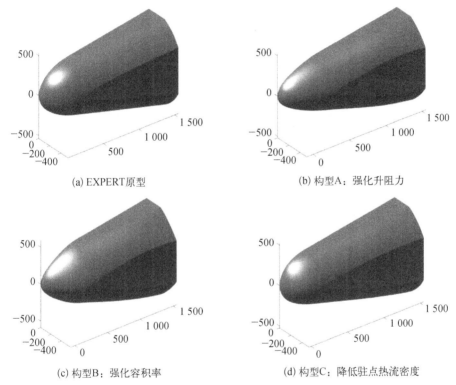

(a) EXPERT原型　　　　　　　　　　(b) 构型A:强化升阻力

(c) 构型B:强化容积率　　　　　　　(d) 构型C:降低驻点热流密度

图 8.14　原始外形及典型构型的外形重建结果

　　为了便于数据测量,将 Pareto 三维可视化结果压缩至图 8.15 所示的二维结果,同原始外形对比,优化解集整体对 3 个优化目标均有所提升,总体的优化方向非常理想,三者中最大升阻比的性能提升幅度最为明显。

　　图 8.16 给出本次优化中代理模型的构建情况,多目标设计优化后得到的 Pareto 解集由红色散点标记,它们都是代理模型的预测结果,蓝色散点是在前期采样得到的用于训练代理模型的样本数据,观察到训练样本在未抵达 Pareto 解集的情况下,通过高斯过程回归协同 NSGA-Ⅱ算法仍能逼近优化前沿,可见代理模型的强大预测能力。但是同时也暴露出在高维优化问题下,采样手段将变得

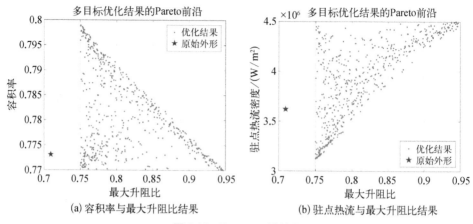

图 8.15　Pareto 二维结果

极其低效,大规模的拉丁超立方抽样也只是获取大量性能低下的样本点,一旦优化前沿的设计空间出现突变或断层之类的复杂情形,代理模型很可能会迅速失效。另外,整个优化流程直至最后也未出现特大误差,说明得到的 Pareto 解集具有一定的指导价值,但因为所有样本点都远离优化前沿,所以该 Pareto 图形的前沿真实性尚不能得到验证。

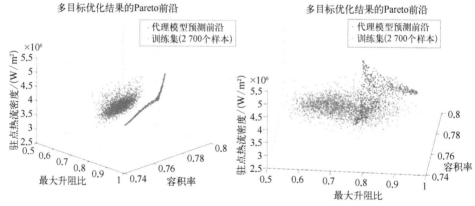

图 8.16　Pareto 解集与模型训练集的位置关系

8.4.2　代理模型与优化算法的混合策略研究

进化控制对代理模型采样过程提供了新的思路,只要保证优化算法每次调用代理模型进行预测的结果与调用原计算模型(即工程方法)得到的计算结果一致性足够高,那么该代理模型就能代替原计算模型用于获取高精度优化前沿,此时得到的优化前沿性能优劣只受制于优化算法的寻优能力,不再受限于代理模型的预测精度。进化控制实际是一种将代理模型训练和优化算法迭代混合的策略,是将原本用于提升全局预测 RMSE 指标的采样资源向着优化方向的空间区域倾斜,建立局部区域高精度的代理模型,采取的混合策略在图 8.17 中具体给出。

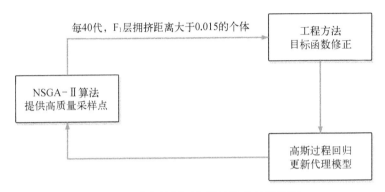

图 8.17　进化控制对各模块混合的流程图

本节继续研究 8.4.1 节提出的优化问题,而且不改变优化算法参数(包括种群规模、迭代次数、选择策略、变异概率、交叉概率等),在优化流程起始由拉丁超立方抽样仅获取 100 个样本点用于训练代理模型,每 40 代在种群的实时优化前沿(即 NSGA-Ⅱ 算法理论的 F_1 非支配层)中,将拥挤距离大于 0.015 的个体(建立高斯过程回归的时空复杂度在 8.3 节中已有说明,为避免数量过多,单次上限为 60 个)导入到工程方法,校准它们的目标函数值,随后将经过修正的样本加入代理模型的训练集中,使模型预测能力随算法过程推进而不断更新。

8.4.3　改进的多目标设计优化结果分析

本次设计优化分别于 40 代、80 代、⋯⋯、760 代执行了进化控制,共对代理模型追加了 19 轮样本集用于更新训练,改进的 NSGA-Ⅱ 多目标优化获取了新的 Pareto 解集,同样是针对原始外形以及 3 个典型优化构型,其目标函数空间位置在图 8.18 中进行了展示。

仍是分别针对 3 个优化目标所选的典型优化构型,表 8.6 提供了在改进代理模型中的预测值与工程方法实际值以及对比计算获得的相对误差,表 8.6 中所有的预测结果均具有较高的精度,经代理模型预测的解均符合 8.3

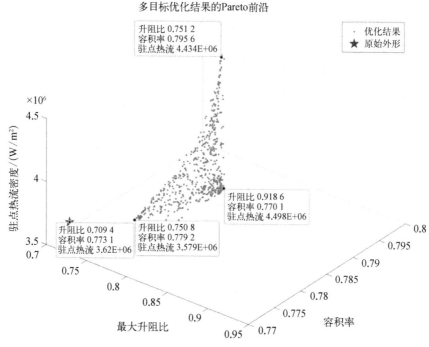

多目标优化结果的Pareto前沿

升阻比 0.751 2
容积率 0.795 6
驻点热流 4.434E+06

升阻比 0.918 6
容积率 0.770 1
驻点热流 4.498E+06

升阻比 0.709 4
容积率 0.773 1
驻点热流 3.62E+06

升阻比 0.750 8
容积率 0.779 2
驻点热流 3.579E+06

· 优化结果
★ 原始外形

图 8.18　改进的多目标优化 Pareto 解集

节提出的约束设计需求(表 8.3),本节的构型 A(强化升阻比)在升阻比特性指标上要弱于 8.4.1 节的结果,由于算法实现了对目标函数约束的精确控制,特别是驻点热流密度约束($q_s \leqslant 4.5\text{E} + 06 \ \text{W/m}^2$),抑制了升阻比的进一步提升,这是约束设计成功发挥了其应有作用的体现。该情况在构型 B、构型 C 中也都有所呈现,对它们而言,升阻比约束$\left[(L/D)_{\max} \geqslant 0.75 \right]$起到了主导的限制作用。

表 8.6　选择的 3 个典型优化构型性能

构 型 特 征		$(L/D)_{\max}$	η_V	$q_s/(\text{W/m}^2)$
构型 A 最大化:$(L/D)_{\max}$	预测结果	0.918 6	0.770 1	4.498E+06
	原函数结果	0.918 3	0.770 0	4.497E+06
	相对误差	0.033%	0.013%	0.022%
构型 B 最大化:η_V	预测结果	0.751 2	0.795 6	4.434E+06
	原函数结果	0.750 2	0.795 1	4.444E+06
	相对误差	0.133%	0.063%	0.225%

（续表）

构 型 特 征		$(L/D)_{max}$	η_V	$q_s/(\mathrm{W/m^2})$
构型 C 最小化: q_s	预测结果	0.750 8	0.779 2	3.579E+06
	原函数结果	0.750 1	0.779 0	3.583E+06
	相对误差	0.093%	0.026%	0.112%

　　再次调用 FFD 参数化方法对优化得到的设计变量进行外形重建,图 8.19 提供了原型外形及初始的控制晶格,图 8.20 展示了 3 个优化构型的外形以及它们各自对应的控制晶格,通过对它们头部周围区域控制点的对比观察,可以发现三者直观上的控制机理:驱动控制点向飞行器前端移动,出现了构型 A 呈现的细

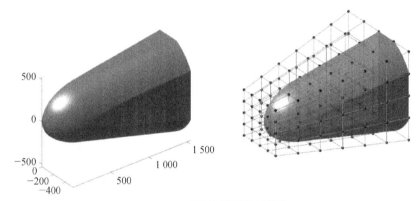

图 8.19　原始构型及控制晶格

构型A:强化升阻比　　　　构型B:强化容积率　　　　构型C:降低驻点热流密度

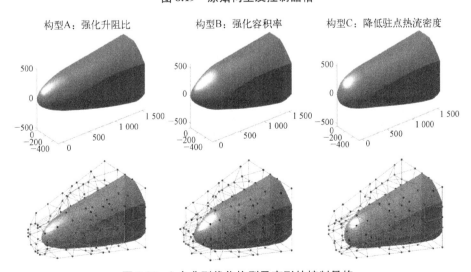

图 8.20　3 个典型优化构型及变形的控制晶格

长外形以强化升阻比;控制点向远离机体中心轴的方向迁移,导致构型 B 呈现的"膨胀"外形;构型 C 通过缩短控制点之间沿机身主轴的间距,使头部产生钝化效果,增大驻点区表面的曲率半径。

为便于测量比对优化结果,在此将 Pareto 前沿压缩至图 8.21 所示的二维结果,本轮计算对防热特性的优化效果相对较为有限,本研究认为是由于 NSGA-Ⅱ优化算法的随机性而产生的,其余的两个优化目标提升的效果仍然较为明显。目标函数的约束在本次优化过程中有效发挥了作用,尤其是最大升阻比于 0.75 处的边界清晰可见。

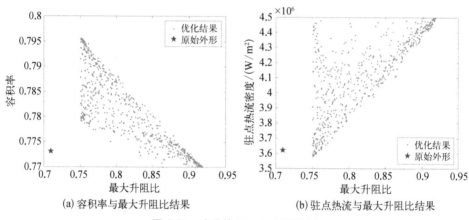

(a) 容积率与最大升阻比结果　　　　(b) 驻点热流与最大升阻比结果

图 8.21　改进的 Pareto 二维结果

图 8.22 给出了本次优化中 Pareto 解集和代理模型训练集之间的位置关系,在训练集中,初始用于训练代理模型的 100 个样本用蓝色散点标记,在优化过程

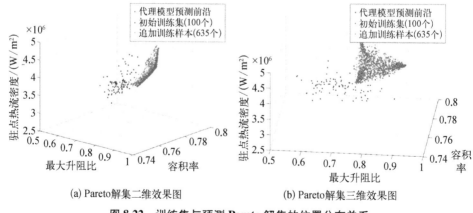

(a) Pareto解集二维效果图　　　　(b) Pareto解集三维效果图

图 8.22　训练集与预测 Pareto 解集的位置分布关系

中追加的 635 个样本点由散点进行了标记,其中能明显看出初始采样点距离优化 Pareto 的结果比较远,但通过进化控制产生的追加样本点,成功将训练集延伸至逼近 Pareto 前沿的区域上,使得代理模型的样本库随着优化进程的推进而不断地更新与扩充,实现模型预测的实时修正,并且能够较好地应对处置优化区域上函数潜在发生的突变风险。

8.4.4　进化控制效果分析

本节采集了 8.4.1 节与 8.4.3 节优化得到的 Pareto 前沿上所有的解,调用工程方法对它们进行验证,目标函数值的空间位置分布结果已经在图8.23中给出,图 8.23(a)、(c)、(e) 是 8.4.1 节的优化结果,图 8.23(b)、(d)、(f) 是引入进化控制后的优化结果,各个视图的比例尺均保持一致,其中红色散点是代理模型的预测值,黑色散点代表工程方法的验证结果,两类散点的吻合情况越是一致,则说明代理模型的预测性能越强。图 8.23 的比较结果表明,未加入进化控制的代理

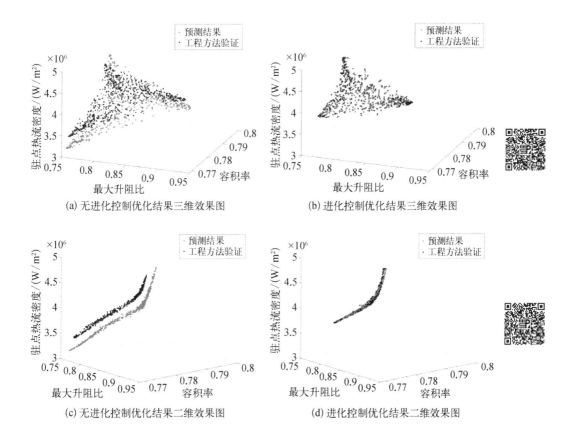

(a) 无进化控制优化结果三维效果图　　　　(b) 进化控制优化结果三维效果图

(c) 无进化控制优化结果二维效果图　　　　(d) 进化控制优化结果二维效果图

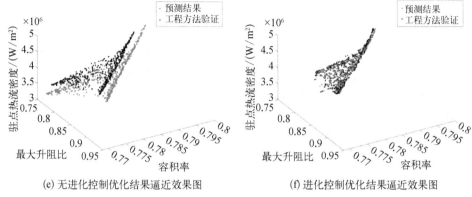

(e) 无进化控制优化结果逼近效果图　　　　　(f) 进化控制优化结果逼近效果图

图 8.23　加入进化控制前后的 Pareto 前沿验证情况

模型与原函数(即工程方法)做到了在分布形态上保持相近,尽管通过 2 700 个样本点参加训练得到了代理模型,但预测结果在目标函数空间位置上出现了较为明显的整体偏移,与之相对的是,进化控制优化验证结果吻合情况良好,预测结果与原函数高度重合,而且经过统计,该过程用到的训练样本点数量较少,仅使用了 735 个样本点用于训练,节约了近 2 000 次调用工程方法程序的计算成本。

以下将对两次优化过程中误差随代数的变化情况进行追踪统计。对该过程进行误差统计产生的计算量较大,尚无法选取种群所有个体加以分析(对单一个体调用工程方法耗时约 10 秒,整个流程产生的个体数量约为 10^6),目前采取的方法是每代随机划分少量个体进行误差记录:两次多目标设计优化的运算代数均为 800 代,本研究在每代中都随机选出 50 个个体,将其导入工程方法程序中,计算它们原函数的实际值,并结合代理模型结果进而统计出两种不同方法下每代的 RMSE。以 3 个目标函数中较难预测的驻点热流密度为例,获得的曲线结果已在图 8.24 中给出。

由于记录误差的样本较少,图 8.24 展示的曲线呈现出少量波动干扰,但仍清晰可见其趋势,改进前的优化设计方法起始时具有较好的精度,但随着代数增加,误差均方根开始出现爬升并达到较高水准。与之相对的是加入了进化控制的设计优化,由于初始的训练集规模较小,所以起始时刻的误差较大,并随着优化前沿的短暂推进而急速上升,至 40 代时通过样本点的追加采样,该误差骤降至与原方法相近的程度,但随后通过多次代理模型的更新,此方法的误差与原方法拉开了差距,控制在了较低水平,前 400 代中红色曲线因进化控制而产生的误差突变效应非常明显。

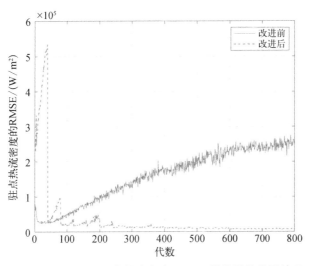

图 8.24　两种方法驻点热流密度 RMSE 随代数的发展情况

8.5　本章小结

本章的主要工作及主要结论如下。

（1）为解决设计中的外形约束问题，发展了一种快速生成非规则控制晶格的 FFD 参数化方法，实现了对平面外形约束的降维控制，使相关数学约束的设计难度大大降低。非规则参数化技术生成了包含 58 个设计维度的多目标设计优化问题，由拉丁超立方抽样采集大量样本基准，通过基于 5/2 马顿核函数的高斯过程回归理论训练本研究的代理模型，并开展基于 NSGA-II 的多目标设计优化工作，生成了具有指导意义的 Pareto 解集。

（2）对于非规则参数化产生的高维多目标设计优化问题，分析直接建立代理模型存在的"维数灾难"现象，决定采取代理模型与优化算法的混合策略，通过进化控制手段改善训练集的采样质量，明显增强代理模型的预测精度以及提高流程的优化效率，快速预测了 Pareto 前沿。经过工程方法的验证，确认该优化前沿解集具备相当高的精度。

第9章

可重复使用运载器总体多学科设计优化

本章以可重复使用运载器返回段总体性能参数为对象,对 RLV 的机翼外形和飞行控制参数进行 MDO。RLV 的 MDO 过程涉及运载器的各个学科,如总体设计、结构强度、气动模型、弹道模型、导航控制、热防护和推进技术等。各学科相互耦合,参数相互传递,形成一个复杂的总体。如图 9.1 所示,以几何外形为基础,产生相应的气动模型、结构强度模型和质量模型。RLV 在返回过程中,通过调用气动模型和质量模型,在一定的参数控制下,生成相应的弹道模型。

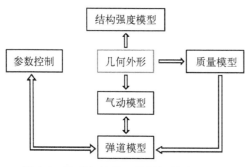

图 9.1　可重复使用运载器各学科关系图

建立高精度的各学科模型是对 RLV 进行 MDO 的基础,本章主要介绍各学科模型以及 MDO 结果。

9.1　可重复使用运载器的几何外形建模

9.1.1　几何参数

可重复使用运载器的机头为钝锥形;机身为前部圆形过渡到机尾拱形的类圆柱形结构;主机翼由内外两段机翼构成,内外两段机翼融合在一起,区分不明显;尾翼为 V 型双垂尾。保持机身外形尺寸不变,尾翼的基准也保持不变,本章主要针对主机翼进行优化。主机翼的设计参数包括:各段翼展长度 $Sspan_1$、$Sspan_2$;各段翼弦长度 $Chord_1$、$Chord_2$、$Chord_3$;翼根前缘坐标 XLE_1 和后缘前掠角 $Sweep_1$、

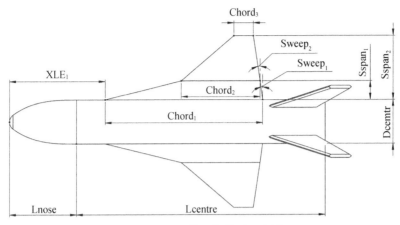

图 9.2　RLV 的几何外形示意图

$Sweep_2$，各部件位置如图 9.2 所示。

在机翼截面形状固定的情况下，根据有限个机翼参数可以确定机翼的三维形状。参数越多，采样空间就越大，同样数量下样本点获得的模型精度就越低。为了保证模型的精度，选定主机翼的 5 个参数作为待优化变量。5 个优化变量分别为：$Chord_2$、$Chord_3$、Sweep（默认 $Sweep_1 = Sweep_2$，统称 Sweep）、$Sspan_1$ 和 Dssapn，其中 $Dsspan = Sspan_2 - Sspan_1$。当 Sweep < 0 时，机翼后缘为后掠角。将剩余的 XLE_1 和 $Chord_1$ 作为常量。机翼的设计参数如表 9.1 所示。

表 9.1　机翼设计参数

机翼参数	$Chord_2/m$	$Chord_3/m$	$Sspan_1/m$	$Dsspan/m$	$Sweep/°$
参数描述	边条翼弦长	翼梢弦长	边条翼半展长	外翼半展长	后缘前掠角

9.1.2　参数化建模

假设机翼截面形状保持不变，当机翼的外形被参数化以后，根据机翼参数可以确定相应的翼型。首先利用曲线拟合，生成机翼截面形状，如图 9.3 所示。根据机翼的各项参数，利用 Matlab 计算得到机翼在 $Sspan_1$ 截面和 $Sspan_2$ 截面的形状和位置，并导入 SolidWorks 进行放样，建立相应的整机模型。对两个机翼截面分别进行两次单独的放样，放

图 9.3　机翼截面形状

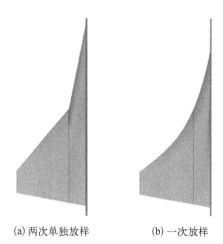

(a) 两次单独放样   (b) 一次放样

图 9.4 **SolidWorks** 对机翼进行两次放样和一次放样的结果对比

样结果如图 9.4(a)所示;对两个截面同时进行放样,放样结果如图 9.4(b)所示。图 9.4(a)的结果与图 9.2 中的机翼构型相同,但在机翼转折处容易产生激波,导致机翼性能下降,为了提高机翼的性能,本章采用第二种放样方式,生成的机翼构型过渡圆滑,性能更好。

为了建立 RLV 的气动学科模型,首先需要生成大量的 RLV 三维外形,并获取不同外形在不同气动条件下的气动参数。本章利用拉丁超立方采样在采样空间内生成 60 个采样点,并利用 Matlab 和 SolidWorks 建立相应的几何外形。

9.2　可重复使用运载器的气动学科建模

RLV 无论是在上升阶段还是在返回阶段,都要经过稠密大气层,受到气动力的影响。上升段的气动力直接影响 RLV 的轨道,而在返回过程中运载器速度很高,产生很大的气动力,RLV 要承受较大的过载。综上可知,对 RLV 的总体设计而言,气动模型起着主要作用。本章选用 N-Kriging 模型对气动学科进行近似建模。

9.2.1　Cart3D 在气动建模中的应用

基于近似模型的 MDO,其结果的可信度与模型的精度成正比[331]。对飞行器总体进行气动建模[332-337]十分复杂,大多采用工程估算或者软件估算的方法获得气动数据,模型精度难以满足工程需求,仅适用于方法研究和概念设计。针对简单的气动外形进行气动建模,例如机翼[338,339]和高超声速前体尖锥[340],易获得大量的 CFD 数据,建立高精度模型。针对复杂外形的飞行器,CFD 将会耗费大量的时间和精力,难以获得大量的高精度气动数据,利用 Cart3D 能够以较小的代价获得大量的气动数据,缓解上述矛盾。

1. Cart3D 软件介绍

Cart3D 由 NASA Ames 中心研发,用于高精度无黏流动时的气动力分析,但只能应用于定常流场。Cart3D 采用有限体积法建立非结构网格,利用 Euler 方程进行求解,通过多重网格法(图 9.5)来加速收敛,在保持较高精度的同时能大大减少计算的时间,适用于生成大量较高精度的数据,其在 ICEMCFD 中的位置如图 9.6 所示。

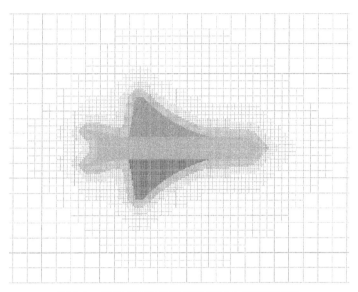

图 9.5　利用多重网格法在计算域内构建体网格

图 9.6　Cart3D 在 ICEMCFD 中的位置

Cart3D 求解流动问题的一般步骤为:

(1) 创建封闭几何体;

(2) 基于步骤(1)的几何体,用 Mesh 中的 Tetra 模块创建非结构表面三角网格,之后检查网格质量,修改低质量网格,直至达到网格质量要求;

(3) 以步骤(2)的表面网格为基础,自动创建笛卡儿体网格;

(4) 将步骤(3)创建的笛卡儿体网格导入求解器,设置计算参数,运行程序直至收敛;

(5) 通过积分模块计算步骤(3)中结果的气动力系数,并利用 Tecplot 等软件进行后处理。

2. Cart3D 精度验证

为了验证 Cart3D 数据的精度,选取了基准外形下的 RLV,将马赫数分别设为超声速(1.5)和高超声速(5.0)两种飞行状态,攻角设为 0°~40°,分别计算不同飞行状态下的气动数据并与风洞实验的结果和 Fluent 仿真的结果进行对比,验证 Cart3D 气动计算结果的精度。

(1) Fluent 计算条件

数值计算采用 Fluent 软件,对可重复使用运载器 CAD 模型划分计算网格,机体表面采用结构网格与非结构网格相结合,流场区域采用非结构网格填充,同时对机体周围网格适当加密,具体如图 9.7 所示。

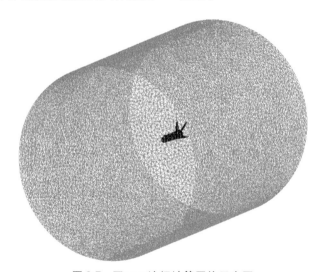

图 9.7　Fluent 流场计算网格示意图

采用 Fluent 软件对 0 km,马赫数为 1.5、5.0,攻角为 0°~40°的设计工况进行了数值计算,其中三维 N-S 方程的湍流模型为 k-epsilon 模型。飞行器表面设无滑移、绝热壁边界条件,将其外流场的计算域放大足够多倍后,对其入口及出口均设为远场压力条件。

(2) Cart3D 与 Fluent 及风洞实验结果的对比

将 Cart3D、Fluent 和风洞实验数据进行无量纲化,不同状态下 RLV 的升阻比、升力系数和阻力系数变化如图 9.8~图 9.10 所示。对比各条曲线可知:Fluent 和 Cart3D 的升力系数曲线和阻力系数曲线都与风洞结果符合得很好,升阻比的曲线误差较大。尤其是在攻角为 0°时,升力系数和阻力系数都很小,升阻比容易产生较大的误差。

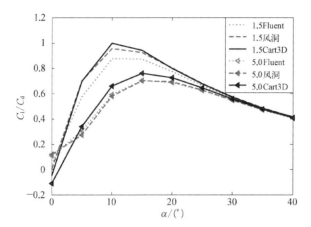

图 9.8 升阻比随攻角的变化趋势(右上角图例中的 1.5 和 5 代表马赫数)

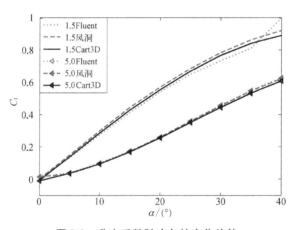

图 9.9 升力系数随攻角的变化趋势

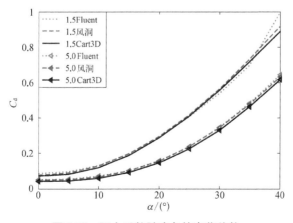

图 9.10 阻力系数随攻角的变化趋势

由图 9.8~图 9.10 可知,大部分工况条件下平均相对误差在 0%~10%范围内,在小攻角 0°~20°范围内,升阻比的仿真结果与风洞实验数据相差较大,并且马赫数越低,误差越大。因为攻角较小时,阻力系数绝对值较小,升力系数很小的误差就会使升阻比产生较大的误差。通过计算 Cart3D 与 Fluent 仿真结果和风洞数据各气动系数的平均相对误差 MRE,得到的结果如表 9.2 所示。Cart3D 计算得到的 C_l 和 C_d 的误差均小于 5%,满足建模要求,都可以用于进一步的近似建模和 MDO。

表 9.2 Cart3D、Fluent 计算与风洞实验气动系数平均相对误差 MRE

Ma	Cart3D			Fluent		
	C_l/C_d	C_l	C_d	C_l/C_d	C_l	C_d
1.5	0.063 3	0.032 7	0.021 0	0.006 2	0.166 9	0.046 4
5.0	0.234 7	0.022 1	0.019 2	0.022 5	0.004 4	0.005 1
总误差	0.171 9	0.027 9	0.020 1	0.106 7	0.052 7	0.036 6

9.2.2 N-Kriging 模型气动建模

在运载器飞行过程中,其飞行状态不断改变,需要建立运载器在不同飞行状态下的气动模型。假设运载器从高度 H_0 以初始速度 V_0 无动力再入大气层,利用自身的气动性能调整返回轨道,最终水平降落到地面跑道,实现运载器的重复使用。本章研究飞行器在二维竖直平面内的返回轨迹,将侧倾角设为 0°,即飞行轨迹在一个二维平面之内。

在计算弹道的过程中,需要调用不同形状机翼在不同飞行状态下的气动性能,因此建立的 N-Kriging 模型变量包括机翼的外形参数和飞行状态参数,共 7 个变量,具体如表 9.3 所示。

表 9.3 N-Kriging 模型变量表

项　　目	参　　数	描　　述
主机翼构型	$Chord_2$	边条翼弦长
	$Chord_3$	翼梢弦长
	Sspan	边条翼半展长
	Dsspan	外翼半展长
	Sweep	后缘前掠角

（续表）

项 目	参 数	描 述
飞行状态	Ma α	马赫数 攻角

整个气动建模过程的流程图如图 9.11 所示,具体步骤如下。

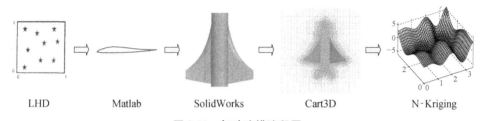

LHD   Matlab   SolidWorks   Cart3D   N-Kriging

图 9.11　气动建模流程图

（1）拉丁超立方采样(LHD)。由于建立一个新的运载器几何构型需要花一定的时间画新的网格,为了节约时间,本章在飞行状态的采样空间内利用 LHD 生成 150 个采样点,并随机分配到 60 个机翼外形上。

（2）利用 Matlab 计算各个采样参数下的机翼外形轮廓,生成相应的机翼轮廓。

（3）将生成的机翼轮廓曲线导入 SolidWorks 中,绘制相应的三维整机模型。

（4）将三维整机模型导入 Cart3D 并计算相应的升力系数和阻力系数并作为建模样本点。

（5）建立 N-Kriging 气动模型。利用风洞实验数据计算 Cart3D 仿真结果的误差,其中升力系数的采样误差设为 0.027 9,阻力系数的采样误差设为 0.020 2。考虑误差的情况下建立 N-Kriging 气动模型,并计算模型的预估方差。

由第 4 章的结论可知：N-Kriging 模型的误差可以通过预估方差表达式进行计算,预估方差越小,N-Kriging 模型的精度就越高。为了提高 N-Kriging 模型的精度,在采样空间内进行采样,并计算每个采样点的预估方差。若某一采样点的预估方差较大,说明该点处的近似效果不佳。选取预估方差最大的点作为新的样本点,利用 Cart3D 计算该样本点的气动系数,并加入原有样本点中,建立新的气动模型。重复上述过程 20 次,增加 20 个新的样本点,建立新的气动模型。

最终,各气动模型的误差水平如表 9.4 所示。将参考系数设为 1,则各项误差均小于 10%,满足模型精度要求。

表 9.4 各气动模型的误差水平

误 差 结 果	C_l	C_d
Kriging 预估方差均根	0.071 5	0.059 5
N-Kriging 预估方差均根	0.066 0	0.058 1
样本噪声	0.027 9	0.020 2

由表 9.4 可知：N-Kriging 模型预估方差均根小于 Kriging 模型预估方差均根，证明 N-Kriging 模型可以降低模型的预估误差；但 N-Kriging 模型误差大于样本的噪声误差。第 4 章指出：当采样点数量较多时，N-Kriging 模型真实误差的标准差小于采样噪声的标准差。两者不一致的原因主要有以下三点。

（1）由于缺乏足够的风洞实验数据作为参考，计算 Cart3D 仿真结果的误差时，只能计算基准外形下马赫数分别为 1.5 和 3 时的误差，并将这一工况下的误差水平作为整个采样空间里的误差水平。而实际上，在其他采样点的误差水平不一定与被检验部分的误差水平相同，可能造成误差水平估计不准。

（2）文献［292］指出在计算机仿真过程中，特别是计算流体力学和计算结构力学的程序中，进行数值模拟时经常出现噪声，使仿真得到的曲线并不光滑，包含随机离散性。观察图 9.9 和图 9.10 的曲线可知，Cart3D 的结果与实验结果存在误差，但 Cart3D 的曲线一直呈平滑过渡状态，而不是在风洞实验结果的曲线附近波动。这表明 Cart3D 的仿真误差并非随机误差，而是有规律的系统误差，即 Cart3D 的结果不完全满足测量误差独立的假设。一方面是因为进行对比的数据点过于分散，无法表现小尺度范围内的数值波动。另一方面因为 Cart3D 是一款快速计算气动力的软件，网格较为稀疏、迭代步数较少、获得的精度不高，难以体现计算结果的微小差异。

（3）对于 9 维采样空间来说，170 个采样点相对较少，难以满足"采样点较多"的条件。"采样点较多"不是具体的采样个数要求，是相对样本空间的大小和模型的复杂度等而言的。

9.2.3 标准大气模型

建立了气动力系数与飞行器外形和飞行状态的模型之后，仍需要建立标准的大气模型来计算飞行器的气动力。飞行器整机气动升力与气动阻力的计算方式如下：

$$
\begin{cases}
L = C_1 * \dfrac{1}{2}\rho v^2 \\[2mm]
D = C_d * \dfrac{1}{2}\rho v^2
\end{cases}
\tag{9.1}
$$

其中,L 代表气动升力;C_1 代表升力系数;ρ 代表大气密度;v 代表飞行速度;D 代表气动阻力;C_d 代表阻力系数;C_1 和 C_d 都是马赫数的函数;马赫数是高度 h 的函数;大气密度也是高度 h 的函数,因此需要建立大气密度和当地声速关于高度的函数关系式。

文献[341]采用拟合法得到 $0\sim91$ km 的标准大气参数计算公式,其相对误差在万分之三以内。以上述公式为标准,当地音速和大气密度随高度的变化关系如图 9.12 和图 9.13 所示。

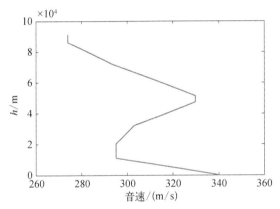

图 9.12 当地音速随高度的变化关系

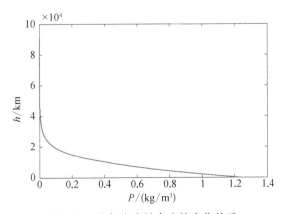

图 9.13 大气密度随高度的变化关系

9.3 可重复使用运载器的结构强度建模

可重复使用运载器在返回过程中需要承受强大的气动力,为了保证运载器能安全返回,需要对运载器进行强度校核。在返回段,发动机已经停止工作,不存在推力,运载器承受的外力主要有气动力和重力。

9.3.1 机翼气动力建模

本章对运载器机翼进行优化,主要校核机翼的强度。在飞行过程中,随着飞行状态的改变,机翼表面的受力也发生改变,加上湍流和翼面流动分离等因素的影响,难以计算翼面具体的压力分布。为了便于计算,假设气动力在机翼表面均匀分布,即机翼表面各处气动压强相同。

在气动模型的基础上计算翼面承受气动力占整机承受气动力的百分比,以此算出机翼承受的全部气动力。将翼面的升力系数(C_l)占整机 C_l 的百分比作为目标函数,建立近似模型。通过计算可知影响因素主要有两个:机翼面积和飞行时的攻角。将设计变量从 7 个减少 2 个,简化了模型,提高了计算效率。

取 30 个不同状态下的气动数据作为样本点,采用二次响应面模型对翼面升力系数(C_l)占整机 C_l 的百分比进行建模。采用相同的方法对翼面阻力系数(C_d)占整机 C_d 的百分比进行建模。

翼面 C_l 占整机 C_l 百分比随机翼面积和攻角的变化趋势如图 9.14 所示,其误差均方根为 0.022 3;翼面 C_d 占整机 C_d 百分比随机翼面积和攻角的变化趋势如图 9.15 所示,其误差均方根为 0.038 2。

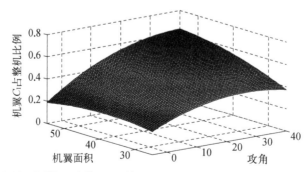

图 9.14 机翼 C_l 占整机 C_l 的百分比随机翼面积和攻角的变化趋势

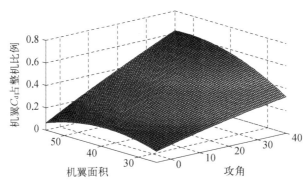

图 9.15　机翼 C_d 占整机 C_d 的比例随机翼面积和攻角的变化趋势

9.3.2　机翼结构强度计算

在对机翼进行强度计算前,需要了解机翼的内部结构。机翼内部构造成分主要是蒙皮和骨架结构两大部分,如图 9.16 所示。翼面结构在根部与其他翼段相连或与机身相连,用来承受结构中的压力、剪切力、弯矩和扭矩的元件称为受力件,如厚蒙皮和翼梁等[342]。

机翼的气动力产生弯矩和扭矩,由弯矩产生压力和拉力,由扭矩产生切应力,为了简化计算,本章只计算不同方向正应力的合力作为总正应力。由于机翼内部结构复杂,难以进行细致的结构分析和量化,因此不进行内部各个部件的受力分析,而把机

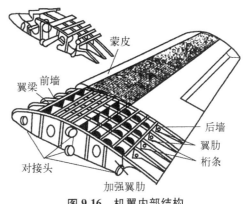

图 9.16　机翼内部结构

翼简化成简支的工字梁,主要由上凸缘和下凸缘承受正应力[342]。由于机翼内部在各个方向均有受力部件,机翼截面面积越大,内部受力构件面积越大,可以假设等效后的凸缘截面积和机翼的弦长呈正比。设翼根处等效凸缘横截面宽度为 w;厚度为 t;上下两凸缘距离设为 h;凸缘界面处承受的弯曲为 M,则该处的压强为:

$$\sigma = \frac{2M}{wth} \tag{9.2}$$

表 9.5 为各翼梁凸缘厚度。将该机翼凸缘参数作为参考,部分参数进行比

例缩放,作为可重复使用运载器等效机翼的参考标准。

表 9.5　某机翼各梁厚度

部件	前梁	中梁	后梁
厚度/mm	4.8	6.3	4.5

当机翼参数确定后,根据 N-Kriging 模型计算整机的升力和阻力,由二次响应面模型可以计算机翼的升力和阻力。假设翼面表面的压强均匀分布,可以根据机翼面计算出机翼各个截面位置的弯矩 M,截面面积 $S=w×t$ 和截面高度 h,从而计算出截面压强 σ。当机翼截面距离机身的距离发生变化时,机翼截面所受的压强也发生相应变化。计算 30 个不同参数的翼面,结果表明:整个机翼,压强最大的地方并不一定是翼根处,在机翼转折处依旧可能出现最大压强。为了确保机翼的结构强度安全,需要同时计算翼根处和转折面处的机翼压强,得到最大截面压强,并与材料的力学性能进行对比。

9.4　可重复使用运载器的弹道学科建模

文献[343]介绍了简化的飞行器返回段弹道模型。由于运载器在再入段的射程较小,飞行时间较短,因此在研究其运动时,可作如下假设。

(1) 不考虑地球旋转,即 $\omega_e = 0$;

(2) 地球为一圆球,令 $g = \dfrac{u}{r^2}$。飞行器高度相对于地球半径很小,对重力的影响很小,所以可以认为 g 保持恒定,为 $9.8\ \text{kg}/\text{s}^2$。

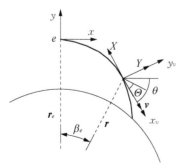

图 9.17　RLV 再入段受力示意图

(3) 认为飞行器的纵轴始终处于由再入点的速度矢量 v_e 及地心矢量 r_e 组成的射面内,即侧滑角为 0°。

根据上述假设可知:飞行器的再入段运动不存在垂直射面的侧力,整个再入段飞行轨迹在一、二维平面内。

如图 9.17 所示,$e\text{-}xy$ 为平面再入点地心矢量 r_e 与速度矢量 v_e 所决定的平面,e_y 轴沿 r_e 方向,

e_x 轴垂直于 e_y 轴,指向运动方向为正,e-xy 所在的平面即为再入段的运动平面。记再入弹道上任意一点的地心矢量 r 与 r_e 的夹角为 β_e,称为再入段射程角,飞行速度 v 对 e_x 轴的倾角记为 θ,而 v 对当地水平线的倾角为 Θ,θ 与 Θ 均为负值。飞行器的运动为平面运动时,速度 v 可以用速度大小 v 和当地速度倾角 Θ 表示;位置 r 可以用地心距 r 和射程角 β 表示。

通过推导,飞行器在大气中的运动微分方程如下:

$$\begin{cases} \dfrac{\mathrm{d}v}{\mathrm{d}t} = -\dfrac{X}{m} - g\sin\Theta \\[2mm] \dfrac{\mathrm{d}\Theta}{\mathrm{d}t} = \dfrac{Y}{mv} + \left(\dfrac{v}{r} - \dfrac{g}{v}\right)\cos\Theta \\[2mm] \dfrac{\mathrm{d}r}{\mathrm{d}t} = v\sin\Theta \\[2mm] \dfrac{\mathrm{d}\beta}{\mathrm{d}t} = \dfrac{v}{r}\cos\Theta \end{cases} \tag{9.3}$$

其中,气动力分量 X、Y 由气动学科提供,但 X、Y 与攻角 α 有关,α 由控制学科给出,作为已知量。因此上述微分方程中只有 4 个未知量 (v,Θ,r,β),给定初值 $(v_0,\Theta_0,r_0,\beta_0)$,便可利用四阶 Runge-Kutta 关系式求解整条返回段飞行轨迹。

9.5　可重复使用运载器的质量学科建模

可重复使用运载器的质量主要由头部、机身、主机翼、尾翼四部分构成,总体方案中已确定了头部、机身和尾翼的质量,主机翼质量根据航天飞机的机翼质量进行估算,公式[344]如下:

$$m_F = 10\,566 \times 0.75\left[\frac{(\mathrm{ULF})\,m_L b_{st} S_{\exp}}{10^9(t/c)(C_{r,\exp})}\right]^{0.584} + 7.812 \times (2.08 S_{\exp}) \tag{9.4}$$

其中,第一项为机翼和支持结构质量,第二项为热防护系统的质量。10 566、0.584 等均为经验常数。m_L 为飞行器着陆质量,ULF 为极限载荷因子,设为 3.75,t/c 代表翼型相对厚度,文中翼型的横截面保持不变,t/c 恒为 0.089 5,b_{st} 表示结构展长,为两侧机翼的展长加上机身宽度后的总展长,系数 0.75 是假设由于结构和材料的发展导致机翼结构质量下降 25%;机翼单位面积上的防热系统

质量为 $7.812\,\mathrm{kg/m^2}$，S_{exp} 为暴露翼面积，表示整机的机翼面积，而不是单独一侧机翼的面积，$C_{r,\,\mathrm{exp}}$ 为外露机翼的翼根弦长。

综上可知，可重复使用运载器总质量为

$$m_{\text{总}} = m_{\text{机头}} + m_{\text{机身}} + m_{\text{尾翼}} + m_{\text{机翼}} \tag{9.5}$$

其中，机头、机身和尾翼的质量已经由总体方案确定，机翼质量 $m_{\text{机翼}}$ 由主机翼的外形参数根据式(9.4)计算得到。

9.6 可重复使用运载器的控制学科建模

RLV 主要通过改变飞行姿态控制飞行轨迹，控制飞行姿态的方式有燃气舵、摇摆发动机、空气舵等。在计算运载器返回弹道时，通过攻角 α 计算运载器承受的气动力，从而计算返回弹道。本章主要研究的是攻角 α 的变化趋势，而对俯仰角的具体控制方法以及俯仰角和攻角 α 之间的关系不作深入探究。一般的 RLV 再入段最优攻角控制曲线如图 9.18 所示。在返回弹道的初始阶段大气较为稀薄，气动阻力较小，采用大攻角飞行，采用飞行阻力降低运载器速度，减轻穿越稠密大气层时的气动载荷和热流。过渡段的气动力较为明显，若依旧采用大攻角飞行，会带来巨大的气动载荷，导致飞行不稳定，因此需逐渐减小攻角以

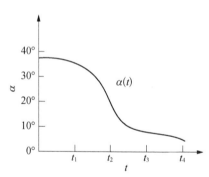

图 9.18 RLV 再入段最优攻角控制曲线

降低气动载荷，保证飞行器满足动压要求。最后的着陆段飞行速度较小，以较小攻角飞行保证运载器平稳返回地面。

理论上的最优控制攻角曲线为不规则曲线，难以进行准确的描述与量化。为了对返回段弹道进行优化，寻找最优解，需要对弹道进行参数化建模。将返回段弹道简化成三段式，如图 9.19 所示。具体的攻角表达式如式(9.6)所示：

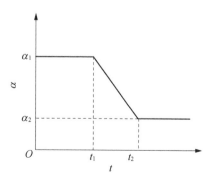

图 9.19 RLV 再入段简化攻角控制曲线

$$\alpha = \begin{cases} \alpha_1 & t \leqslant t_1 \\ \dfrac{\alpha_2 - \alpha_1}{t_2 - t_1}(t - t_1) + \alpha_1 & t_1 < t \leqslant t_2 \\ \alpha_2 & t > t_2 \end{cases} \tag{9.6}$$

需要指出的是本章提出的攻角模型只是在概念设计阶段的粗略模型,为运载器返回段的弹道设计提供参考依据。为了进行更精确的攻角设计,可以将攻角进行更细致的划分,比如五段式或七段式,或者采用曲线形式的函数,比如二次函数或者指数函数。

9.7　可重复使用运载器总体方案多学科设计优化研究

9.7.1　可重复使用运载器基准方案性能分析

首先对可重复使用运载器基准方案的再入段轨迹进行分析。假设 RLV 从高度 H_0 以初始速度 v_0 无动力再入大气层,利用自身的动力特性,通过攻角控制调整飞行状态,最终水平降落到地面跑道,实现可重复使用。RLV 的返回弹道包括再入段、过渡段和能量管理-着陆段,如图 9.20 所示。

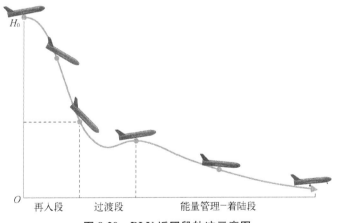

图 9.20　RLV 返回段轨迹示意图

RLV 的基准外形参数如表 9.6 所示,飞行控制参数如表 9.7 所示。对基准状态下的 RLV 进行总体性能分析,其飞行过程变化如图 9.21 所示,部分参数作了无量纲化处理。其中飞行时间、速度、高度、升力和阻力均以飞行过程最大值为参考值,来流动压以动压约束值 $Q_{\max}$ 为参考值。

表 9.6　RLV 基准外形参数

参数项	Chord$_2$/m	Chord$_3$/m	Sspan$_1$/m	Dsspan/m	Sweep/(°)
参数值	C_2	C_3	S_s	D_s	S_w

表 9.7　RLV 飞行控制参数

参数项	α_1/(°)	α_2/(°)	T_1/s	T_2/s
参数值	25	17.5	T_1	T_2

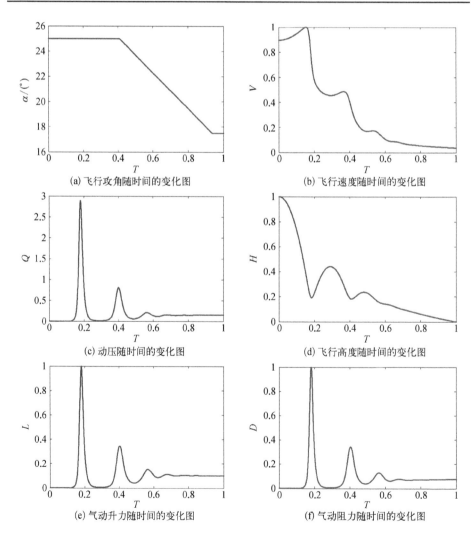

(a) 飞行攻角随时间的变化图　　(b) 飞行速度随时间的变化图

(c) 动压随时间的变化图　　　　(d) 飞行高度随时间的变化图

(e) 气动升力随时间的变化图　　(f) 气动阻力随时间的变化图

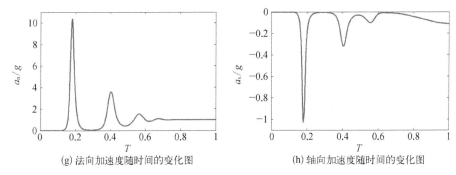

(g) 法向加速度随时间的变化图　　　　(h) 轴向加速度随时间的变化图

图 9.21　基准方案下总体性能分析

由飞行过程状态图可知：在 $0\sim0.2T$ 内，飞行高度迅速降低，气体密度升高，气动力迅速增加，RLV 的飞行速度缓慢升高后由于气动力增加而迅速降低。在 $0.19T$ 时，气动升力和气动阻力均达到最大，此时的动压和法向过载也达到峰值。为了满足动压和着陆速度的约束，需要在进入大气层之初采用大攻角飞行，以较大的气动阻力降低飞行器的飞行速度，以减缓 RLV 进入稠密大气层时的气动过载。同时，在进入稠密大气层（即过渡段）时，需要适当减小攻角，以降低气动力。进入着陆阶段后，保持攻角不变，使 RLV 能像飞机那样水平着陆。为了获得满足 RLV 再入段各项约束的方案，需要对 RLV 的外形参数和攻角控制参数进行 MDO。

表 9.8　基准状态下 RLV 总体性能参数

性能	质量/ kg	着陆速度/ （m/s）	速度倾角/(°)	最大动压/ kPa	机翼最大压强/Pa	最大法向过载/g	最大轴向过载/g
结果	m_1	v_1	-22.771	$2.890Q_{max}$	$0.156\sigma_{max}$	10.384	1.026

σ_{max} 为机翼材料的极限强度。由表 9.8 可知：RLV 着陆时的速度倾角过大，容易在着陆时头部先着地，导致着陆失败；最大动压达到 $2.89Q_{max}$，RLV 承受载荷过大，超过了动压约束要求；最大轴向过载过大，超过了 $9g$，不满足轴向过载约束要求。

9.7.2　可重复使用运载器多学科设计优化问题的设定

根据上节对 RLV 再入段弹道的分析，RLV 存在再入段法向过载过大，动压过高和着陆速度倾角过大的问题。增加机体结构强度可以增加过载和动压极限，但是上述做法会增加 RLV 质量，同时无法解决着陆速度倾角过大的问题。

本节通过对 RLV 的机翼参数和飞行攻角控制参数进行 MDO,改变 RLV 的飞行弹道以及气动性能,降低再入段法向过载和动压的峰值,减小着陆速度倾角,从而获得满足约束要求的解决方案。RLV 总体方案 MDO 的问题设定如下。

（1）优化变量:可重复使用运载器机翼几何参数和攻角控制参数,共 9 个变量。

（2）涉及学科:气动学科、结构强度学科、弹道学科、控制学科、质量学科。

（3）优化目标:飞行器质量、着陆速度。

RLV 的质量越大,需要的运载能力就越大,对安全性和经济性都提出了新的要求。为了提高 RLV 的安全性和经济性,应在满足约束的前提下减小 RLV 的质量。由于基准方案下的 RLV 总体性能不满足约束要求,所以优化后的 RLV 质量有可能大于基准方案下的 RLV 质量。为了保证 RLV 能安全着陆,RLV 在着陆时的着陆速度应控制在一定范围内,且以较小的着陆速度为优化目标。因此选定 RLV 的质量和着陆速度作为优化目标,通过加权构造目标函数,其中 RLV 的质量作为主要优化目标。

（4）约束条件:再入段法向过载约束、轴向过载约束、峰值动压约束、着陆点速度倾角约束、着陆速度约束以及机翼最大载荷约束。

法向过载约束:

$$N_n = \frac{F_n}{mg} \leqslant N_{n\_max} \tag{9.7}$$

其中,$F_n = -L\cos\alpha - D\sin\alpha$,$L$ 为飞行器受到的升力,D 为飞行器受到的阻力。法向过载峰值限定为 $N_{n\_max} = 9$。

轴向过载约束:

$$N_x = \frac{F_x}{mg} \leqslant N_{x\_max} \tag{9.8}$$

其中,$F_x = L\sin\alpha - D\cos\alpha$。轴向过载峰值限定为 $N_{x\_max} = 9$。

动压约束:

$$Q = \frac{1}{2}\rho v^2 \leqslant Q_{max} \tag{9.9}$$

其中,ρ 为大气密度;v 为来流的速度;Q_{max} 为可允许的最大来流动压。

着陆点速度倾角约束:

$$\Theta \geqslant -15° \tag{9.10}$$

着陆速度约束：

$$v \leqslant v_{\min} \tag{9.11}$$

机翼最大载荷约束：

$$\sigma \leqslant \sigma_{\max} \tag{9.12}$$

其中，$\sigma_{\max} = \dfrac{\sigma_s}{2.5}$，其中 σ_s 代表材料所能承受的最大强度，2.5 代表安全系数。

加权后的目标函数如下：

$$\text{Multiobj} = \alpha_m \cdot \frac{m}{m_{\min}} + \alpha_v \cdot \frac{v}{v_{\min}} \tag{9.13}$$

其中 α_m 和 α_v 分别为运载器质量 m 和着陆速度 v 的权重系数；m_0 为基准质量；v_0 为基准着陆速度。基准质量的获得方式如下：在各项约束不变的条件下，将运载器质量视为唯一的目标函数，通过优化获得的最小质量，视为基准质量。基准着陆速度的获得方式同基准质量。为了确定各设计变量的权重系数，采用 Matlab 中的多目标遗传算法优化得到两个变量的 Pareto 前沿如图 9.22 所示：

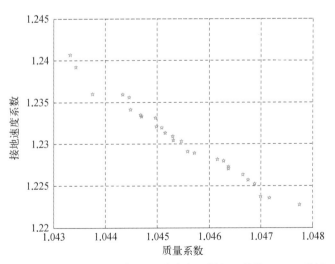

图 9.22　质量无量纲系数和着陆速度无量纲系数的 Pareto 前沿

由图 9.22 可知，Pareto 前沿的斜率不变，表明着陆速度系数和质量系数变化速度的比例保持恒定。由于运载器质量是主要优化目标，因此令 $\alpha_m = 0.8$；$\alpha_v = 0.2$。

综上所述,RLVMDO 问题可以表述为如下形式:

$$
\begin{cases}
求目标函数最小值 \\
X = \left[X_1, X_2, X_3, X_4, X_5, X_6, X_7, X_8, X_9 \right] \\
\text{s.t.} \quad Q < Q_{max} \\
\qquad N_x < 9 \\
\qquad N_n < 9 \\
\qquad \sigma \leqslant \sigma_{max} \\
\qquad \theta > -15° \\
\qquad v < v_{min}
\end{cases}
\tag{9.14}
$$

各个变量的优化范围如表 9.9 所示。

表 9.9　RLV 设计变量范围

参　数　名　称	设计变量	下　　限	基准值	上　　限
边条翼弦长 Chorde$_2$	X_1	0.917 4 C_2	C_2	1.529 1 C_2
翼梢弦长 Chorde$_3$	X_2	0.617 3 C_3	C_3	1.543 2 C_3
边条翼半展长 Sspan$_1$	X_3	0.666 7 S_s	S_s	1.500 0 S_s
外机翼宽度 Dsspan	X_4	0.789 5 D_s	D_s	1.315 8 D_s
机翼后缘前掠角 Sweep	X_5	-0.625 0 S_w	S_w	1.250 0 S_w
控制攻角 $\alpha_1/(°)$	X_6	15	25	40
控制攻角 $\alpha_2/(°)$	X_7	10	17.5	30
控制时间 T_1	X_8	0.571 4 T_1	T_1	1.428 6 T_1
控制时间 T_2	X_9	0.666 7T_2	T_2	1.333 3T_2

9.7.3　可重复使用运载器多学科设计优化结果

采用两极优化算法进行优化,RLV 各设计变量的 MDO 方案如表 9.10 所示。

表 9.10　RLV 设计变量 MDO 结果

参　数　名	设计变量	基准值	MDO 方案
边条翼弦长 Chorde$_2$	X_1	C_2	1.524 8C_2
翼梢弦长 Chorde$_3$	X_2	C_3	0.617 3 C_3
边条翼半展长 Sspan$_1$	X_3	S_s	0.750 0 S_s
外机翼宽度 Dsspan	X_4	D_s	1.200 2D_s

（续表）

参　数　名	设计变量	基准值	MDO 方案
机翼后缘前掠角 Sweep	X_5	S_w	$-0.611\,1S_w$
控制攻角 $\alpha_1/(°)$	X_6	25	39.860 4
控制攻角 $\alpha_2/(°)$	X_7	17.5	22.584 0
控制时间 T_1	X_8	T_1	0.957 5T_1
控制时间 T_2	X_9	T_2	0.946 7T_2

优化后的机翼形状有了较大的改变,边条翼弦长增加了 52.48%,翼梢弦长减少了 38.27%,边条翼半展长减少了 25%,外机翼宽度增加了 20.02%,机翼后缘前掠角减少了 161.11%,变成了后掠角,机翼面积大幅增加,优化前后的机翼形状对比如图 9.23 所示。控制攻角增加明显,α_1 增加了 14.860 4°,α_2 增加了 5.084 0°。控制时间有轻微下降,T_1 降低了 4.25%,T_2 降低了 5.33%。

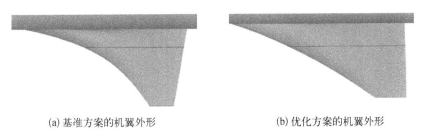

(a) 基准方案的机翼外形　　　　　　(b) 优化方案的机翼外形

图 9.23　优化前后机翼形状对比

对可重复使用运载器的 MDO 方案进行飞行过程仿真,其飞行过程的状态如图 9.24 所示。

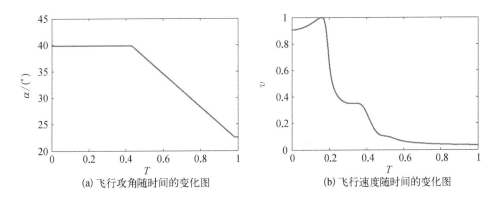

(a) 飞行攻角随时间的变化图　　　　　　(b) 飞行速度随时间的变化图

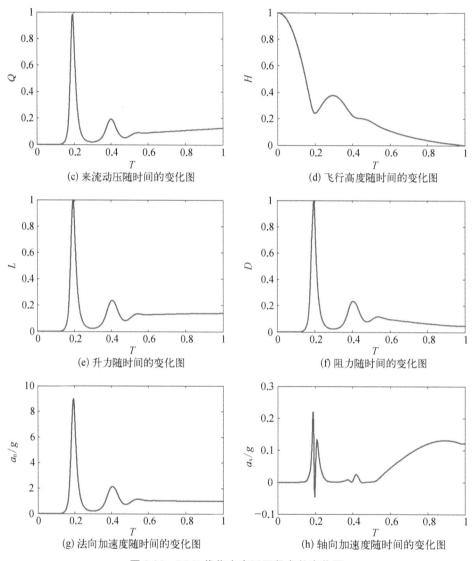

(c) 来流动压随时间的变化图　　　　　(d) 飞行高度随时间的变化图

(e) 升力随时间的变化图　　　　　　(f) 阻力随时间的变化图

(g) 法向加速度随时间的变化图　　　(h) 轴向加速度随时间的变化图

图 9.24　RLV 优化方案返回段参数变化图

由飞行过程状态图可知：在 $0 \sim 0.2T$ 内，飞行高度迅速降低，气体密度升高，气动力迅速增加，可重复使用运载器的飞行速度缓慢升高后由于气动力增加而迅速降低。在 $0.2T$ 时，飞行速度和来流动压均达到峰值。在 $0.2T \sim 0.4T$ 内飞行器进入过渡段，可重复使用运载器飞行速度保持平稳。随着攻角的减小，飞行速度缓慢下降并水平降落至跑道。

在可重复使用运载器进入大气层之初采用大攻角（$39.86°$）飞行，以较大的气动阻力降低飞行器的飞行速度,以减缓 RLV 进入稠密大气层时的气动过载,满足了动压和着陆速度的约束。同时,在进入稠密大气层时,攻角减小至 22.58°,降低了气动力,使 RLV 的速度平稳下降。整个过程中机翼承受的最大载荷为 $0.1\sigma_{max}$,满足材料的强度要求;运载器轴向加速度始终小于 $0.25g$,增强了飞行过程中的轴向稳定性。

表 9.11　优化前后 RLV 总体性能对比

总体性能	基准方案	MDO 方案
运载器质量	m_1	$1.030\ m_1$
射程	L_1	$0.799\ L_1$
飞行时间	t_1	$0.909\ t_1$
着陆速度	v_1	$0.909\ v_1$
着陆倾角/(°)	-22.771	-14.955
最大动压	$2.890Q_{max}$	$0.993Q_{max}$
机翼最大压强	$0.156\sigma_{max}$	$0.1\sigma_{max}$
最大轴向过载/g	10.384	8.980
最大法向过载/g	1.026	0.045

从表 9.11 可知,优化后起飞质量增加了 3%,射程减少了 20.1%,着陆速度减小 9.1%,着陆角增加了 7.816°。RLV 质量增加的主要原因是机翼面积大幅增加,导致机翼质量增加。各项约束均满足要求,其中着陆倾角、最大动压和轴向过载三个约束接近约束极限。

9.8　本章小结

本章的主要工作及主要结论如下。

(1)对可重复使用运载器的机翼进行参数化建模,采用 LHD 建立了不同参数下的运载器外形。利用 Cart3D 软件计算运载器的气动力参数,采用 N-Kriging 模型建立气动学科模型,还分别建立了 RLV 的结构模型、弹道学科模型、质量学科模型和控制学科模型。

(2)采用两极优化算法对可重复使用运载器进行了 MDO,优化后起飞质量增加了 3%,射程减少了 20.1%,着陆速度减小 9.1%,着陆角增加了 7.816°。可重复使用运载器质量增加的主要原因是机翼面积大幅增加,导致机翼质量增加。各项约束均满足要求,其中着陆倾角、最大动压和轴向过载三个约束接近约束极限。

第 10 章

吸气式高超声速飞行器
总体多学科设计优化

吸气式高超声速飞行器(air-breathing hypersonic vehicle,简称高超声速飞行器)是一种新型的飞行器,它以超燃冲压发动机为动力,是实现高超声速巡航和改进空间运输飞行器性能的理想飞行器[347]。高超声速飞行器的研究已持续了近 60 年,且美国、俄罗斯、法国、日本等国家已陆续取得了技术上的重大突破。在国家重大科技工程、国家"863"计划和国防预研项目的支持下,国内加大了对高超声速推进技术理论与实验研究的力度,逐步缩小了与国外研究水平的差距。2004 年 3 月,美国的高超声速飞行器 X-43A 首次实现了在超燃冲压发动机推动下以马赫数为 6.8 进行的自主飞行,同年 11 月再次实现马赫数为 9.7 的自主飞行[348]。X-43A 飞行试验的成功,成为美国 50 多年来高超声速推进技术研究综合应用的标志性成果,同时也表明高超声速推进技术已从试验研究水平跨向工程研制水平。

高超声速飞行器是典型的复杂系统,其总体设计技术是必须突破的关键技术之一。由于高超声速飞行器的主要工作域具有高速、高空和高动压的特点,与常规航空飞行器和航天运载器工作域明显不同,且分系统间相互影响强烈,主要设计参数的取值裕度小,缺乏必要的技术积累和可靠的分析手段(大多数分析模型和工具都没有经过验证),因此目前为止仍未形成一套类似飞机设计或者火箭设计的成熟方法。从本质上看,造成高超声速飞行器设计与分析技术发展缓慢的原因在于其面临着突出的学科分析复杂性、学科耦合复杂性和性能评估复杂性。

现有高超声速飞行器总体设计与分析方法大致可以分为三类:第一类是概念设计与分析方法;第二类是一体化设计与分析方法;第三类是 MDO 方法。这三类方法分别代表了不同阶段的设计要求,也反映了不同层次设计水平。由于高超声速飞行器各分系统间耦合强烈,设计空间高度非线性,使得传统的设计方法难以有效地获得最佳的系统方案,而 MDO 方法作为新型的总体设计技术,通过充分利用各分系统间相互作用带来的协同效应,尽可能地挖掘设计潜力,提高设计质量和设计效率,所以在复杂工程系统的设计优化中得到了广泛的运用。AIAA 在《MDO 的研究现状》白皮书中将高超声速飞行器作为高度耦合飞行器系统的典型示例,对其设计过程中学科间相互影响的协调过程进行了初步分析,并指出高超声速飞行器设计采用 MDO 方法的必要性[1]。NASA Langley 研究中心在 2002 年底发表的《高超声速吸气式推进技术白皮书》中也明确指出 MDO 是改变当前高超声速推进技术设计理念,大幅提高综合性能的有力工具[349]。AIAA 高超技术咨询委员会在其 2003 年度报告中也将 MDO 列为高超声速飞行器设计与优化领域最重要的研究内容之一[350]。文献[351]指出,高超声速飞行器设计的特殊性与 MDO 的适应能力具有良好的对应关系,因此在高超声速飞行器总体设计中引入 MDO 十分必要,在某种意义上讲,甚至是必须的。

　　高超声速飞行器主要有两种构型,即轴对称构型和升力体构型。目前,升力体构型的高超声速飞行器是研究的热点。升力体构型的飞行器中,发动机进气道与飞行器前体高度一体化,发动机尾喷管与飞行器后体高度一体化,所以这种构型的高超声速飞行器具有更好的气动性能和操作性能。为了达到超燃冲压发动机的工作条件,需要采用合适的助推方式将飞行器加速至起动马赫数,并提供合适的动压。本书考虑以固体火箭发动机助推的升力体构型高超声速飞行器,如图 10.1 所示,其中,固体火箭助推器简称为助推器,升力体构型的高超声速飞行器简称巡航器,全系统简称高超声速飞行器。

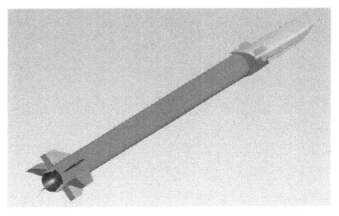

图 10.1　固体火箭助推的升力体构型高超声速飞行器

综上,高超声速飞行器总体的优化设计问题极具挑战性,在高超声速飞行器总体设计阶段运用 MDO 方法有其必然性,也具有较强的理论研究意义和现实意义,同时也面临巨大的困难。本章在 GSBCSO 过程的框架下对高超声速飞行器总体优化问题进行研究。在建立助推器和巡航器学科分析模型基础上,进行高超声速飞行器基准方案的设计与分析,然后对基准方案分别采用 MDF 过程和GSBCSO 过程进行优化,并对结果进行比较分析。

10.1　高超声速飞行器学科分析模型

本章将高超声速飞行器划分为两个子系统:助推器和巡航器,其中对助推器和巡航器分别考虑动力(推进)、气动、质量和弹道等学科分析,相应的设计结构矩阵如图 10.2 所示。

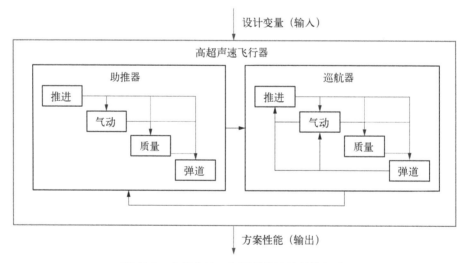

图 10.2　高超声速飞行器总体设计结构矩阵

10.1.1　助推器设计模型

对助推器设计主要是确定几何参数、质量特性和基本性能参数,不包括装药设计和内弹道计算等内容,其设计方法可参考文献[352],这里只简要介绍设计思路。

根据设计要求,按经验先确定助推器的平均推力 $\bar{F}_b$、工作时间 t_b、燃烧室平均工作压强 P_c、发动机直径 D_c、喷管面积比 ε。装药质量 m_{peff} 由总冲 I 和比

冲 I_{sp} 近似计算:

$$m_{peff} = \frac{1.01 \sim 1.05 I}{I_{sp}} = \frac{1.01 \sim 1.05 \overline{F}_b t_b}{I_{sp}} \quad (10.1)$$

其中,比冲 I_{sp} 由热力计算获得。

装药体积 V_p 为

$$V_p \approx \frac{m_{peff}}{\rho_p} \quad (10.2)$$

燃烧室容积 V_c 为

$$V_c = \frac{V_p}{\eta} \quad (10.3)$$

其中, ρ_p 为推进剂密度; η 为装填系数,且 $\eta = 0.85 \sim 0.95$。

由平均推力 $\overline{F}_b$ 和燃烧室压强 P_c 可计算喷管的喉部面积 A_t

$$A_t = \frac{\overline{F}_b}{C_F P_c} \quad (10.4)$$

其中, C_F 为推力系数,可由热力计算获得。

助推器弹道计算模型与巡航器弹道计算模型相同,只是将巡航器作为助推器的载荷。

10.1.2　推进学科分析模型

超燃冲压发动机作为高超声速飞行器动力系统,其流道主要由前体/进气道、隔离段、燃烧室、后体/尾喷管组成。自由流经前体/进气道压缩后,通过隔离段进入燃烧室与燃料(氢或碳氢燃料)混合燃烧,然后经后体/尾喷管膨胀加速排出,从而产生推力。发动机流道示意图如图 10.3 所示。

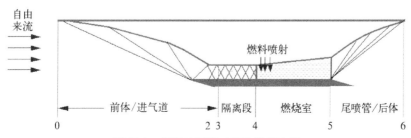

图 10.3　超燃冲压发动机流道示意图

1. 进气道分析模型

本书考虑具有 3 级外压缩、2 级内压缩的二维混合压缩进气道(含隔离段),其构型如图 10.4 所示。其中,L_{ramp1}、L_{ramp2}、L_{ramp3} 为 3 级外压缩段长度;θ_1、θ_2、θ_3 为 3 级外压缩段倾角;L_{fb} 和 H_{fb} 分别为前体总长度和总高度。L_{is} 为隔离段长度;H_{inlet} 是进气道高度;H_c 为外罩高度;T_{cowl} 为外罩厚度;L_{cowl1} 和 L_{cowl2} 为 2 级内压缩对应的外罩长度;θ_{cowl} 和 θ_{lip} 分别为外罩和唇口倾角。 在高超声速来流条件下,真实气体的黏性效应比较显著[353,354],且进气道内存在复杂的波系相交与反射,以及激波与湍流附面层的相互作用。用传统的一维等熵流分析进气道流场不能准确获得进气道性能,必须采用具有较高精度的 CFD 方法作为分析手段。

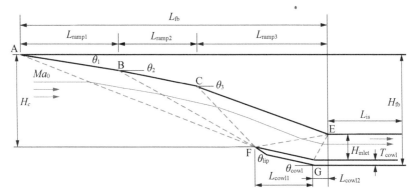

图 10.4 二维混合压缩进气道构型

进气道-隔离段流场的数值计算采用二维黏性 CFD 方法,流场控制方程采用雷诺平均的 N - S 方程,离散方法采用有限体积法。对黏性项采用二阶中间差分,对无黏项的离散采用二阶精度的基于 Roe 平均的 OC-TVD 格式求解,湍流模型为 Baldwin-Lomax 代数模型[276]。对于黏性问题,由于附面层内网格雷诺数的限制,使得计算网格较多,造成求解计算量大,而且要达到定常所需的迭代次数太多,为加速收敛,有必要采用合适的隐式求解方法。但一般隐式方法包含大量的矩阵求逆运算,效率较低。本章采用 Yoon 和 Jameson 在 LU 分裂方法基础上提出的 LU-SGS 方法[355],先后在两个方向上递推求解,用块追赶法求解三对角块矩阵方程[356],可避免矩阵求逆,减少计算量,提高收敛速度。进气道入口边界为自由来流;出口边界条件为超声速流动,数值边界条件采用一阶外推。对壁面取绝热、无滑移的物面条件。采用结构化网格,并在近壁面和流道转折处加密网格,计算域覆盖了外罩的外流场。

2. 燃烧室分析模型

液体碳氢燃料超燃冲压发动机燃烧室内工作过程极其复杂,涉及液体燃料喷射、破碎、雾化、两相流、燃烧等一系列复杂的物理化学过程。目前超燃冲压发动机燃烧室设计分析理论很不成熟，试验手段和 CFD 仿真技术还不完善，工程上主要采用一维方法。本书参考试验设计经验，考虑 4 级扩张的燃烧室构型，如图 10.5 所示。其中，H_{c1}、H_{c2} 分别为燃烧室入口和出口高度；L_{c-s1}、L_{c-s2}、L_{c-s3} 和 L_{c-s4} 为燃烧室四级扩张段长度；θ_{c-s1}、θ_{c-s2}、θ_{c-s3} 和 θ_{c-s4} 为燃烧室 4 级扩张段倾角；L_c 为燃烧室总长。

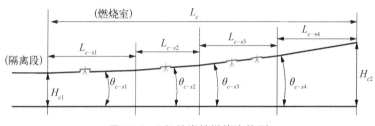

图 10.5　4 级扩张的燃烧室构型

鉴于当前的燃烧室分析水平，采用工程上常用的准一维燃烧流动模型[240,246]，考虑加质、化学反应放热、摩擦和几何截面变化等因素，其中化学反应采用一步总包反应模型。

式 (10.5) ~ 式 (10.9) 为描述准一维燃烧流动模型的主要方程，式 (10.10) 为碳氢燃料与空气的一步反应模型，具体推导见文献 [275]。

$$\frac{1}{\dot{m}}\frac{\mathrm{d}\dot{m}}{\mathrm{d}x} = \frac{1}{\rho}\frac{\mathrm{d}\rho}{\mathrm{d}x} + \frac{1}{V}\frac{\mathrm{d}V}{\mathrm{d}x} + \frac{1}{A}\frac{\mathrm{d}A}{\mathrm{d}x} \tag{10.5}$$

$$\frac{1}{P}\frac{\mathrm{d}P}{\mathrm{d}x} + \frac{\gamma M^2}{V}\frac{\mathrm{d}V}{\mathrm{d}x} + \frac{2\gamma M^2 c_f}{D} + \frac{\gamma M^2(1-\varepsilon)}{\dot{m}}\frac{\mathrm{d}\dot{m}}{\mathrm{d}x} = 0 \tag{10.6}$$

$$\frac{\mathrm{d}Y_i}{\mathrm{d}x} = \frac{\dot{\omega}_{i,mix}M_{wi}}{\rho V} + \frac{1}{\dot{m}}\frac{\mathrm{d}\dot{m}_{i,\,added}}{\mathrm{d}x} - \frac{Y_i\mathrm{d}\dot{m}}{\dot{m}\mathrm{d}x} \tag{10.7}$$

$$\frac{1}{P}\frac{\mathrm{d}P}{\mathrm{d}x} = \frac{1}{\rho}\frac{\mathrm{d}\rho}{\mathrm{d}x} + \frac{1}{T}\frac{\mathrm{d}T}{\mathrm{d}x} - \frac{1}{\bar{M}_w}\frac{\mathrm{d}\bar{M}_w}{\mathrm{d}x} \tag{10.8}$$

$$\frac{\mathrm{d}T}{\mathrm{d}x} = \frac{1}{c_P}\left[-\sum_i h_i \frac{\mathrm{d}Y_i}{\mathrm{d}x} + \frac{1}{\dot{m}}\sum_i \left(h_i \frac{\mathrm{d}\dot{m}_i}{\mathrm{d}x} \right)_{added} \right.$$
$$\left. - \frac{2c_f c_P(T_{aw} - T_w)}{P_r^{2/3}D} - \frac{h_0}{\dot{m}}\frac{\mathrm{d}\dot{m}}{\mathrm{d}x} - V\frac{\mathrm{d}V}{\mathrm{d}x} \right] \tag{10.9}$$

$$\mathrm{C}_x\mathrm{H}_y + \left(x + \frac{y}{4}\right)\left(\mathrm{O}_2 + \frac{79}{21}\mathrm{N}_2\right) \rightarrow x\mathrm{CO}_2 + \frac{y}{2}\mathrm{H}_2\mathrm{O} + \frac{79}{21}\left(x + \frac{y}{4}\right)\mathrm{N}_2 \quad (10.10)$$

3. 尾喷管分析模型

超燃冲压发动机尾喷管采用单边膨胀构型,其喷管上壁面型面满足三次方程,详见 4.1.4 节的介绍。

尾喷管流场存在比较复杂的膨胀波干扰,可采用与进气道流场分析相同的二维黏性 CFD 程序来计算尾喷管流场。

10.1.3 气动力分析模型

本书采用部件组合法来获得高超声速飞行器整体气动性能。其中,由于采用的机身为比较复杂的非对称外形,故机身气动计算采用高精度数值模拟方法;机翼和尾翼的气动计算则采用工程估算方法[275,351]。

1. 机身气动力计算

由于高超声速飞行器机身为不规则的二维升力体外形,借鉴 NASA Langley 研究中心的研究思路[358,359],先通过 CFD 方法计算出一系列点的气动力,建立这类机身的气动性能数据库。具体应用时根据机身几何参数通过调用数据库插值得到当前机身的气动力。

高超声速飞行器机身外形比较复杂,因此采用非结构化计算网格对高超声速飞行器机身气动力进行数值模拟。流动控制方程为二维非定常 Euler 方程,采用有限体积格心格式离散方程。引入通量矢量分裂技术,对于亚跨声速问题采用 van Leer 分裂[360,361],对于超声速问题采用 Steger 分裂[361,362],计算得到控制体边界上二阶精度的通量值。时间方向的积分采用二阶精度的显式四步 Runge-Kutta 方法。物面边界采用无黏流的无穿透条件;超声速入口边界给定边界上的来流参数;超声速出口边界面上的所有流动参数都由其所属的网格单元中心点的参数外推求得;对称边界在流场对称面另一侧构造镜像流场区域,将对称边界面认为是内部网格表面,按对称条件给出流动参数。

2. 机翼与尾翼气动力计算

机翼的阻力系数 C_{x_y} 为机翼零升阻力系数 $C_{x_{0y}}$ 与机翼诱导阻力系数 $C_{x_{iy}}$ 之和,即

$$C_{x_y} = C_{x_{0y}} + C_{x_{iy}} \quad (10.11)$$

机翼的升力系数 $C_{y_{yi}}$ 随攻角 α 的变化一般可认为是线性的,即

$$C_{y_{yi}} = C_{y_{yi}}^{\alpha} \cdot \alpha \quad (10.12)$$

其中，$C_{y_{yi}}^{\alpha}$ 是机翼的升力线斜率，下标 yi 表示机翼的气动力参数。$C_{y_{yi}}^{\alpha}$ 按下式计算：

$$C_{y_{yi}}^{\alpha} = f(\lambda, \lambda\beta, \lambda tg\chi_{1/2}, \xi) \tag{10.13}$$

其中，λ 是机翼展弦比，$\beta = \sqrt{|Ma_{\infty}^2 - 1|}$；$Ma_{\infty}$ 是来流的无穷远处马赫数；$\chi_{1/2}$ 是机翼 1/2 弦线后掠角；ξ 是机翼梢根比，计算过程中还需给定机翼的相对厚度 $\bar{C}$。

尾翼气动力计算与机翼气动力计算采用相同的公式，只是其中必须加入速度阻滞系数 k_q，尾翼速度对应的马赫数为

$$Ma_{wy} = Ma_{\infty} \sqrt{k_q} \tag{10.14}$$

其中，下标 wy 表示尾翼的气动力参数。

由于尾翼采用完全垂直安置方式，不产生升力，故尾翼升力系数 C_{ywy} 为 0。尾翼零升阻力系数 C_{x_0wy} 与机翼零升阻力系数 C_{x_0yi} 的计算方法类似。尾翼的诱导阻力系数 C_{x_iwy} 与尾翼的迎角有关。正常飞行器尾翼区的有效攻角通常很小，因此 C_{x_iwy} 可以忽略不计。

3. 高超声速飞行器整体气动力计算

高超声速飞行器实际上是一个机身、机翼与尾翼的组合体，其气动力的计算必须考虑机身与机翼的相互干扰、机身与尾翼的相互干扰以及机翼与尾翼之间的相互干扰。

翼身尾组合体升力系数 C_y 为

$$C_y = C_{ysh}\frac{S_{sh}}{S} + K_{\alpha\alpha}\alpha \cdot C_{y_{yi}}^{\alpha}\frac{S_{wl}}{S} \tag{10.15}$$

$$K_{\alpha\alpha} = K_{sh(y_i)} + K_{y_i(sh)} \tag{10.16}$$

其中，S 是机翼面积；C_{ysh} 是单独机身的升力系数；S_{sh} 是最大机身截面积；$K_{\alpha\alpha}$ 是 "$\alpha\alpha$" 条件下翼身升力干扰因子；$K_{sh(yi)}$ 是机翼对机身的升力干扰因子；$K_{y_i(sh)}$ 是受机身影响下的外露机翼升力与单独外露翼升力之比；$C_{y_{yi}}^{\alpha}$ 是单独外露翼的升力线斜率，S_{wl} 是外露翼面积；S_{cw} 为垂尾面积。下标 wl 表示外露翼的气动力参数；下标 sh 表示机身的气动力参数；下标 qcw 表示垂尾处阻滞参数。

翼身尾组合体阻力系数 C_x 由零升阻力系数 C_{x_0} 和诱导阻力系数 C_{x_i} 组成，即：

$$C_x = C_{x_0} + C_{x_i} \tag{10.17}$$

翼身尾组合体零升阻力系数 C_{x_0} 为

$$C_{x_0} = k_s \left(C_{x_0\text{sh}} \frac{S_{\text{sh}}}{S} + C_{x_0\text{wl}} \frac{S_{\text{wl}}}{S} + C_{x_0\text{wy}} k_{\text{qcw}} \frac{S_{\text{cw}}}{S} \right) \tag{10.18}$$

式中，$C_{x_0\text{wl}}$ 是单独外露翼的零升阻力系数，$C_{x_0\text{sh}}$ 是单独机身的零升阻力系数，$C_{x_0\text{wy}}$ 是尾翼外露段的零升阻力系数，k_s 是安全系数，k_{qcw} 是垂尾处的阻滞系数。

翼身尾组合体诱导阻力系数 C_{x_i} 为

$$C_x = C_{x_i\text{sh}} \frac{S_{\text{sh}}}{S} + C_{x_i y_i(\text{sh})} \frac{S_{\text{wl}}}{S} + C_{x_i\text{sh}(y_i)} \frac{S_{\text{wl}}}{S} + C_{x_i\text{wy}(\text{sh})} \frac{S_{\text{wy}}}{S} + C_{x_i\text{sh}(\text{wy})} \frac{S_{\text{wy}}}{S} \tag{10.19}$$

其中，$C_{x_i\text{sh}}$ 是单独机身的诱导阻力系数；$C_{x_i y_i(\text{sh})}$ 是有机身干扰时外露翼的诱导阻力系数；$C_{x_i\text{wy}(\text{sh})}$ 是有机身干扰时计入弹翼下洗后尾翼外露段的诱导阻力系数，S_{wy} 是尾翼阻力系数的参考面积；$C_{x_i\text{sh}(y_i)}$ 是由于机翼对机身干扰产生的升力而引起的诱导阻力系数；$C_{x_i\text{sh}(\text{wy})}$ 是由于尾翼干扰在机身产生的升力所引起的诱导阻力系数。

10.1.4 质量分析模型

这里采用 Chaput[363] 提出的部件分析法估算飞行器质量。高超声速飞行器的起飞质量 m_{takeoff} 可表述为机体结构质量 $m_{\text{structural}}$、推进系统质量 $m_{\text{propulsion}}$、推进剂质量 $m_{\text{propellent}}$、子系统质量 $m_{\text{Subsystem}}$、起落架质量 m_{gear} 和有效载荷质量 m_{Payload}：

$$m_{\text{takeoff}} = m_{\text{structural}} + m_{\text{propulsion}} + m_{\text{propellent}} + m_{\text{Subsystem}} + m_{\text{gear}} + m_{\text{Payload}} \tag{10.20}$$

机体结构质量包括机身质量 m_{fuselage}、机翼质量 m_{wing} 和垂直尾翼质量 $m_{\text{vertical-tail}}$，它们可由单位面积质量 UWF 和参考面积 S 计算：

$$m_{\text{fuselage}} = \text{UWF}_{\text{fuselage}} S_{\text{wet-fuselage}} \tag{10.21}$$

$$m_{\text{wing}} = \text{UWF}_{\text{wing}} S_{\text{wet-wing}} \tag{10.22}$$

$$m_{\text{vertical-tail}} = \text{UWF}_{\text{vertical-tail}} S_{\text{wet-vertical-tail}} \tag{10.23}$$

其中，$\text{UWF}_{\text{fuselage}} = 26.853 \text{ kg/m}^2$，$\text{UWF}_{\text{wing}} = 22.947 \text{ kg/m}^2$，$\text{UWF}_{\text{vertical-tail}} = 17.088 \text{ kg/m}^2$，$S_{\text{wet-fuselage}}$、$S_{\text{wet-wing}}$ 和 $S_{\text{wet-vertical-tail}}$ 分别是机身、机翼和垂直尾翼的参考面积。

推进系统质量由低速推进系统质量和高速推进系统质量组成：

$$m_{\text{low-speed-propulsion}} = \frac{(T/W)_0}{(T/W)_{\text{lss}}} m_{\text{takeoff}} \tag{10.24}$$

$$m_{\text{high-speed-propulsion}} = \text{ESF}_{\text{hss}} (\text{UWF}_{\text{hss}}) \tag{10.25}$$

其中，$(T/W)_0$ 是飞行器起飞推重比；$(T/W)_{lss}$ 是低速推进系统推重比；ESF_{hss} 是发动机比例因子；$UWF_{hss} = 2\,325.568\ \text{kg/m}^2$。

推进剂质量包括基本推进剂、剩余推进剂和其他推进剂质量：

$$m_{primary} = \overline{\rho}_1 k_1 V_{tank} \tag{10.26}$$

$$m_{reserve} = k_2 m_{primary} \tag{10.27}$$

$$m_{other} = k_3 m_{primary} \tag{10.28}$$

其中 $\overline{\rho}_1$ 是推进剂平均密度，系数 $k_1 = 0.78$；$k_2 = 0.66$；$k_3 = 0.44$。

子系统质量可分为两类，一类与飞行器干重 W_{dry} 相关；另一类与飞行器起飞质量 $m_{takeoff}$ 相关。

$$m_{subsystem\text{-}1} = 0.065 \times m_{dry} \tag{10.29}$$

$$m_{subsystem\text{-}2} = 0.046 \times m_{takeoff} \tag{10.30}$$

有效载荷质量 $W_{payload}$ 通常由飞行任务确定。

10.1.5　弹道分析模型

将高超声速飞行器看作质点，采用三自由度弹道方程，不考虑地球曲率半径、地球自转、风速等影响，认为地球重力加速度为常值，则高超声速飞行器运动方程组表述为

$$\begin{cases} m\dfrac{\mathrm{d}v}{\mathrm{d}t} = F\cos\alpha - D - mg\sin\theta \\[2mm] mv\dfrac{\mathrm{d}\theta}{\mathrm{d}t} = F\sin\alpha + L - mg\cos\theta \\[2mm] \dfrac{\mathrm{d}x}{\mathrm{d}t} = v\cos\theta \\[2mm] \dfrac{\mathrm{d}y}{\mathrm{d}t} = v\sin\theta \\[2mm] \dfrac{\mathrm{d}m}{\mathrm{d}t} = -m_f \\[2mm] \theta = \vartheta + \alpha \end{cases} \tag{10.31}$$

其中，v 是飞行器飞行速度；α 是攻角；F 是发动机推力，$F = I_{sp} \cdot m_f$，m_f 是燃料消耗率；m 是飞行器质量；θ 是弹道倾角；ϑ 是飞行器俯仰角；L 是升力；D 是阻力；

x 是水平距离;y 是高度;g 为重力加速度。

助推段弹道采用典型的程序俯仰角控制律[346],可表述为:

$$
\vartheta = \begin{cases}
\vartheta_0 & t < t_1 \\
(\vartheta_0 - \vartheta_c)\exp\left(-\dfrac{t - t_1}{K}\right) + \vartheta_c & t_1 \leqslant t < t_2 \\
\vartheta_c & t_2 \leqslant t
\end{cases}
\tag{10.32}
$$

其中,ϑ_0 为初始俯仰角;ϑ_c 为巡航时俯仰角;t_1 和 t_2 为给定的控制时间;K 为控制参数,可按下式计算:

$$
K = K_{cf}\frac{t - t_1}{t_2 - t_1} + K_{ci}\frac{t_2 - t}{t_2 - t_1}
\tag{10.33}
$$

其中,K_{cf} 和 K_{ci} 为给定的控制参数。

巡航段和滑行段按高度对攻角进行比例微分控制:

$$
\alpha = a_1(H - H_c) + a_2\frac{\mathrm{d}H}{\mathrm{d}t}
\tag{10.34}
$$

其中,H 为飞行高度;H_c 为任务巡航高度;a_1 和 a_2 为给定的控制参数。

10.2　高超声速飞行器基准方案设计与分析

高超声速飞行器在助推器分离后,巡航器进行姿态调整,然后进入超燃冲压发动机工作状态。巡航器设计状态为巡航马赫数 Ma_D、巡航高度 $H_D(\mathrm{km})$,要求飞行器航程大于 $R_D(\mathrm{km})$。基准方案设计所采用的学科模型比较简单,而且依赖于现有设计经验,包括参考国外高超声速飞行器方案,特别是 X-43A 的设计。基准方案只需要保持飞行器几何上相容,基本上满足设计要求即可。高超声速飞行器基准方案的设计流程如图 10.6 所示。

基于上述流程,可获得高超声速飞行器基准方案。对基准方案进行全弹道分析可获得其更加详细的设计情况。高超声速飞行器在弹道计算中,实时调用推进、气动等学科分析程序,由于所用弹道分析模型较为复杂,整个弹道分析过程需耗时约 10 分钟。飞行器弹道分析所得的弹道曲线如图 10.7 所示,包括高度随航程的变化曲线以及高度、航程、马赫数随时间的变化曲线。

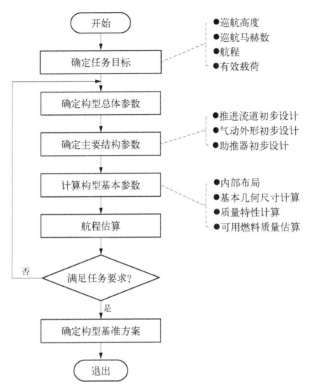

图 10.6　基准方案设计流程图

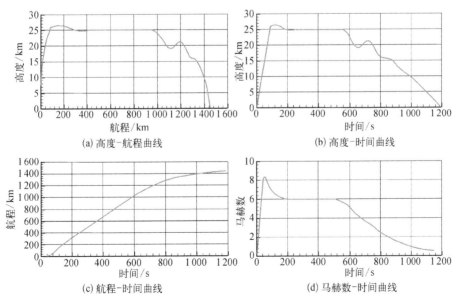

图 10.7　基准构型高超声速飞行器的弹道分析曲线图

从图 10.7 所示的弹道分析结果来看,基准方案的设计比较合理,能达到任务要求。弹道曲线表明,助推分离后,经过调整进入稳定巡航状态;巡航段结束后,飞行器作无动力滑行,由于飞行器升力比较大,在滑行时产生了跃滑。

10.3 高超声速飞行器基准方案优化

高超声速飞行器工作条件苛刻,使得助推分离点控制要求很高,导致飞行器设计空间高度非线性、设计域狭小,对这类复杂系统的优化问题一般采用随机搜索类的优化方法,如常用的遗传算法等。由于执行一次高超声速飞行器全过程弹道分析需要耗时约 30 min,使用遗传算法时按最小迭代次数 1 000 次计,整个过程将耗时约 30 000 min(20 余天),这对总体设计优化而言是不可承受的。为了降低计算成本,考虑到巡航器工作比较稳定,因此简化了巡航器的弹道计算,并施加强制约束保证巡航状态的合理性,这样可将全弹道分析时间降低到约 2 min,优化的计算成本基本上可承受。

对飞行器在设计状态下进行优化是相当困难的,主要表现在以下几个方面:

(1)飞行器构型参数相互耦合,几何相容性检查极其繁杂;

(2)飞行器构型参数对其性能的影响高度非线性,难以用比例缩放法处理;

(3)由于设计参数的改变,助推器不能确保将飞行器助推到合适的接力状态。

为了研究高超声速飞行器总体优化设计问题,分别采用 MDF 过程和 GSBCSO 过程对高超声速飞行器基准方案进行优化。通过修改助推器设计条件、巡航器几何尺寸,结合助推段控制律进行优化,可获得满足约束条件的飞行器方案。

10.3.1 优化模型

选择飞行器起飞质量 $m_{takeoff}$ 最小和航程 R 最大作为优化设计目标函数。选取对 $m_{takeoff}$ 和 R 起重要作用的参数作为设计变量。本模型选择下述参数为设计变量:助推器设计推力 F_b、助推器工作时间 T_b、助推器设计室压 P_b、助推器设计高度 H_b、助推器弹径 D_b、助推器喷管面积比 ε_b、巡航器总长 L_c、巡航器总宽

W_c、进气道长度 L_{inlet}、燃烧室长度 $L_{combustor}$、助推段时间控制参数 a_1 和 a_2 以及助推段指令控制参数 K_{cf} 和 K_{ci}。

选择如下的约束条件。

（1）助推段终止马赫数 Ma_b 的约束：$Ma_{bmin} \leqslant Ma_b \leqslant Ma_{bmax}$，其中，$Ma_{bmin}$ 为给定的助推段终止马赫数最小允许值，Ma_{bmax} 为给定的助推段终止马赫数最大允许值。

（2）助推段终止高度 H_b 的约束：$H_{bmin} \leqslant H_b \leqslant H_{bmax}$，其中，$H_{bmin}$ 为给定的助推段终止高度最小允许值，H_{bmax} 为给定的助推段终止高度最大允许值。

（3）助推过载 n_{bx} 和 n_{by} 的约束：$n_{bx} \leqslant n_{bxmax}$，$n_{by} \leqslant n_{bymax}$，其中，$n_{xmax}$ 为给定的助推段横向过载最大允许值，n_{ymax} 为给定的助推段纵向过载最大允许值。

综上，高超声速飞行器基准方案的优化模型可表述如下：

$$\min m_{takeoff} = f_1(\boldsymbol{X}) \tag{10.35}$$

$$\max R = f_2(\boldsymbol{X})$$

$$\mathrm{s.t.} \quad g_1(\boldsymbol{X}) = Ma_b - Ma_{bmax} \leqslant 0$$

$$g_2(\boldsymbol{X}) = Ma_{bmin} - Ma_b \leqslant 0$$

$$g_3(\boldsymbol{X}) = H_b - H_{bmax} \leqslant 0$$

$$g_4(\boldsymbol{X}) = H_{bmin} - H_b \leqslant 0$$

$$g_5(\boldsymbol{X}) = N_x - N_{xmax} \leqslant 0$$

$$g_6(\boldsymbol{X}) = N_y - N_{ymax} \leqslant 0$$

$$\boldsymbol{X}_L \leqslant \boldsymbol{X} \leqslant \boldsymbol{X}_U$$

其中，$\boldsymbol{X} = (F_b, T_b, P_b, \varepsilon_b, D_b, H_b, a_1, a_2, K_{cf}, K_{ci}, L_c, W_c, L_{inlet}, L_{combustor})^{\mathrm{T}} = (x_1, \cdots, x_{14})^{\mathrm{T}}$ 为设计变量，$\boldsymbol{X}_L$ 和 $\boldsymbol{X}_U$ 分别为设计变量在设计空间中取值的下限和上限。

10.3.2　基于 MDF 过程的高超声速飞行器多学科设计优化

1. 优化流程

高超声速飞行器基准方案的 MDO 问题包含 14 个连续设计变量，目标函数和约束条件无法用显式表达式表达，只能通过数值计算程序计算获得。在优化过程中将多目标优化问题转化为求单目标最小的优化问题进行求解，对应的综合单目标 A 的表达式为：

$$A = \lambda_1 \frac{m_{\text{takeoff}}}{m_{\text{initial}}} - \lambda_2 \frac{R}{R_{\text{initial}}} \tag{10.36}$$

其中，m_{initial} 为基准方案的起飞质量；R_{initial} 为基准方案的航程；λ_1 和 λ_2 为加权系数，取值均为 0.5。

采用 MDF 过程完成飞行器基准方案的 MDO 问题时，选用 CVMGRG 算法作为系统优化的搜索算法，优化过程中的灵敏度分析方法采用广义灵敏度分析方法。基于 CVMGRG 算法的高超声速飞行器基准方案 MDF 过程优化流程如图 10.8 所示。

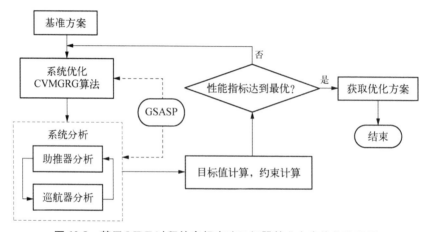

图 10.8　基于 MDF 过程的高超声速飞行器基准方案优化流程图

2. 优化结果与分析

MDF 过程的设计变量取值范围和初始值见表 10.1，表中的数据均归一化至 $[0, 1]$ 区间。

表 10.1　设计变量取值范围和初始值

设计变量	x_1/N	x_2/s	x_3/Pa	x_4	x_5/m
下　限	0	0	0	0	0
初始值	0.575 94	0.5	0.5	0.4	0.25
上　限	1	1	1	1	1

设计变量	x_6/m	x_7	x_8	x_9	x_{10}
下　限	0	0	0	0	0
初始值	0.25	0.4	0.333 3	0.5	0.6
上　限	1	1	1	1	1

（续表）

设计变量	x_{11}/m	x_{12}/m	x_{13}/m	x_{14}/m
下　限	0	0	0	0
初始值	0.4	0.5	0.36	0.4
上　限	1	1	1	1

　　基准方案在 MDF 过程下所得优化方案的设计变量、约束和目标的最优值与基准方案相应参数（基准值）的比值列于表 10.2。

表 10.2　高超声速飞行器基准方案优化问题在 MDF 过程下的最优方案

设计变量	x_1/N	x_2/s	x_3/Pa	x_4	x_5/m
最优值/基准值	0.9	0.927	1.018	1.4	0.909
设计变量	x_6/m	x_7	x_8	x_9	x_{10}
最优值/基准值	1.911	1.269	0.994	0.776	0.846
设计变量	x_{11}/m	x_{12}/m	x_{13}/m	x_{14}/m	
最优值/基准值	1.093	0.897	1.041	1.005	
约　束	Ma_b	H_b	$n_{\mathrm{b}x}$	$n_{\mathrm{b}y}$	
最优值/基准值	1.022	0.884	1.277	2.581	
目标值	A				
最优值	$-0.122\,1$				
其　他	系统分析次数				
	2 340				

　　优化方案经 78 次迭代收敛，优化过程中综合目标 A 的迭代收敛过程如图 10.9 所示。

　　优化方案的弹道曲线如图 10.10 所示。

　　从弹道曲线可知，通过对助推段弹道控制律优化可增加助推段航程，同时降低分离点高度，但也使分离马赫数增大。分离调整后，巡航器转入稳定巡航状态，之后进入滑行状态。从所得优化结果来看，与基准方案相比，MDF 过程优化方案的起飞质量减少了 11.7%，航程增加了 12.7%，优化效果比较明显。这也说

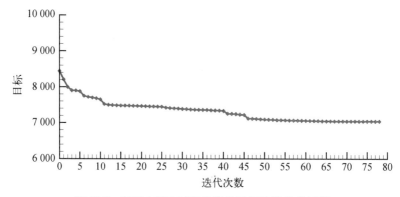

图 10.9　基于 MDF 过程的优化目标迭代收敛过程

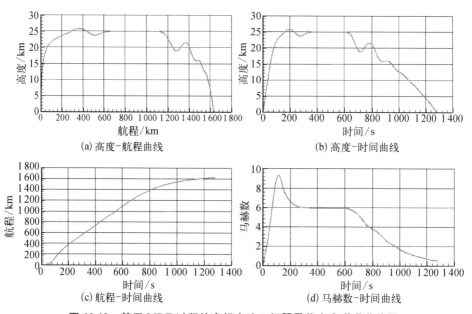

图 10.10　基于 MDF 过程的高超声速飞行器最优方案弹道曲线图

明 CVMGRG 算法适用于复杂工程系统的 MDO。

10.3.3　基于 GSBCSO 过程的高超声速飞行器多学科设计优化

1. 高超声速飞行器基准方案优化问题在 GSBCSO 过程中的表述

为了降低整个方案优化的计算量,将 GSBCSO 过程应用于高超声速飞行器基准方案的 MDO。首先将高超声速飞行器分为助推器和巡航器(如图 10.2 所示);然后在各学科模型的基础上进行学科分析,同时得到所需的学科灵敏度信息,存入设计数据库;根据已知信息求解 GSE,获得全局灵敏度信息,存入设计数据库,同时依据全局灵敏度信息完成系统的临时解耦;由 ECBTS 移动限制策略确定各设计变量的移动限制分配方案,其中,移动限制策略的上限取为 90%,下限取为 10%;助推器优化、巡航器优化以及系统协调优化过程中使用 MTPACA 策略来建立相应的近似优化模型,采用 CVMGRG 优化策略来完成优化。所得最优点经系统分析后加入样本序列,更新近似模型,直至收敛,称获得一个最优点循环为优化迭代。

分解后的助推器子系统和巡航器子系统设计变量和状态变量描述见式(10.37)和式(10.38)。

助推器子系统:

$$X_1 = (x_1, x_2, x_3, x_4, x_5, x_6, x_7, x_8, x_9, x_{10})^T \tag{10.37}$$
$$Y_1 = (Ma_b, y_b, \alpha_b, \theta_b, g_i)^T, i = 1, \cdots, 6$$

巡航器子系统:

$$X_2 = (x_{11}, x_{12}, x_{13}, x_{14})^T \tag{10.38}$$
$$Y_2 = (m_{cruise})$$

其中,y_b 为助推器分离时刻的飞行高度;α_b 为助推器分离时刻的攻角;θ_b 为助推器分离时刻的弹道倾角;m_{cruise} 为巡航器的质量。

由第 6 章所给出的 GSBCSO 过程中子系统级和系统级优化问题的表述公式,可以给出高超声速飞行器基准方案优化的问题在 GSBCSO 过程下的数学表述。

系统协调优化模型:

$$\min \tilde{f}(X, Y) \tag{10.39}$$
$$X = (X_1, X_2)^T$$
$$Y = (Y_1, Y_2)^T$$
$$\text{s.t. } \tilde{g}_1 \leqslant 0$$
$$X_L \leqslant X \leqslant X_U$$

其中,X_L 和 X_U 分别为对各连续设计变量实施 ECBTS 移动限制策略后所得的下限和上限;$\tilde{g}_1 = (\tilde{g}_1, \tilde{g}_2, \tilde{g}_3, \tilde{g}_4, \tilde{g}_5, \tilde{g}_6)^T$ 由 MTPACA 策略计算获得。

助推器子系统:

$$\min f(\boldsymbol{X}_1, \overline{\boldsymbol{X}}_2, \boldsymbol{Y}_1, \tilde{\boldsymbol{Y}}_2) \qquad (10.40)$$
$$\text{s.t. } \boldsymbol{g}_1(\boldsymbol{X}_1, \overline{\boldsymbol{X}}_2, \boldsymbol{Y}_1, \tilde{\boldsymbol{Y}}_2) \leqslant 0$$
$$\boldsymbol{X}_{1\text{L}} \leqslant \boldsymbol{X}_1 \leqslant \boldsymbol{X}_{1\text{U}}$$

其中,$\boldsymbol{X}_1$ 为局部设计变量;$\boldsymbol{X}_{1\text{L}}$ 和 $\boldsymbol{X}_{1\text{U}}$ 分别为对 $\boldsymbol{X}_1$ 实施 ECBTS 移动限制策略后所得的下限和上限;$\boldsymbol{X}_2$ 为非局部设计变量,在助推器子系统中视为常量;$\boldsymbol{Y}_1$ 为局部状态变量;$\boldsymbol{Y}_2$ 为非局部状态变量。

巡航器子系统:

$$\min f(\overline{\boldsymbol{X}}_1, \boldsymbol{X}_2, \tilde{\boldsymbol{Y}}_1, \boldsymbol{Y}_2) \qquad (10.41)$$
$$\text{s.t. } \tilde{\boldsymbol{g}}_1 \leqslant 0$$
$$\boldsymbol{X}_{2\text{L}} \leqslant \boldsymbol{X}_2 \leqslant \boldsymbol{X}_{2\text{U}}$$

其中,$\boldsymbol{X}_2$ 为局部设计变量;$\boldsymbol{X}_{2\text{L}}$ 和 $\boldsymbol{X}_{2\text{U}}$ 分别为对 $\boldsymbol{X}_2$ 实施 ECBTS 移动限制策略后所得的下限和上限;$\boldsymbol{X}_1$ 为非局部设计变量,在巡航器子系统中视为常量;$\boldsymbol{Y}_2$ 为局部状态变量;$\boldsymbol{Y}_1$ 为非局部状态变量。

基于 GSBCSO 过程的高超声速基准方案优化的流程图如图 10.11 所示。

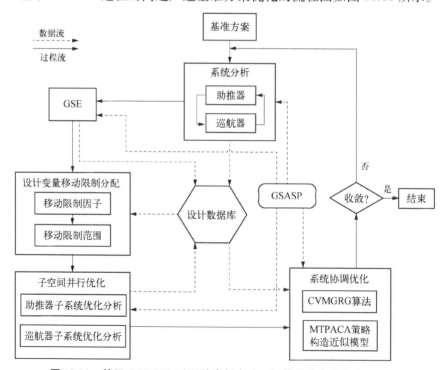

图 10.11　基于 GSBCSO 过程的高超声速飞行器基准方案优化流程图

2. 优化结果与分析

GSBCSO 过程应用于高超声速飞行器基准方案的优化,经 38 次迭代收敛,优化过程中综合目标值 A 的迭代过程如图 10.12 所示。相对于 MDF 过程,基于 GSBCSO 过程可以大幅度降低系统分析次数,较大程度地提高优化效率。

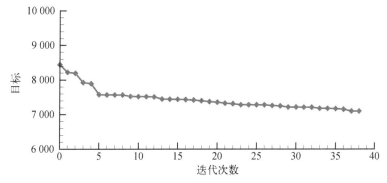

图 10.12　基于 GSBCSO 过程的优化目标迭代收敛过程

基于 GSBCSO 过程的系统优化最优值与基准值的比值如表 10.3 所示,相应的弹道曲线如图 10.13 所示。

表 10.3　高超声速飞行器基准方案优化问题在 GSBCSO 过程下的最优方案

设计变量	x_1/N	x_2/s	x_3/Pa	x_4	x_5/m
最优值/基准值	0.886	0.889	0.967	1.500	0.909
设计变量	x_6/m	x_7	x_8	x_9	x_{10}
最优值/基准值	1	1.319	1.011	0.769	0.769
设计变量	x_{11}/m	x_{12}/m	x_{13}/m	x_{14}/m	
最优值/基准值	1.100	0.872	0.970	1.013	
约　束	Ma_b	H_b	n_bx	n_by	
最优值/基准值	0.900	0.921	1.199	3.454	
目标值	A				
最优值	$-0.185\,5$				
其　他	系统分析次数				
	1 140				

优化方案的弹道曲线如图 10.13 所示。

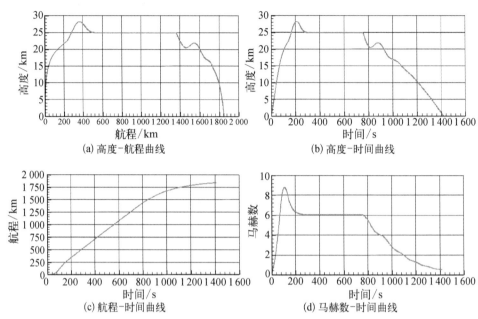

图 10.13 基于 GSBCSO 过程的高超声速飞行器最优方案弹道曲线图

从所得优化结果来看,与基准方案相比,GSBCSO 优化方案的起飞质量减少了 9.5%,航程增加了 27.6%,优化效果明显。与基于 MDF 过程的优化方案相比,GSBCSO 优化方案的系统分析次数明显降低,减少了 51.28%,极大节约了优化过程的成本;起飞质量稍大,增加了 2.49%;但所得航程也增加了 13.22%。可见,基于 GSBCSO 过程的优化大大提高了优化效率。

10.4 本章小结

本章的主要工作及主要结论如下。

(1)将高超声速飞行器总体设计优化问题分解为助推器和巡航器两个子系统,在分别建立各学科分析模型的基础上,对高超声速飞行器进行了基准方案的设计与分析。

(2)建立高超声速飞行器基准方案优化模型,完成了基于 MDF 过程的基准方案优化,所得结果表明使用 MDF 过程进行基准方案的优化使高超声速飞行器起飞质量减小 11.7%,航程增加 12.7%。

（3）成功地将 GSBCSO 过程应用于高超声速飞行器基准方案优化中,结果表明,与基准方案相比,GSBCSO 过程优化方案的起飞质量减少了 9.5%;航程增加了 27.6%,优化效果比较明显。与 MDF 过程的优化方案相比,GSBCSO 过程的系统分析次数显著降低,减少了 51.28%,有效降低了优化过程的计算量;航程增加了 13.22%;起飞质量稍有增加,增大了 2.49%。

（4）GSBCSO 过程在高超声速飞行器总体优化中的成功应用表明：GSBCSO 过程有处理复杂系统 MDO 的能力,且优化效率较高,可大幅度减少系统分析的次数、降低 MDO 问题求解过程中的计算复杂性。

参 考 文 献

［ 1 ］ AIAA Multidisciplinary Design Optimization Technical Committee. Current state of the art on multidisciplinary design optimization (MDO)［M］. New York：AIAA, 1991：1 - 2.

［ 2 ］ Salas A O, Townsend J C. Framework requirements for MDO application development［C］. St. Louis：7th AIAA/USAF/NASA/ISSMO Symposium on Multidisciplinary Analysis and Optimization, 1998.

［ 3 ］余雄庆.多学科设计优化算法及其在飞行器设计中的应用研究［D］.南京：南京航空航天大学,1999.

［ 4 ］陈琪峰.飞行器分布式协同进化多学科设计优化方法研究［D］.长沙：国防科学技术大学,2003.

［ 5 ］王振国,陈小前,罗文彩,等.飞行器多学科设计优化理论与应用研究［M］.北京：国防工业出版社,2006.

［ 6 ］Giesing J P, Barthelemy J M. A summary of industry MDO applications and needs［C］. St. Louis：7th AIAA/USAF/NASA/ISSMO Symposium on Multidisciplinary Analysis and Optimization, 1998.

［ 7 ］Sobieszczanski-Sobieski J, Haftka R T. Multidisciplinary aerospace design optimization：survey of recent developments［J］. Structural Optimization, 1997, 14：1 - 23.

［ 8 ］Blachut J, Eschenauer H A. Emerging methods for multidisciplinary optimization［M］.New York：Springer-Verlag Wien, 2001.

［ 9 ］Willcox K, Wakayama S. Simultaneous optimization of a multiple-aircraft family［J］. Journal of Aircraft, 2003, 40 (4)：616 - 622.

［10］Hulme K F, Bloebaum C L. Development of a simulation-based framework for exploiting new tools and techniques in multidisciplinary design optimization［C］. Ilkley：First ASMO UK/ISSMO Conference on Engineering Design Optimization, 1999.

［11］Sobieszczanski-Sobieski J. Multidisciplianry design optimization：an emerging new engineering discipline［M］//Herskovits J. Advances in Structural Optimization Solid Mechanics and Its Applications, Berlin：Springer Dordrecht, 1995：483 - 496.

［12］Cramer E J, Dennis J E, Frank P D, et al. Problem formulation for multidisciplinary optimization［J］. SIAM Journal of Optimization, 1994, 4 (4)：754 - 776.

［13］Zhang T T, Wang Z G, Huang W, et al. Parameterization and optimization of hypersonic-gliding vehicle configurations during conceptual design ［J］. Aerospace Science and

Technology, 2016, 58: 225 - 234.

[14] Qasim Z S, Dong Y F, Khurram N, et al. Multidisciplinary design and optimization of multistage groundlaunched boost phase interceptor using hybrid search algorithm[J]. Chinese Journal of Aeronautics, 2010, 23(2): 170 - 178.

[15] Deng F, Jiao Z H, Chen J, et al. Overall performance analysis-oriented aerodynamic configuration optimization design for hypersonic vehicles [J]. Journal of Spacecraft and Rockets, 2017, 54(5): 1 - 12.

[16] Huang W, Li L Q, Yan L, et al. Drag and heat flux reduction mechanism of blunted cone with aerodisks[J]. Acta Astronautica, 2017, 138: 168 - 175.

[17] Dirkx D, Mooij E. Optimizaton of entry-vehicle shapes during conceptual design[J]. Acta Astronautica, 2014, 94(1): 198 - 214.

[18] Javaid K H, Serghides V C. Airframe-propulsion integration methodology for waverider-derived hypersonic cruise aircraft design concepts[J]. Journal of Spacecraft and Rockets, 2005, 42(4): 663 - 671.

[19] Raj N O P, Venkatasubbaiah K. A new approach for the design of hypersonic scramjet inlets [J]. Physics of Fluids, 2012, 24(8): 086103.

[20] Zhang D, Tang S, Che J. Concurrent subspace design optimization and analysis of hypersonic vehicles based on response surface models[J]. Aerospace Science and Technology, 2015, 42: 39 - 49.

[21] Chen B Y, Liu Y B, Shen H D, et al. Surrogate modeling of a 3D scramjet-powered hypersonic vehicle based on screening method IFFD [J]. Proceedings of the Institution of Mechanical Engineers, Part G: Journal of Aerospace Engineering, 2016, 231 (2): 265 - 278.

[22] Zhang W, Zhao L, Gao T, et al. Topology optimization with closed B-splines and Boolean operations[J]. Computer Methods in Applied Mechanics and Engineering, 2017, 315: 652 - 670.

[23] Giannakoglou K C. Design of optimal aerodynamic shapes using stochastic optimization methods and computational intelligence[J]. Progress in Aerospace Sciences, 2002, 38(1): 43 - 76.

[24] Yu J Z, Saeed F, Paraschivoiu I. Efficient optimized airfoil parameterization[R]. Reno: 41st Aerospace Sciences Meeting and Exhibit, American Institute of Aeronautics and Astronautics, 2003.

[25] Nordanger K, Holdahl R, Kvamsdal T, et al. Simulation of airflow past a 2D NACA0015 airfoil using an isogeometric incompressible Navier-Stokes solver with the Spalart-Allmaras turbulence model[J]. Computer Methods in Applied Mechanics and Engineering., 2015, 290: 183 - 208.

[26] Bompard M, Peter J, Carrier G, et al. Two-dimensional aerodynamic optimization using the discrete adjoint method with or without parameterization [R]. Honolulu: 20th AIAA Computational Fluid Dynamics Conference, American Institute of Aeronautics and Astronautics, 2011.

[27] Masters D A, Taylor N J, Rendall T C S, et al. Multilevel subdivision parameterization scheme for aerodynamic shape optimization[J]. AIAA Journal, 2017,55(10): 3288 - 3303.

[28] Tian C, Li N, Gong G, et al. A parameterized geometry design method for inward turning inlet compatible waverider[J]. Chinese Journal of Aeronautics, 2013, 26(5): 1135 - 1146.

[29] Kontogiannis K, Sobester A, Taylor N. Efficient parameterization of waverider geometries[J]. Journal of Aircraft, 2017, 54(3): 890 - 901.

[30] Han X, Zingg D W. An adaptive geometry parametrization for aerodynamic shape optimization [J]. Optimization and Engineering, 2014, 15(1): 69 - 91.

[31] Kulfan B M. A universal parametric geometry representation method-"CST"[R]. Reno: 45th AIAA Aerospace Sciences Meeting and Exhibit, American Institute of Aeronautics and Astronautics, 2007.

[32] Kulfan B M. Recent extensions and applications of the "CST" universal parametric geometry representation method[J]. The Aeronautical Journal, 2010, 114(1153): 157 - 176.

[33] Ceze M, Hayashi M, Volpe E. A study of the CST parameterization characteristics[R]. San Antonio: 27th AIAA Applied Aerodynamics Conference, American Institute of Aeronautics and Astronautics, 2009.

[34] Lane K A, Marshall D D. Inverse airfoil design utilizing CST parameterization[R]. Orlando: 48th AIAA Aerospace Sciences Meeting including the New Horizons Forum and Aerospace Exposition, American Institute of Aeronautics and Astronautics, 2010.

[35] Marshall D D. Creating exact Bezier representations of CST shapes[R]. San Diego: 21st AIAA Computational Fluid Dynamics Conference, American Institute of Aeronautics and Astronautics, 2013.

[36] Guan X. Supersonic wing-body two-level wave drag optimization using extended far-field composite-element methodology[J]. AIAA Journal, 2014, 52(5): 981 - 990.

[37] Morris C C, Allison D L, Schetz J A, et al. Parametric geometry model for design studies of tailless supersonic aircraft[J]. Journal of Aircraft, 2014, 51(5): 1455 - 1466.

[38] Wang J, Cai J, Duan Y, et al. Design of shape morphing hypersonic inward-turning inlet using multistage optimization[J]. Aerospace Science and Technology, 2017,66: 44 - 58.

[39] Ma Y, Yang T, Feng Z, et al. Hypersonic lifting body aerodynamic shape optimization based on the multiobjective evolutionary algorithm based on decomposition[J]. Proceedings of the Institution of Mechanical Engineers, part G: Journal of Aerospace Engineering, 2015, 229 (7): 1246 - 1266.

[40] Zhang B, Yang T, Ma Y, et al. Fast computation of hypersonic gliding lifting body aerodynamic based on configuration parameters[C]. Hangzhou: AIAA 2015 7th International Conference on Intelligent Human-Machine Systems and Cybernetics, 2015: 194 - 197.

[41] Sobieczky H. Parametric airfoils and wings [M]//Fujii K, Dulikravich G S. Recent Development of Aerodynamic Design Methodologies, Notes on Numerical Fluid Mechanics (NNFM), vol.65, vieweg+Teubner verlag, 1999: 71 - 87.

[42] Masters D A, Taylor N J, Rendall T C S, et al. Geometric comparison of aerofoil shape parameterization methods[J]. AIAA Journal, 2017, 55(5): 1575 - 1589.

［43］Chiba K, Oyama A, Obayashi S, et al. Multidisciplinary design optimization and data mining for transonic regional-jet wing[J]. Journal of Aircraft, 2007, 44(4): 1100-1112.

［44］Sripawadkul V, Padulo M, Guenov M. A comparison of airfoil shape parameterization techniques for early design optimization [R]. Fort Worth: 13th AIAA/ISSMO Multidisciplinary Analysis Optimization Conference, American Institute of Aeronautics and Astronautics, 2010.

［45］Jeong S, Shimoyama K. Review of data mining for multi-disciplinary design optimization[J]. Proceedings of the Institution of Mechanical Engineers, part G: Journal of Aerospace Engineering, 2011, 225(5): 469-479.

［46］Chiba K, Obayashi S. Data mining for multidisciplinary design space of regional-jet wing[J]. Journal of Aerospace Computing, Information and Communication, 2007, 4: 1019-1036.

［47］Zhu F, Qin N. Intuitive class/shape function parameterization for airfoils[J]. AIAA Journal, 2014, 52(1): 17-25.

［48］Ziemkiewicz D. Simple parametric model for airfoil shape description[J]. AIAA Journal, 2017, 55(12): 4390-4393.

［49］Hicks M R, Henne P A. Wing design by numerical optimization[J]. Journal of Aircraft, 1978, 15(7): 407-412.

［50］Kwon H I, Yi S, Choi S, et al. Design of efficient propellers using variable-fidelity aerodynamic analysis and multilevel optimization[J]. Journal of Propulsion and Power, 2015, 34(4): 1057-1072.

［51］Li Z H, Zheng X Q. Review of design optimization method for turbomachinery aerodynamics [J]. Progress in Aerospace Sciences, 2017, 93: 1-23.

［52］Bobrowski K, Ferrer E, Valero E, et al. Aerodynamic shape optimization using geometry surrogates and adjoint method[J]. AIAA Journal, 2017, 55(10): 3304-3317.

［53］Masters D A, Taylor N J, Rendall T C S, et al. Multilevel subdivision parameterization scheme for aerodynamic shape optimization[J]. AIAA Journal, 2017, 55(10): 3288-3303.

［54］Masters D A, Poole D J, Taylor N J, et al. Influence of shape parameterization on a benchmark aerodynamic optimization problem [J]. Journal of Aircraft, 2017, 54(6): 2242-2256.

［55］Antunes A P, Azevedo J L F. Studies in aerodynamic optimization based on genetic algorithms [J]. Journal of Aircraft, 2014, 51(3): 1002-1012.

［56］Mousavi A, Castonguay P, Nadarajah S K. Survey of shape parameterization techniques and its effect on three-dimensional aerodynamic shape optimization [R]. Miami: 18th AIAA computational fluid dyanmics conference, 2007.

［57］Xia C C, Jiang T T, Chen W F. Particle swarm optimization of aerodynamic shapes with nonuniform shape parameter — based radial basis function [J]. Journal of Aerospace Engineering, 2016, 30(3): 04016089.

［58］Xia C, Tao Y, Jiang T, et al. Multiobjective shape optimization of a hypersonic lifting body using a correlation-based transition model[J]. Proceedings of the Institution of Mechanical Engineers, part G: Journal of Aerospace Engineering, 2016, 230(12): 2220-2232.

[59] Lee C, Koo D, Zingg D W. Comparison of B-spline surface and free-form deformation geometry control for aerodynamic optimization[J]. AIAA Journal, 2017, 55(1): 228 - 240.

[60] Koo D, Zingg D W. Investigation into aerodynamic shape optimization of planar and nonplanar wings[J]. AIAA Journal, 2018, 56(1): 250 - 263.

[61] Li R, Xu P, Peng Y, et al. Multi-objective optimization of a high-speed train head based on the FFD method[J]. Journal of Wind Engineering and Industrial Aerodynamics, 2016, 152: 41 - 49.

[62] Gagnon H, Zingg D W. Two-level free-form deformation for high-fidelity aerodynamic shape optimization[R]. Indianapolis: 12th AIAA Aviation Technology, Integration, and Operations (ATIO) conference and 14th AIAA/ISSMO Multidisciplinary Analysis and Optimization Conference, American Institute of Aeronautics and Astronautics, 2012.

[63] Palacios F, Economon T D, Aranake A C, et al. Stanford University unstructured (SU^2): open-source analysis and design technology for turbulent flows[R]. National Harbor: 52nd Aerospace Sciences Meeting, 2014.

[64] Palacios F, Colonno M R, Aranake A C, et al. Stanford University unstructured (SU^2): an open-source integrated computational environment for multi-physics simulation and design [R]. Grapevine: 51st AIAA Aerospace Sciences Meeting including the New Horizons Forum and Aerospace Exposition, 2013.

[65] Zhang Y, Fang X, Chen H, et al. Supercritical natural laminar flow airfoil optimization for regional aircraft wing design[J]. Aerospace Science and Technology, 2015, 43: 152 - 164.

[66] Liu C, Duan Y, Cai J, et al. Application of the 3D multi-block CST method to hypersonic aircraft optimization[J]. Aerospace Science and Technology, 2016, 50: 295 - 303.

[67] Su H, Gu L, Gong C. Research on geometry modeling method based on three-dimensional CST parameterization technology[R]. Dallas: 16th AIAA/ISSMO Multidisciplinary Analysis and Optimization Conference, American Institute of Aeronautics and Astronautics, 2015.

[68] Straathof M H, van Tooren M J L. Adjoint optimization of a wing using the class-shape-refinement-transformation method[J]. Journal of Aircraft, 2012, 49(4): 1091 - 1100.

[69] Straathof M H, Carpentieri G L, van Tooren M J L. Aerodynamic shape optimization using the adjoint Euler equations[J]. Engineering Computations, 2013, 30(4): 469 - 493.

[70] Martin M J, Andres E, Lozano C, et al. Volumetric B-splines shape parametrization for aerodynamic shape design[J]. Aerospace Science and Technology, 2014, 37: 26 - 36.

[71] Theisinger J E, Braun R D. Multi-objective hypersonic entry aeroshell shape optimization[J]. Journal of Spacecraft and Rockets, 2009, 46(5): 957 - 966.

[72] 颜力,陈小前,王振国.飞行器多学科设计优化中的灵敏度分析方法研究[J].航空计算技术,2005,35(1):1 - 6.

[73] Lewis R M. Numerical computation of sensitivities and the adjoint approach[M]//Borggaard J., Burns J., Cliff E, et al. Computational methods for optimal design and control. Bogress in systems and control theory, vol.24. Birkhauser, Boston, MA, 1998: 285 - 302.

[74] Axisa F, Antunes J, Villard B. Overview of humerical methods for predicting flow-induced vibration[J]. Journal of Pressure Vessel Technology, 1988, 110(1): 6 - 14.

[75] Green L L, Carle A, Fagan M, et al. Applications of automatic differentiation in CFD[C]. NASA Langley. Technical Report Server: Proceedings of the 25th AIAA Fluid Dynamics Conference, 1994.

[76] Maute K, Lesoinne M, Farhat C. Optimization of aeroelastic systems using coupled analytical sensitivities[C]. Reno: 38th AIAA Aerospace Sciences Meeting and Exhibit, 2000.

[77] Giunta A. A novel sensitivity analysis method for high fidelity multidisciplinary optimization of aero-structural systems[C]. Reno: 38th Aerospace Science Meeting and Exhibit, 2000.

[78] Hou G W, Satyanarayana A. Analytical sensitivity analysis of a statical aeroelastic wing[C]. Long Beach: 8th AIAA/USAF/NASA/ISSMO Symposium on Multidisciplinary Analysis and Optimizaiton, 2000.

[79] Newman J C, Anderson W K, Whitfield D L. Multidisciplinary sensitivity derivatives using complex variables[R]. Mississippi: Computational Fluid Dynamics Laboratory NSF Engineering Research Center for Computational Field Simulation,1998.

[80] Martins J R R A, Sturdza P, Alonso J J. The connection between the complex-step derivative approximation and algorithmic differentiation[C]. Reno: 39th Aerospace Sciences Meeting and Exhibit, 2001.

[81] Bischof C, Corliss G, Green L, et al. Automatic differentiation of advanced CFD codes for multidisciplinary design[J]. Computing Systems in Engineering, 1992, 3(6): 625－637.

[82] Sherman L L, Taylor A C, Green L L, et al. First- and second-order aerodyamic sensitivity derivatives via automatic differentiation with incremental iterative methods[J]. Journal of Computational Physics, 1996, 129(2): 307－331.

[83] Rall L B. Automatic differentiation: techniques and applications[M].Berlin Heidelberg New York: Springer-Verlag, 1981.

[84] Griewank A. On automatic differentiation[M]// GRIEWANK A. Mathematical Programming: recent developments and applications. Boston: Kluwer Academic Publishers, 1989: 83－108.

[85] Griewank A, Corliss G F. Automatic differentiation of algorithms: theory, implementation, and application[M].USA: SIAM, Philadelphia, PA, 1991.

[86] Newman III J C, Taylor III A C, Barnwell R W, et al. Overview of sensitivity analysis and shape optimization for complex aerodynamic configurations[J]. Journal of Aircraft, 1999, 36 (1): 87－96.

[87] Walsh J L, Young K C. Automatic differentiation evaluated as a tool for rotorcraft design and optimization[C]. Alexandria: Proceedings of the AHS National Technical Specialist Meeting on Rotorcraft Structures: Design Challenges and Innovative Solutions, American Helicopter Society, 1995.

[88] Wujek B A, Renaud J E. Automatic differentiation for more efficient multidisciplinary design analysis and optimization[C]. Bellevue: 6th AIAA/NASA/ISSMO Symposium on Multidisciplinary Analysis and Optimization, 1996.

[89] Su J, Renaud J E. Automatic differentiation in robust optimization[J]. AIAA Journal, 1997, 35(6): 1072－1079.

[90] 张海斌.应用自动微分技术的 CF-PCG 方法及其效率分析[J].中国农业大学学报,2001,

6(2):24-28.

[91] 程强,王斌.基于最小程序行为分解的模式伴随化[J].自然科学进展,2002,12(4):434-437.

[92] 程强,王斌,马再忠.自动微分转换系统及其应用[J].数值计算与计算机应用,2003,24(4):276-284.

[93] 张海斌,薛毅.自动微分的基本思想与实现[J].北京工业大学学报,2005,31(3):332-336.

[94] 程强.自动微分算法及其实现[D].北京:中国科学院大气物理研究所,2001.

[95] 张海斌.应用自动微分的非精确牛顿方法及其推广[D].北京:中国农业大学,2002.

[96] 王莉萍,唐天同.一种自动微分技术:微分代数及其在带电粒子光学中的应用[J].计算物理,1999,16(3):225-234.

[97] 程彬杰,邵志标,王莉萍,等.基于自动微分技术的器件模型参数提取算法[J].固体电子学研究与进展,2002,22(1):8-13.

[98] 李翔,邵之江,仲卫涛,等.基于混合自动微分算法的缩聚反应过程优化[J].化工学报,2002,53(11):1111-1116.

[99] 邵之江,李翔,钱积新.化工过程系统优化中的一种混合求导算法[J].化工学报,2003,54(10):1397-1402.

[100] 江爱朋,邵之江,陈曦,等.基于简约空间序列二次规划算法和混合求导方法的精馏塔操作优化[J].化工学报,2006,57(6):1378-1384.

[101] 颜力,陈小前,王振国.飞行器MDO中灵敏度计算的自动微分方法[J].国防科学技术大学学报,2006,28(2):13-16.

[102] 仲卫涛.过程系统的大规模优化问题研究[D].杭州:浙江大学,2001.

[103] Lyness J N, Moler C B. Numerical differentiation of analytic functions[J]. SIAM Journal on Numerical Analysis, 1967, 4(2):202-210.

[104] Lyness J N. Numerical algorithms based on the theory of complex variables[C]. Washington:Proceedings of the 1967 22nd national conference, 1967.

[105] Squire W, Trapp G. Using complex variables to estimate derivatives of real functions[J]. SIAM Review, 1998, 40(1):110-112.

[106] Martins J R R A. A coupled-adjoint method for high-fidelity aero-structural optimization[D]. Palo Alto:Stanford University, 2002.

[107] 颜力,陈小前,王振国.飞行器MDO中灵敏度计算的复变量方法研究[J].战术导弹技术,2006,(3):5-8.

[108] 黄勇,陈作斌.跨声速翼型优化设计的复变量方法应用研究[J].空气动力学学报,2005,23(4):501-505,520.

[109] 沈清,胡德文,时春.神经网络应用技术[M].长沙:国防科学技术大学出版社,1993.

[110] Hajela P, Szewczyk Z P. On the use of neural network interconnection weights in multidisciplinary design[C]. Cleveland:4th AIAA/USAF/NASA/OAI Symposium on Multidisciplinary Analysis and Optimization, 1992.

[111] Szewczyk Z P, Hajela P. Neurocomputing strategies in structural design — decomposition based Optimization[J]. Structural Optimization, 1994, 8(4):242-250.

[112] Liu W, Batill S M. Gradient-enhanced neural network response surface approximations[C]. Long Beach: 8th AIAA/USAF/NASA/ISSMO Symposium on Multidisciplinary Analysis and Optimization, 2000.

[113] 邱清盈, 冯培恩. 基于正交试验的灵敏度分析法[J]. 机械设计, 1997, (5): 4-7.

[114] 李盛阳, 张晓武, 邢立宁. 基于灵敏度分析的动态指标选取方法[J]. 计算机仿真, 2005, 22(3): 120-123.

[115] Martins J, Kroo I, Alonso J. An automated method for sensitivity analysis using complex variables[R]. Reno: 38th Aerospace Sciences Meeting and Exhibit, 2000.

[116] Fusato D, Celi R. Design sensitivity analysis for helicopter flight dynamic and aeromechanical stability[J]. Journal of Guidance, Control, and Dynamics, 2003, 26 (6): 918-927.

[117] Fusato D, Celi R. Multidisciplinary design optimization for aeromechanics and handling qualities[J]. Journal of Aircraft, 2006, 43 (1): 241-252.

[118] Arbuckle P D, Sliwa S M. Experiences performing conceptual design optimization of transport aircraft[M]//Sobieszczanski S J. Recent experiences in multidisciplinary analysis and optimization. USA: NASA, 1984: 87-101.

[119] Sobieszczanski-Sobieski J, Barthelemy J F, Riley K M. Sensitivity of optimum solutions to problem parameters[J]. AIAA Journal, 1982, 20 (9): 1291-1299.

[120] Beltracchi T J, Gabriele G A. An investigation of new methods for estimating parameter sensitivities[R]. NASA, 1989.

[121] Vanderplaats G N, Yoshida N. Efficient calculation of optimum design sensitivity[J]. AIAA Journal, 1985, 23 (11): 1798-1803.

[122] Sobieszczanski-Sobieski J. A linear decomposition method for large optimization problems — blueprint for development[R]. NASA, 1982.

[123] Sobieszczanski-Sobieski J, Barthelemy J F M, Giles G L. Aerospace engineering design by systematic decomposition and multilevel optimization[C]. Toulouse: 14th congress of the International Council of the Aeronautical Sciences, 1984.

[124] Sobieszczanski-Sobieski J. Sensitivity of complex, internally coupled systems[J]. AIAA Journal, 1990, 28 (1): 153-162.

[125] Sobieszczanski-Sobieski J. Sensitivity analysis and multidisciplinary optimization for aircraft design: recent advances and results[J]. Journal of Aircraft, 1990, 27 (12): 993-1001.

[126] Hajela P, Bloebaum C L, Sobieszczanski-Sobieski J. Application of global sensitivity equations in multidisciplinary aircraft synthesis[J]. Journal of Aircraft, 1990, 27 (12): 1002-1010.

[127] Barthelemy J F M, Wrenn G A, Dovi A R, et al. Supersonic transport wing minimum weight design integrating aerodynamics and structures[J]. Journal of Aircraft, 1994, 31 (2): 330-338.

[128] Dovi A R, Wrenn G A, Barthelemy J F M, et al. Multidisciplinary design integration methodology for a supersonic transport aircraft[J]. Journal of Aircraft, 1995, 32 (2): 290-296.

[129] Ghattas O, Li. Domain decomposition methods for sensitivity analysis of a nonlinear

aeroelastic problem [J]. Internatioal Journal of Computational Fluid Dynamics, 1998, 11(1-2): 113-130.

[130] Moller H, Lund E. Shape sensitivity analysis of strongly coupled fluid-structure interaction problems[C]. Long Beach: 8th AIAA/USAF/NASA/ISSMO Symposium on Multidisciplinary Analysis and Optimizaiton, 2000.

[131] Lund E, Moller H, Jakobsen L A. Shaper optimization of fluid-structure interaction problems using two-equation turbulence models[C]. Denver: 43rd AIAA/ASME/ASCE/AHS/ASC Structures, Structural Dynamics, and Materials Conference, 2002.

[132] Moen C D, Spence P A, Meza J C, et al. Automatic differentiation for gradient-based optimization of radiatively hearted microelectronics manufacturing equipment[C]. Bellevue: 6th AIAA/NASA/ISSMO Symposium on Multidisciplinary Analysis and Optimization, 1996.

[133] 陈小前.飞行器总体优化设计理论与应用研究[D].长沙:国防科学技术大学,2001.

[134] Kirsch U. Improved first-order approximations for structural optimization[C]. Hilton Head: 35th AIAA/ASME/ASCE/AHS/ASC Structures, Structural Dynamics and Materials Conference, 1994.

[135] Schmit L A, Farshi B. Some approximation concepts for structural synthesis[J]. AIAA journal, 1974, 17 (5): 692-699.

[136] Egorov I N, Kretinin G V, Leshchenko I A. Approximation methods usage to reduce time expenditures for multidisciplinary optimization problems solution [C]. Long Beach: 8th AIAA/USAF/NASA/ISSMO Symposium on Multidisciplinary Analysis and Optimization, 2000.

[137] Simpson T W, Booker A J, Ghosh D, et al. Approximation methods in multidisciplinary analysis and optimization: a panel discussion [J]. Structural and Multidisciplianry Optimization, 2004, 27 (5): 302-313.

[138] 隋允康.建模·变换·优化——结构综合方法新进展[M].大连:大连理工大学出版社,1996.

[139] Barthelemy J F M, Haftka R T. Recent advances in approximation concepts for optimum structural design[M]//Rozvany GIN. Optimization of large structural systems. NATO ASI Series (Series E: Applied Sciences), vol.231. Spring. Dordrecht.

[140] Torczon V, Trosset M W. Using approximations to accelerate engineering design optimization[C]. St. Louis: 7th AIAA/USAF/NASA/ISSMO Symposium on Multidisciplinary Analysis and Optimization, 1998.

[141] Toropov V V, Markine V L. The use of simplified numerical models as mid-range approximations[C]. Bellevue: 6th AIAA/NASA/ISSMO Symposium on Multidisciplinary Analysis and Optimization, 1996.

[142] Toropov V V. Modelling and approximation strategies in optimization — global and mid-range approximization, response surface methods, genetic programming, low/high fidelity models [M]//Blachut J, Eschenauer H A. Emerging Methods for Multidisciplinary Optimization, International Centre for Mechanical Sciences (Courses and Lectures), vol.425. New York: Springer-Vienna, 2001: 205-256.

[143] Garcelon J, Haftka R, Scotti S. Approximations in optimization and damage tolerant design [C]. Kissimmee: 38th Structures, Structural Dynamics, and Materials Conference, 1997.

[144] Xu S Q, Grandhi R V. Effective two-point function approximation for design optimization [J]. AIAA Journal, 1998, 36(12): 2269－2275.

[145] Xu S Q, Grandhi R V. Structural optimization with thermal and mechanical constraints[J]. Journal of Aircraft, 1999, 36 (1): 29－35.

[146] 邓扬晨.飞行器优化设计中近似函数的研究与应用[D].北京: 北京航空航天大学,2001.

[147] Giunta A A, Balabanov V, Haim D, et al. Wing design for a high-speed civil transport using a design of experiments methodology[C]. Bellevue: 6th Symposium on Multidisciplinary Analysis and Optimization, 1996.

[148] Ahn J, Kim H J, Lee D H, et al. Response surface method for airfoil design in transonic flow[J]. Journal of Aircraft, 2001, 38 (2): 231－237.

[149] Keane A J. Wing optimization using design of experiment, response surface, and data fusion methods[J]. Journal of Aircraft, 2003, 40 (4): 741－750.

[150] Balabanov V O, Giunta A A, Golovidov O, et al. Reasonable design space approach to response surface approximation[J]. Journal of Aircraft, 1999, 36 (1): 308－315.

[151] 张健,李为吉.飞机多学科设计优化中改进的径向基神经网络法[J].空军工程大学学报(自然科学版),2006,7(4): 1－3.

[152] Rasmussen J. Nonlinear programming by cumulative approximation refinement[J]. Structural optimization, 1998, 15(1): 1－7.

[153] Rasmussen J. Accumulated approximations－a new method for structural optimization by iterative improvements[C]. San Francisco: 3rd Air Force/NASA Symposium on Recent Advances in Multidisciplinary Analysis and Optimization, 1990.

[154] 徐成贤,陈志平,李乃成.近代优化方法[M].北京: 科学出版社,2002.

[155] 谢晓峰.微粒群算法综述[J].控制与决策,2002,18(2): 129－134.

[156]《现代应用数学手册》编委会.现代应用数学手册: 运筹学与最优化理论卷[M].北京: 清华大学出版社,1998.

[157] 李董辉,童小娇,万中.数值最优化[M].北京: 科学出版社,2005.

[158] 袁亚湘,孙文瑜.最优化理论与方法[M].北京: 科学出版社,1997.

[159] 张光澄.非线性最优化计算方法[M].北京: 高等教育出版社,2005.

[160] 孙靖民.机械优化设计[M].北京: 机械工业出版社,2001.

[161] Kolda T G, Lewis R M, Torczon V. Optimization by direct search: new perspectives on some classical and modearn methods[J]. SIAM Review, 2003, 45 (3): 385－482.

[162] Frank P D, Booker A J, Caudell T P, et al. A comparison of optimization and search methods for multidisciplinary design [C]. Cleveland: 4th AIAA/USAF/NASA/OAI Symposium on Multidisciplinary Analysis and Optimization, 1992.

[163] Rowell L F, Braun R D, Olds J R, et al. Multidisciplinary conceptual design optimization of space transportation systems[J]. Journal of Aircraft, 1999, 36 (1): 218－226.

[164] Schwabacher M, Gelsey A. Multilevel simulation and numerical optimization of complex

engineering designs[J]. Journal of Aircraft, 1998, 35 (3): 387 – 397.

[165] Renaud J E, Gabriele G A. Improved coordination in nonhierarchic system optimization[J]. AIAA Journal, 1993, 31 (12): 2367 – 2373.

[166] Heinkenschloss M, Hribar M B, Kokkolaras M. Acceleration of multidisciplinary analysis solvers by inexact subsystem simulations[C]. St. Louis: 7th AIAA/USAF/NASA/ISSMO Symposium on Multidisciplinary Analysis and Optimization, 1998.

[167] Perez V M, Eldred M S, Renand J E. Solving the infeasible trust-region problem using approximations[C]. Albany: 10th AIAA/ISSMO Multidisciplinary Analysis and Optimization Conference, 2004.

[168] Hajela P. Nongradient methods in multidisciplinary design optimization — status and potential[J]. Journal of Aircraft, 1999, 36 (1): 255 – 265.

[169] Vanderplaats G N. CONMIN – a fortran program for constrained function minimization user's manual[R]. NASA, 1973.

[170] Korngold J, Gabriele G, Renaud J, et al. Application of multidisciplinary design optimization to electronic package design[C]. Cleveland: 4th AIAA/USAF/NASA/OAI Symposium on Multidisciplinary Analysis and Optimization, 1992.

[171] Kodiyalam S. Evaluation of methods for multidisciplinary design optimization (MDO), phase I[R]. USA: NASA, 1998.

[172] Wrenn G A. An indirect method for numerical optimization using the kreisselmeier-steinhauser function[R]. NASA, 1989.

[173] Renaud J E. An optimization strategy for multidisciplinary systems design[C]. USA: Proceedings of the International Conference on Engineering Design, 1993.

[174] Bloebaum C L. Formal and heuristic system decomposition methods in multidisciplinary synthesis[D]. West Lafayette: Purdue University, 1991.

[175] Renaud J E, Gabriele G A. Sequential global approximation in non-hierarchic system decomposition and optimization[C]. Miami: Advances in design automation, American Society of Mechanical Engineers, 19th design automation conference, 1991.

[176] Renaud J E, Gabriele G A. Approximation in nonhierarchic system optimization[J]. AIAA Journal, 1994, 32 (1): 198 – 205.

[177] Renaud J E. Sequential approximation in non-hierarchic system decomposition and optimization: a multidisciplinary design tool[D]. New York: Rensselaer Polytechnic Institute Troy, 1993.

[178] Eason E D, Nystrom G A, Burlingham A, et al. Non-hierarchic multidisciplinary design of a commercial aircraft[C]. Panama City Beach: 5th AIAA/NASA/ISSMO Symposium on Multidisciplinary Analysis and Optimization, 1994.

[179] 韩明红.复杂工程系统多学科设计优化方法及技术研究[D].北京:北京航空航天大学,2004.

[180] Gabriele G A. Large-scale nonlinear programming using the generalized reduced gradient method[D]. West Lafayette: Purdue University, 1980.

[181] 陈峻,沈洁,秦岭.蚁群算法求解连续空间优化问题的一种新方法[J].软件学报,2002,

13（12）：2317－2323.

[182] Kumar R, Acikgoz M, Cakal H, et al. Multilevel optimization with multiple objectives and mixed design variables［C］. Cleveland：4th AIAA/USAF/NASA/OAI Symposium on Multidisciplinary Analysis and Optimization, 1992.

[183] Durante N, Dufour A, Pain V. Multidisciplinary analysis and optimization approach for the design of expendable launchers［C］. Albany：10th AIAA/ISSMO Multidisciplinary Analysis and Optimization Conference, 2004.

[184] Blachut J. Old and new non-gradient methods in engineering optimization［M］//Blachut J, Eschenauer H A. Emerging Methods for Multidisciplinary Optimization. International Centre for Mechanical Science（Courses and Lectures）, vol. 425. New York：Springer-Verlag Wien, 2001：53－105.

[185] 罗文彩.飞行器总体多方法协作优化设计理论与应用研究[D].长沙：国防科学技术大学,2003.

[186] 孙丕忠.多学科设计优化算法及其空中发射运载火箭设计中的应用研究[D].长沙：国防科学技术大学,2005.

[187] 陈立周,路鹏,孙成宪,等.工程离散变量优化设计方法——原理与应用[M].北京：机械工业出版社,1989.

[188] Hajela P, Shih C J. Optimal design of laminated composites using a modified mixed integer and discrete programming alogrithm［J］. Computer and Structure, 1989, 32(1)：213－221.

[189] Sriver T A, Chrissis J W. Framework for mixed-variabel optimization under uncertainty using surrogates and statistical selection［C］. Albany：10th AIAA/ISSMO Multidisciplinary Analysis and Optimization Conference, 2004.

[190] Sellar R S, Batill S M, Renaud J E. Optimizaiton of mixed discrete/continuous design variable systems using neural networks［C］. Panama City Beach：5th AIAA/NASA/ISSMO Symposium on Multidisciplinary Analysis and Optimization, 1994.

[191] Stelmack M A, Batill S M. Neural network approximation of mixed continuous/discrete systems in multidiscplinary design［C］. Reno：36th Aerospace Sciences Meeting and Exhibit, 1998.

[192] Stelmack M A, Batill S M. Concurrent subspace optimization of mixed continuous/discrete systems［C］. Kissimmee：AIAA/ASME/ASCE/AHS/ASC 38th Structures, Structural Dynamics and Materials Conference, 1997.

[193] Bloebaum C L, Chi H W. A concurrent decomposition approach for mixed discrete/continuous variables［C］. Hilton Head：35th AIAA/ASME/ASCE/AHS/ASC Structures, Structural Dynamics and Materials Conference, 1994.

[194] Chi H W, Bloebaum C L. Concurrent subspace optimization for mixed-variable coupled engineering systems［C］. Bellevue：6th AIAA/NASA/ISSMO Symposium on Multidisciplinary Analysis and Optimization, 1996.

[195] Taylor E R. Evaluation of multidisciplinary design optimization techniques as applied to spacecraft design［C］. Oakland：Proceedings of 2000 IEEE Aerospace conference, 2000.

[196] Xiong Y, Rao S S. Mixed discrete synthetic approach for nonlinear design optimization［C］.

Norfolk: 44th AIAA/ASME/ASCE/AHS Structures, Structural Dynamics, and Materials Conference, 2003.

[197] Rao S S, Xiong Y. A hybrid genetic algorithm for mixed-discrete design optimization[J]. Journal of Mechanical Design, 2005, 127 (6): 1100 - 1112.

[198] 孙丕忠, 夏智勋, 赵建民. 基于进化搜索策略的并行子空间设计算法[J]. 国防科学技术大学学报, 2004, 26(3): 74 - 77.

[199] 李晓斌, 陈小前, 张为华. 多学科设计优化中搜索策略研究[J]. 战术导弹技术, 2004, (2): 1 - 6.

[200] Eldred M S. Optimization strategies for complex engineering applications[R]. Washington: Sandia National Labs, Albuquerque, NM, 1998.

[201] Alexandrov N, Kodiyalam S. Initial results of an MDO method evaluation study[C]. St. Louis: 7th AIAA/USAF/NASA/ISSMO Symposium on Multidisciplinary Analysis and Optimization, 1998.

[202] Kodiyalam S, Yuan C. Evaluation of methods for multidisciplinary design optimization (MDO), part II[C]. NASA, 2000.

[203] Chen S, Zhang F, Khalid M. Evaluation of three decomposition MDO algorithms[C]. Toronto: 23rd International Congress of Aerospace Sciences, 2002.

[204] Perez R E, Liu H H T. Evaluation of multidisciplinary optimization approaches for aircraft conceptual design [C]. Albany: 10th AIAA/ISSMO Multidisciplinary Analysis and Optimization Conference, 2004.

[205] Batill S M, Stelmack M A, Sellar R S. Framework for multidisciplinary design based on response-surface approximations[J]. Journal of Aircraft, 1999, 36 (1): 287 - 297.

[206] Cramer E J, Frank P D, Shubin G R, et al. On alternative problem formulations for multidisciplinary design optimization [C]. Cleveland: 4th AIAA/NASA/USAF/ISSMO Symposium on Multidisciplinary Analysis and Optimization Conference, 1992.

[207] Alexandrov N M, Lewis R M. Algorithmic perspectives on problem formulations in MDO [C]. Long Beach: 8th AIAA/USAF/NASA/ISSMO Symposium on Multidisciplinary Analysis and Optimization, 2000.

[208] Sellar R S, Stelmack M, Batill S M, et al. Response surface approximations for discipline coordination in multidisciplinary design optimization[C]. Salt Lake City: AIAA/ASME/ASCE/AHS/ASC 37th Structures, Structural Dynamics and Materials Conference, 1996.

[209] Renaud J E, Gabriele G A. Second order based multidisciplinary design optimization algorithm development[C]. New York: DE-Vol, 62-2, advances in design automation, Vol. 2, ASME 19th design automation conference, 1993.

[210] Huang C H, Bloebaum C L. Multi-objective pareto concurrent subspace optimization for multidisciplinary design [C]. Reno: 42nd AIAA Aerospace Sciences Meeting and Exhibit, 2004.

[211] Huang C H, Bloebaum C L. Incorporation of preferences in multi-objective concurrent subspace optimization for multidisciplinary design [C]. Albany: 10th AIAA/ISSMO Multidisciplinary Analysis and Optimization Conference, 2004.

[212] Parashar S, Bloebaum C L. Multi-objective genetic algorithm concurrent subspace optimization (MOGACSSO) for multidisciplinary design[C]. Newport: 47th AIAA/ASME/ASCE/AHS/ASC Structures, Structural Dynamics, and Materials Conference, 2006.

[213] Braun R D, Powell R W, Lepsch R A, et al. Comparison of two multidisciplinary optimization strategies for launch-vehicle design[J]. Journal of Spacecraft and Rockets, 1995, 32 (3): 404 – 410.

[214] Tappeta R V, Renaud J E. Multiobjective collaborative optimization [J]. Journal of Mechanical Design, 1997, 119 (3): 403 – 411.

[215] Alexandrov N M, Lewis R M. Comparative properties of collaborative optimization and other approaches to MDO[C]. MCB Press: 1st ASMO UK/ISSMO Conference on Engineering Design Optimization, 1999.

[216] Kroo I M, Manning V. Collaborative optimization: status and directions[C]. Long Beach: 8th AIAA/USAF/NASA/ISSMO Symposium on Multidisciplinary Analysis and Optimization, 2000.

[217] Sobieski I P, Kroo I M. Collaborative optimization using response surface estimation[J]. AIAA Journal, 2000, 38 (10): 1931 – 1938.

[218] Lin J G G. Analysis and enhancement of collaborative optimization for multidisciplinary design[J]. AIAA Journal, 2004, 42 (2): 348 – 360.

[219] Kroo I M, Altus S, Braun R, et al. Multidisciplinary optimization methods for aircraft preliminary design [C]. Panama City Beach: 5th AIAA/NASA/ISSMO Symposium on Multidisciplinary Analysis and Optimization, 1994.

[220] Braun R D, Moore A A, Kroo I M. Use of the collaborative optimization architecture for launch vehicle design [C]. Bellevue: 6th AIAA/USAF/NASA/ISSMO Symposium on Multidisciplinary Analysis and Optimization, 1996.

[221] Sobieszczanski-Sobieski J, Emiley M S, Agte J S, et al. Advancement of bi-level integrated system synthesis (BLISS) [C]. Reno: 38th AIAA Aerospace Sciences Meeting and Exhibit, 2000.

[222] Kodiyalam S, Sobieszczanski-Sobieski J. Bilevel integrated system synthesis with response surfaces[J]. AIAA Journal, 2000, 38 (8): 1479 – 1485.

[223] Sobieszczanski-Sobieski J, Agte J, Sandusky R R. Bilevel integrated system synthesis[J]. AIAA Journal, 2000, 38 (1): 164 – 172.

[224] Sobieszczanski-Sobieski J, Altus T D, Phillips M, et al. Bilevel integrated system synthesis for concurrent and distributed processing[J]. AIAA Journal, 2003, 41 (10): 1996 – 2003.

[225] Bloebaum C L, Hajela P. Heuristic decomposition for non-hierarchic system[C]. Baltimore: 32nd AIAA/ASME/ASCE/AHS/ASC Structures, Structural Dynamics and Materials Conference, 1991.

[226] Eason E D, Wright J E. Implementation of non-hierarchic decomposition for multidisciplinary system optimization[C]. Cleveland: 4th AIAA/USAF/NASA/OAI Symposium on Multidisciplinary Analysis and Optimization, 1992.

[227] Eason E D, Nystrom G A, Burlingham A, et al. Robustness testing of non-hierarchic system

optimization software [C]. Panama City Beach: 5th AIAA/NASA/ISSMO Symposium on Multidisciplinary Analysis and Optimization, 1994.

[228] Wujek B A. Automation enhancements in multidisciplinary design optimization[D]. South Bend: University of Notre Dame, 1997.

[229] Sellar R S, Batill S M, Renaud J E. Response surface based, concurrent subspace optimization for multidisciplinary system design[C]. Reno: AIAA 34th Aerospace Sciences Meeting and Exhibit, 1996.

[230] 龚春林,谷良贤,袁建平.飞航导弹基于响应面近似技术的并行子空间优化设计[J].西北工业大学学报,2005,23(3):392-395.

[231] 陈建江,孙建勋,常伯浚,等.基于人工神经网络的多学科优化设计研究[J].计算机集成制造系统,2005,11(10):1351-1356.

[232] 余雄庆,薛飞,穆雪峰,等.用遗传算法提高协同优化方法的可靠性[J].中国机械工程,2003,14(21):1808-1812.

[233] 李响,李为吉.利用协同优化方法实现复杂系统分解并行设计优化[J].宇航学报,2004,25(3):300-304.

[234] 余雄庆,丁运亮.多学科设计优化算法及其在飞行器设计中应用[J].航空学报,2000,21(1):1-6.

[235] 陈琪锋,戴金海,李晓斌.分布式协同进化MDO算法及其在导弹设计中应用[J].航空学报,2002,23(3):245-248.

[236] 陈琪锋,戴金海.卫星星座系统多学科设计优化研究[J].宇航学报,2003,24(5):502-509.

[237] 谷良贤,龚春林.多学科设计优化方法比较[J].弹箭与制导学报,2005,25(1):60-62.

[238] 陶冶,黄洪钟,吴宝贵.基于满意度原理的多学科协同优化[J].应用基础与工程科学学报,2006,14(1):106-114.

[239] 易国伟,邓家禔.多学科设计优化过程初探[J].航空制造技术,2006,(7):94-97,100.

[240] 卜广志,张宇文.使用多学科设计优化方法对鱼雷总体综合设计的建模思路研究[J].兵工学报,2005,26(2):163-168.

[241] 方杰,童晓艳,毛晓芳,等.某型发动机喷管的多学科设计优化[J].推进技术,2004,25(6):557-560.

[242] 吴立强,尹泽勇,蔡显新.航空发动机涡轮叶片的多学科设计优化[J].航空动力学报,2005,20(5):795-801.

[243] 张科施,李为吉,李响.飞机概念设计的多学科综合优化技术[J].西北工业大学学报,2005,23(1):102-106.

[244] Hyams D G, Fadel G M. Comparison of various move limit strategies in structural optimization[C]. Hilton Head: 35th AIAA/ASME/ASCE/AHS/ASC Structures, Structural Dynamics and Materials Conference, 1994.

[245] Bloebaum C L. Variable move limit strategy for efficient optimization[C]. Baltimore: 32nd AIAA/ASME/ASCE/AHS/ASC Structures, Structural Dynamics and Materials Conference, 1991.

[246] Bloebaum C L, Hong W, Peck A. Improved move limit strategy for approximate optimization

［C］. Panama City Beach：5th AIAA/NASA/ISSMO Symposium on Multidisciplinary Analysis and Optimization，1994.

［247］Thomas H. L, Vanderplaats G N, Shyy Y. A study of move limit adjustment strategies in the approximation concepts approach to structural synthesis［C］. Cleveland：4th AIAA/USAF/NASA/OAI Symposium on Multidisciplinary Analysis and Optimization，1992.

［248］Nystrom G A, Eason E D, Wright J E, et al. A new three-step move limit strategy for non-hierarchic multidisciplinary system optimization［C］. Panama City Beach：5th AIAA/NASA/ISSMO Symposium on Multidisciplinary Analysis and Optimization，1994.

［249］Zhang T T, Huang W, Wang Z G, et al. A study of airfoil parameterization, modeling, and optimization based on the computational fluid dynamics method［J］. Journal of Zhejiang University-science A（applied physics & engineering），2016，17(8)：632−645.

［250］关晓辉,李占科,宋笔锋.CST 气动外形参数化方法研究［J］.航空学报,2012,33(4)：625−633.

［251］卜月鹏,宋文萍,韩忠华,等.基于 CST 参数化方法的翼型气动优化设计［J］.西北工业大学学报,2013,31(5)：829−836.

［252］Straathof M H. Parametric study of the class-shape-refinement-transformation method［J］. Optimization，2012，61(6)：637−659.

［253］Straathof M H, van Tooren M J L. Extension to the class-shape-transformation method based on B-splines［J］. AIAA Journal，2011，49(4)：780−790.

［254］Liu X, Zhu Q, Lu H. Modeling multiresponse surfaces for airfoil design with multiple-output-Gaussian-process regression［J］. Journal of Aircraft，2014，51(3)：740−747.

［255］粟华,龚春林,谷良贤.基于三维 CST 建模方法的两层气动外形优化策略［J］.固体火箭技术,2014,37(1)：1−7.

［256］粟华.飞行器高拟真度多学科设计优化技术研究［D］.西安：西北工业大学,2014.

［257］夏陈超,邵纯,姜婷婷,等.基于 FFD 方法的高超声速升力体气动优化［J］.固体火箭技术,2015,38(6)：751−756.

［258］李静.高性能飞行器气动外形设计方法研究与应用［D］.西安：西北工业大学,2014.

［259］Sederberg T W, Parry S R. Free-form deformation of solid geometric models［C］. Dallas：Proceedings of the 13th annual conference on computer graphics and interactive techniques，1986：151−160.

［260］Barthelemy J F M, Hall L E. Automatic differentiation as a tool in engineering design［J］. Structural Optimization，1995，9(2)：76−82.

［261］Walther A. Basics of automatic differentiation［C］. USA：AD short course，SIAM optimization conference，2002.

［262］方开泰,马长兴.正交与均匀试验设计［M］.北京：科学出版社,2001.

［263］Alexandrov N M, Lewis R M. Analytical and computational properties of distributed approaches to MDO［C］. Long Beach：8th AIAA/USAF/NASA/ISSMO Symposium on Multidisciplinary Analysis and Optimization，2000.

［264］Padula S L, Rogers J M, Raney D L. Multidisciplinary techniques and novel aircraft control systems［C］. Long Beach：8th AIAA/NASA/USAF/ISSMO Symposium on Multidisciplinary

Analysis and Optimization, 2000.

[265] Barum J, Bathras C, Beene K, et al. Advanced transport design using multidisciplinary design optimization[C]. Baltimore: AIAA Aircraft Design Systems and Operations Meetings, 1991.

[266] Martins J R R A, Kroo I M, Alonso J J. An automated method for sensitivity analysis using complex variables[C]. Reno: 38th AIAA Aerospace Sciences Meeting and Exhibit, 2000.

[267] Adelman H M, Haftka R T. Sensitivity analysis of discrete structural systems[J]. AIAA Journal, 1986, 24 (5): 823 – 832.

[268] Haug E J. Second-order design sensitivity analysis of structural systems[J]. AIAA Journal, 1981, 19 (8): 1087 – 1088.

[269] Hagan M T, Demuth H B, Beale M H. 神经网络设计[M].戴奎,译.北京: 机械工业出版社,2002.

[270] Nocedal J. Updating quas-Newton matrices with limited storage [J]. Mathematics of Computation, 1980, 35(151): 773 – 782.

[271] Liu D C, Nocedal J. On the limited memory BFGS method for large scale optimization [J]. Mathematical Programming, 1989, 45(1/2/3): 503 – 528.

[272] 袁亚湘.非线性数值规划方法[M].上海: 上海科学技术出版社,1993.

[273] Hajela P, Bloebaum C L, Sobieszczanski-Sobieski J. Apprication of global sensitivity equations in multidisciplinary aircraft synthesis[J]. Journal of Aircraft, 1990, 27(12): 1002 – 1010.

[274] 李桦,罗世彬.导弹-发动机一体化优化设计报告[R].长沙: 国防科学技术大学,1998.

[275] 吴先宇,许林,罗世彬.可重复使用跨大气层飞行器多学科设计优化技术(一)——高超声速飞行器 MDO 模型报告[R].长沙: 国防科学技术大学,2005.

[276] 颜力,吴先宇,陈小前.可重复使用跨大气层飞行器多学科设计优化技术(四)——高超声速飞行器 MDO 研究报告[R].长沙: 国防科学技术大学,2005.

[277] Hirokawa N, Fujita K, Iwase T. Voronoi diagram based blending of quadratic reponse surfaces for cumulative global optimization[C]. Atlanta: 9th AIAA/ISSMO Symposium on Multidisciplinary Analysis and Optimization, 2002.

[278] Belegundu A D, Rajan S D, Rajgopal J. Exponential approximations in optimal design[R]. USA: NASA, 1990.

[279] Huang H, Ke W, Xia R W. Numerical accuracy of the multi-point approximation and its application in structural synthesis [C]. St. Louis: 7th AIAA/USAF/NASA/ISSMO Symposium on Multidisciplinary Analysis and Optimization, 1998.

[280] Wang L P, Grandhi R V. Improved two-point function approximation for design optimization [J]. AIAA Journal, 1995, 33 (9): 1720 – 1727.

[281] Simpson T W, Mauery M, Korte J J, et al. Comparison of response surface and Kriging models for multidisciplinary design optimization[C]. St. Louis: 7th AIAA/USAF/NASA/ISSMO Symposium on Multidisciplinary Analysis and Optimization, 1998.

[282] Lewis R M. Using sensitivity information in the construction of Kriging models for design optimization[C]. St. Louis: 7th AIAA/USAF/NASA/ISSMO Symposium on Multidisciplinary

Analysis and Optimization, 1998.

[283] Madsen J I, Shyy W, Haftka T T. Response surface techniques for diffuser shape optimization[J]. AIAA Journal, 2000, 38 (12): 1512 − 1518.

[284] Forrester A I J, Keane A J, Bressloff N W. Design and analysis of "noisy" computer experiments[J]. AIAA Journal, 2006, 44(10): 2331 − 2339.

[285] Jin R, Chen W, Simpson T W. Comparative studies of metamodelling techniques under multiple modelling criteria [J]. Structural and Multidisciplinary Optimization, 2001, 23 (1): 1 − 13.

[286] Sakata S, Ashida F, Zako M. On applying Kriging-based approximate optimization to inaccurate data[J]. Computer Methods in Applied Machanics and Engineering, 2007, 196 (13 − 16): 2055 − 2069.

[287] Picheny V, Ginsbourger D, Richet Y, et al. Quantile-based optimization of noisy computer experiments with tunable precision[J]. Technometrics, 2013, 55(1): 2 − 13.

[288] Cressie N A C. Statistics for spatial data (revised edition)[M]. New York: Wiley, 1993.

[289] Yin J, Ng S H, Ng K M. Kriging metamodel with modified nugget-effect: the heteroscedastic variance case[J]. Computers and Industrial Engineering, 2011, 61(3): 760 − 777.

[290] Sacks J, Welch W J, Mitchell T J, et al. Design and analysis of computer experiments[J]. Statistical Science, 1989, 4(4): 409 − 423.

[291] Sacks J, Schiller S B, Welch W J. Design for computer experiments[J]. Technometrics, 1989, 31(1): 41 − 47.

[292] Matheron G. Principles of geostatistics[J]. Economic Geology, 1963, 58(8): 1246 − 1266.

[293] Martin J D, Simpson T W. Use of Kriging models to approximate deterministic computer models[J]. AIAA Journal, 2005, 43(4): 853 − 863.

[294] Hock W, Schittkowski K. Test example for nonlinear programming codes, lecture notes economics and mthematical[M].Berlin: Spring-Verlag, 1981.

[295] 孙文瑜,徐成贤,朱德通.最优化方法[M].北京:高等教育出版社,2004.

[296] Padula S L, Alexandrov N, Green L L. MDO test suite at NASA Langley Research Center [C]. Bellevue: 6th AIAA/NASA/ISSMO Symposium on Multidisciplinary Analysis and Optimization, 1996.

[297] Wilde D J. Monotonicity and domainance in optimal hydraulic cylinder design[J]. ASME Journal Engineering Industry, 1975, 9 (7): 1390 − 1394.

[298] Sandgren E. Nonlinear integer and discrete programming in mechanical design optimization [J]. ASME Journal of Mechanical Design, 1990, 112: 223 − 229.

[299] Fu J F, Fenton R G, Cleghom W L. A mixed integer-discrete-continuous programming method and its application to engineering design optimization[J]. Engineering Optimization, 1991, 17(4): 263 − 280.

[300] Shih C L, Lai T K. Mixed-discret fuzzy programming for nonlinear engineering optimization [J]. Engineering Optimization, 1995, 23(3): 187 − 199.

[301] Davidon W C. Variable metric method for minimization[J]. SIAM Journal on Optimization, 1991, 1(1): 1 − 17.

[302] Rosenbrock H H. An automatic method for finding the greatest or least value of a function [J]. The Computer Journal, 1960, 3(3): 175 – 184.

[303] Powell M J D. An efficient method for finding the minimum of a function of several variables without calculating derivatives[J]. The Computer Journal, 1964, 7(2): 155 – 162.

[304] 粟塔山. 最优化计算原理与算法程序设计[M]. 长沙: 国防科学技术大学出版社, 1990.

[305] Shi Y, Eberhart R. A modified particle swarm optimizer[C]. Anchorage: IEEE international conference on evolutionary computation, 1998.

[306] Deb K, Pratap A, Agarwal S, et al. A fast and elitist multiobjective genetic algorithm: NSGA-II[J]. IEEE Transactions on Evolutionary Computation, 2002, 6(2): 182 – 197.

[307] Pan J, Diaz A R. Some results in optimization of non-hierarchic systems[C]. Montreal: 15th Design Automation Conference, 1989.

[308] Sobieszczanski-Sobieski J, James B B, Dovi A R. Structural optimization by multilevel decomposition[J]. AIAA Journal, 1985, 23(1): 1775 – 1782.

[309] Sobieszczanski-Sobieski J. Optimization by decomposition: a step from hierarchic to non-hierarchic systems[C]. Hampton: 2nd NASA/Air Force symposium on recent advances in multidisciplinary analysis and optimization, 1988.

[310] Renaud J E, Sellar R S, Batill S M, et al. Design driven coordination procedure for concurrent subspace optimization in MDO[C]. Hilton Head: 35th AIAA/ASME/ASCE/AHS/ASC Structures, Structural Dynamics and Materials Conference, 1994.

[311] Kreisselmeier G, Steinhauser R. Systematic control design by optimizing a vector performance index[C]. Zurich: Proceedings of the IEAC symposium on computer aided design of control systems, 1980.

[312] Barthelemy J M. Development of a multilevel optimizaiton approach to the design of modern engineering systems[D]. Hampton, Virginia: Virginia, Polytechnic Institute and State University, 1983.

[313] Braun R D. Collaborative optimization: an architecture for large-scale distributed design[D]. Palo Alto: Stanford University, 1996.

[314] Sobieski I P, Kroo I. Aircraft design using collaborative optimization[R]. Reno: AIAA 34th Aerospace Sciences Meeting and Exhibit, 1996.

[315] Haftka R T, Gürdal Z. Elements of structural optimization[M]. Springer, Dordrecht: Kluwer Publishing, 1992.

[316] Broyden C G. The convergence of a class of double-rank minimization algorithms[J]. Journal of the Institute of Mathematics and Its Applications, 1970, 6(1): 76 – 90.

[317] Fletcher R. A new approach to variable metric algorithms[J]. The Computer Journal, 1970, 13(3): 317 – 322.

[318] Goldfarb D. A family of variable metric updates derived by variational means[J]. Mathematics of Computation, 1970, 24(109): 23 – 26.

[319] Shanno D F. Conditioning of quasi-Newton methods for function minimization[J]. Mathematics of Computation, 1970, 24(111): 647 – 656.

[320] Rodrguez J F, Renaud J E, Wujek B A, et al. Trust region model management in

multidisciplinary design optimization[J]. Journal of Computational and Applied Mathematics, 2000, 124(1/2): 139-154.

[321] Sobieszczanski-Sobieski J. Integrated system-of-systems synthesis (ISSS)[R]. Portsmouth: 11th AIAA/ISSMO Multidisciplinary Analysis and Optimization Conference, 2006.

[322] Marcel M J, Baker J. Interdisciplinary design of a near space vehicle[C]. Richmond: Proceedings 2007 IEEE SoutheastCon, 2007.

[323] 陈桂彬,邹丛青,杨超.气动弹性设计基础[M].北京:北京航空航天大学出版社,2004.

[324] 穆雪峰.多学科设计优化代理模型技术的研究和应用[D].南京:南京航空航天大学,2004.

[325] 张洪武,关振群,李云鹏,等.有限元分析与 CAE 技术基础[M].北京:清华大学出版社,2004.

[326] 王庆文,柳军,袁先旭,等.欧洲再入飞行器 EXPERT 地面试验项目研究进展[J].飞航导弹,2015,(9):16-23.

[327] Massobrio F, Viotto R, Serpico M, et al. EXPERT: an atmospheric re-entry test-bed[J]. Acta Astronautica, 2007, 60(12): 974-985.

[328] Hsu W M, Hughes J F, Kaufman H. Direct manipulation of free-form deformations[J]. ACM Siggraph Computer Graphics, 1992(26): 177-184.

[329] 周志华.机器学习[M].北京:清华大学出版社,2016.

[330] Rasmussen C E. Gaussian processes in machine learning[M]//Bousquet O. von Luxburg U. Rätsch G. Advanced Lectures on Machine Learning. ML2003. Lecture Notes in Computer Science, vol.3176. Spring, Berlin Heidelberg, 2004: 63-71.

[331] Romero D A, Marin V E, Amon C H. Error metrics and the sequential refinement of Kriging metamodels[J]. Journal of Mechanical Design, 2015, 137(1): 011402.

[332] Anderson J D. Hypersonic and high temperature gas dynamics[M]. New York: McGraw-Hill Book Company, 1989.

[333] 马树微,杜斌,陈万春.基于代理模型的高超声速飞行器协同优化设计[J].北京航空航天大学学报,2013,39(8):1042-1047.

[334] 王旭刚,杜涛,张耐民.亚轨道可重复使用飞行器 SRLV 气动布局优化方法研究[J].空气动力学报,2014,32(1):96-100.

[335] 杨军,刘勇琼,艾春安,等.改进 Kriging 模型在固冲发动机导弹气动优化设计中的应用[J].固体火箭技术,2013,36(5):590-602.

[336] 李晓斌,张为华,陈小前.基于 Kriging 近似函数的变复杂度近似模型[J].宇航学报,2006,27(1s):155-159.

[337] Zhang G, He J, Vlahopoulos N. Multidisciplinary design under uncertainty for a hypersonic vehicle[C]. Fort Worth: 13th AIAA/ISSMO Multidisciplinary Analysis Optimization Conference, 2010.

[338] 孙美建,詹浩.Kriging 模型在机翼气动外形优化中的应用[J].空气动力学报,2011,29(6):759-764.

[339] 许瑞飞,宋文萍,韩忠华.改进 Kriging 模型在翼型气动优化设计中的应用研究[J].西北工业大学学报,2010,28(4):503-510.

[340] Ahmed M Y M, Qin N. Surrogate-based multi-objective aerothermodynamic design optimization of hypersonic spiked bodies[J]. AIAA Journal, 2012, 50(4): 797 - 810.

[341] 杨炳蔚.标准大气参数的公式表示[J].宇航学报,1983,4(1):83 - 86.

[342] 徐建新,卢翔.飞机结构与强度[M].北京:中国民航出版社,2014.

[343] 贾沛然,陈克俊,何力.远程火箭弹道学[M].长沙:国防科学技术大学出版社,1993.

[344] 张鲁民,叶友达,纪楚群,等.航天飞机空气动力学分析[M].北京:国防工业出版社,2009.

[345] Bloebaum C L, Hajela P, Sobieszczanski-Sobieski J. Non-hierarchic system decomposition in structural optimization[J]. Engineering Optimization, 1992, 19(3): 171 - 186.

[346] 钱杏芳,林瑞雄,赵亚男.导弹飞行力学[M].北京:北京理工大学出版社,2000.

[347] Davidson J, Lallman F, Mcminn J D, et al. Flight control laws for NASA's Hyper-X research vehicle[C]. Portlan: AIAA Guidance, Navigation, and Control Conference and Exhibit, 1999.

[348] Hallion R P. The history of hypersonics: or, "back to the future: again and again"[C]. Reno: 43rd AIAA Aerospace Sciences Meeting and Exhibit, 2005.

[349] Drummond J P, Cockrell C E, Pellett G L, et al. Hypersonic airbreathing propulsion: an aerodynamics, aerothermodynamics, and acoustics competency white paper[R]. Hampton, Virginia: Langley Research Center, 2002.

[350] Bowcutt K G. Hypersonic technology status and development roadmap[R]. USA: Presentation to AIAA HyTASP Program Committee, 2003.

[351] 罗世彬.高超声速飞行器机体/发动机一体化及多学科设计优化方法研究[D].长沙:国防科学技术大学,2004.

[352] 吴先宇.可重复使用跨大气层飞行器多学科设计优化推进学科(二)——固体火箭发动机模型报告[R].长沙:国防科学技术大学,2003.

[353] Schmidt D K, Mamich H, Chavez F. Dynamics and control of hypersonic vehicles — the integration challenge for the 1990's[C]. Orlando: 3rd International Aerospace Planes Conference, 1991.

[354] 瞿章华,刘伟,曾明,等.高超声速空气动力学[M].长沙:国防科学技术大学出版社,2001.

[355] Yoon S, Jameson A. Lower-upper symmetric-gauss- seidel method for the Euler and Navier-Stockes equations[J]. AIAA Journal, 1988, 26(9): 1025 - 1026.

[356] 《现代应用数学手册》编委会.现代应用数学手册:计算与数值分析卷[M].北京:清华大学出版社,2005.

[357] O'brien T F, Starkey R P, Lewis M J. Quasi-one-dimensional high-speed engine model with finite-rate chemistry[J]. Journal of Propulsion and Power, 2001, 17(6): 1366 - 1374.

[358] Engelund W C, Holland S D, Cockrell C E, et al. Propulsion system airframe integrated issues and aerodynamic database development for the Hyper − X flight research vehicle[R]. Florence: XIV ISOABE, 1999, 99 − 7215.

[359] Cockrell C E, Engelund W C, Bittner R D, et al. Integrated aero-propulsive CFD methodology for the Hyper − X flight experiment[C]. Denver: 18th Applied Aerodynamics

Conference, 2000.

[360] Van Leer B. Flux vector splitting for the Euler equations[M]. Berlin: Springer-Verlag, 1982: 507 − 512.

[361] 郭正. 包含运动边界的多体非定常流场数值模拟方法研究[D]. 长沙: 国防科学技术大学, 2002.

[362] Steger J L, Warming R F. Flux vector splitting of the inviscid gas dynamics equations with applications to finite difference methods[J]. Journal of Computational Physics, 1981, 40 (2): 263 − 293.

[363] Chaput A J. Preliminary sizing methodology for hypersonic vehicles[J]. Journal of Aircraft, 1992, 29 (2): 172 − 179.